高职高专计算机任务驱动模式教材

新一代信息技术

主　编／徐洪祥　郑桂昌
副主编／岳宗辉　吴跃飞　姜运宇　赵建伟

清华大学出版社
北京

内 容 简 介

本书从云计算技术、大数据技术、物联网技术、人工智能技术、虚拟现实技术、短视频处理技术、区块链技术、工业互联网技术、网络安全技术、5G技术10个方向,以对生活中的典型案例分析和对知识讲解的形式,对新一代信息技术进行了总体介绍。

本书作为通识类课程教材,面向的读者对象是大学生,使学生能够掌握利用互联网进行各种新技术学习的能力,提升学生的新一代信息技术素养,为本专业的学习提供信息技术支持。为了避免陷入空洞的理论介绍,本书在很多章节都融入了丰富的案例,这些案例就发生在我们的身边,很具有代表性和说服力,能够让学生直观感受相应理论的具体内涵。

图书在版编目(CIP)数据

新一代信息技术/徐洪祥,郑桂昌主编 .—北京:清华大学出版社,2021.12
高职高专计算机任务驱动模式教材
ISBN 978-7-302-59699-8

Ⅰ.①新… Ⅱ.①徐… ②郑… Ⅲ.①信息技术-高等职业教育-教材 Ⅳ.①TP3

中国版本图书馆 CIP 数据核字(2021)第 263023 号

责任编辑: 张龙卿
封面设计: 范春燕
责任校对: 赵琳爽
责任印制: 丛怀宇

出版发行: 清华大学出版社
网　　址: http://www.tup.com.cn, http://www.wqbook.com
地　　址: 北京清华大学学研大厦 A 座　　**邮　　编:** 100084
社 总 机: 010-62770175　　**邮　　购:** 010-62786544
投稿与读者服务: 010-62776969, c-service@tup.tsinghua.edu.cn
质量反馈: 010-62772015, zhiliang@tup.tsinghua.edu.cn
课件下载: http://www.tup.com.cn, 010-83470410
印 装 者: 小森印刷霸州有限公司
经　　销: 全国新华书店
开　　本: 185mm×260mm　　**印　　张:** 14.25　　**字　　数:** 332 千字
版　　次: 2022 年 2 月第 1 版　　**印　　次:** 2022 年 2 月第 1 次印刷
定　　价: 49.00 元

产品编号:094417-01

前　言

在云计算、大数据、物联网、区块链、人工智能等新一代数字技术的浪潮席卷而来时，我们清晰地看到一个崭新的世界：数字技术正飞速影响着国民经济的各个领域，正加速推进全球产业分工深化和经济结构调整，重塑全球经济竞争格局。

本书共分为10章，详细阐述了新一代信息技术相关的知识。各章内容如下。

第一章介绍了大数据技术及应用。通过学习，学生能够了解大数据的概念、大数据的时代背景、大数据的发展历程，能熟悉大数据的基本特征，能知道大数据对生活的影响，掌握大数据在各个行业中的应用。

第二章介绍了物联网技术及应用。通过学习，学生能够了解物联网基本概念，了解物联网的应用方向和发展前景，了解物联网能够解决的难题，了解物联网的应用场景等。

第三章介绍了区块链技术及应用。通过学习，学生能够理解区块链概念及运作的基本原理，能够了解区块链的特征及应用领域。

第四章介绍了云计算技术及应用。通过学习，学生能够了解与云计算相关的法律法规以及安全防护、文明生产等相关知识，能够了解云计算技术产生的背景及应用场景。

第五章介绍了5G技术及应用。通过学习，学生能够了解移动通信的发展历史，能够理解5G的基本概念以及5G的特征，能够掌握5G的典型应用场景。

第六章介绍了人工智能技术及应用。通过学习，学生能够掌握人工智能的概念，了解人工智能的产生的过程，了解人工智能的发展概况，熟悉人工智能的应用。

第七章介绍了虚拟现实技术及应用。通过学习，学生能够初步认识虚拟现实技术，了解虚拟现实技术的发展历程，熟悉虚拟现实技术和其他行业的结合应用。

第八章介绍了网络安全技术及应用。通过学习，学生能够了解与网络安全相关的法律法规以及等级保护相关知识，了解常见的网络安全事件类型，了解网络安全防护设备及基本措施。

第九章介绍了工业互联网及行业应用。通过学习，学生能够了解工业互联网的概念，了解工业互联网涵盖的技术，了解工业互联网平台。

第十章介绍了短视频处理技术。通过学习，学生能够运用手机拍摄画面稳定、色彩饱和的短视频，能够运用手机端剪辑软件进行短视频的调色、转场、字幕、配乐处理，能够运用计算机端剪辑软件进行视频剪辑，并能制作视频短片。

本书由徐洪祥和岳宗辉负责总策划，多位老师共同编写，其中，第一章由郑桂昌编写，第二章由吴跃飞编写，第三章由赵建伟编写，第四章由李展和滨州学院孟伟编写，第五章由白圆圆编写,第六章由姜运宇编写,第七章由徐刚和青岛工程职业学院高桥副院长编写,第八章由李展编写,第九章由雷加鹏编写,第十章由沈亚彬编写。全书得到青软集团公司的大力支持。

本书把新一代信息技术的相关方面都做了简要介绍,由于只是概论,某些知识点介绍有欠妥之处,请各位读者批评指正。

作　者

2021年7月

目　录

第一章　大数据技术及应用

随着信息技术的飞速发展，人类社会进入了数字信息时代。获取和掌握信息的能力已成为衡量一个国家实力强弱的标志。一切信息因需求不同其效益也不同，而一切有益信息都是从大量数据中分析出来的。海量数据又随着时间持续产生，不断流动，进而扩散形成大数据。大数据不仅用来描述数据的量非常巨大，还突出强调处理数据的速度，所以，大数据成为数据分析领域的前沿技术。“大数据”可能带来的巨大价值正渐渐被人们认可，它通过技术的创新与发展，以及数据的全面感知、收集、分析、共享，为人们提供了一种全新的看待世界的方法。

第一节　数　　据

从计算机科学的角度，数据(data)是所能输入计算机并被计算机程序处理的符号的总称，是具有一定意义的数字、字母符号和模拟量的统称。在计算机科学之外，我们可以更加抽象地定义数据，如人们通过观察现实世界中的自然现象、人类活动，都可以形成数据。

计算机最初的设计目的就是用于数据的处理，但计算机需要将数据表示0和1的二进制形式，用一个或若干个字节(byte，B)表示，一个字节等于8个二进制位(bit)，每个位表示0或1。因此，计算机对数据的处理首先需要对数据进行表示和编码，从而衍生出不同的数据类型。

对于数字，可以编码成二进制形式。例如，十进制数的10，在计算机中会用二进制表示为1010。同样，对于负数、小数，在计算机内部也会有不同的编码方式。

对于文本数据，通常计算机会采用ASCII码将其编码为一个整数。如字符A就会编码为整数32；同样，对于汉字或其他特殊符号，也对应不同的编码体系，如《信息交换用汉字编码字符集》(GB 2312—1980)会将一个汉字编码为连续的两个字节。

有时可能需要用更加复杂的数据结构(如向量、矩阵)来表达一个复杂的状态。例如，表达地图上的位置信息，就需要用到二维坐标。

表示一个实体的不同方面，会用到不同的数据。例如，描述一个学生，可能会包括姓名、性别、年龄等多种属性，每种属性都需相应类型的数据来刻画。有时，如果连续观察一个实体在一段时间的状态变化,就可以得到一个时间序列数据,例如,用于检测城市空气质量中细颗粒物(PM2.5)含量的传感器,每隔5分钟会产生一个监测数据,这些数据就形成了一个PM2.5随时间的变化情况。根据数据所刻画的过程、状态和结果的特点,数据可以划分为不同的类型。按照数据是否有强的结构模式,可将数据划分为结构化数据、半结构化数据和非结构化数据。在数据的处理过程中,会根据数据的不同类型,选择不同的数据管理方法和处理技术。

一、结构化数据

结构化数据是指具有较强的结构模式,可使用关系型数据库表示和存储的数据。结构化数据通常表现为一组二维形式的数据集,一行表示一个实体的信息,每一行的不同属性表示实体的某一方面,每一行数据具有相同的属性。这类数据本质上是“先有结构,后有数据”。

二、半结构化数据

半结构化数据是一种弱化的结构化数据形式,它并不符合关系型数据模型的要求,但仍有明确的数据大纲,包含相关的标记,用来分割实体以及实体的属性。这类数据中的结构特征相对容易获取和发现,通常采用XL、JSON等标记语言来表示。

三、非结构化数据

人们日常生活中接触的大多数数据都属于非结构化数据。这类数据没有固定的数据结构,或难以发现统一的数据结构。各种存储在文本文件中的系统日志、文档、图像、音频、视频等数据都属于非结构化数据,如图1-1所示。

图1-1 非结构化数据

在得到数据的同时,往往也能够得到或分析关于数据本身的一些信息。例如,描述学生的例子是指几个人的数据集,每个人有编号、姓名、年龄、性别等属性,而这些属性本身也有不同的数据类别，需要按照不同的方式进行编码。这些信息是描述一个数据集本身特征的数据，通常称为元数据(metadata)。元数据是描述数据的数据，机器可读的元数据可以帮助计算机自动地对一组数据进行处理。同时还要注重对数据进行归一处理①。

此外，在计算机中为了方便数据的组织，可以将数据以文件的方式保存起来。相同的数据表示，可以按照不同的具体格式组织在文件中。例如，一个表格数据，可以按照行来顺序写入文件，也可以按照列来顺序写入文件。针对不同目的设计的存储系统(如文件系统、关系数据库等)，会专门选择最适合这类数据的存储方式，以更好地利用存储空间，并可以加速对数据的访问。在计算机中，文件系统也帮助管理大量文件，以及管理文件名，创建用户，设置读写权限，创建时间等产生的元数据。

第二节　大数据的内涵和外延

数据要被计算机处理，首先需要编码成计算能够接受的二进制格式。在前面我们提到可以用字节作为衡量数量大小的基本单位，每个字节代表8个二进制位，因此，一个字节可以表示0～255种不同的状态。字节可以看成是表示信息的“基本单位”。由于硬件设计的原因，计算机处理信息通常以2的整数倍作为处理边界，最接近于1000的2的整数倍是1024，因此，在计算机中大多采用这些标准单位前缀与字节的组合表示数据量，各数据单位之间的换算关系如表1-1所示。

表1-1　数据单位之间的换算关系

单　位	换算关系
byte(字节)	1byte=8bit
KB(Kilobyte 千字节)	1KB=1024byte
MB(megabyte，兆字节)	1MB=1024KB
GB(gigabyte，吉字节)	1GB=1024MB
TB(Trillionbyte，太字节)	1TB=1024GB
PB(petabyte，派字节)	1PB=1024TB
EB(exabyte，艾字节)	1EB=1024PB
ZB(zettabyte，泽字节)	1ZB=1024EB

那么，数据要多大才算“大数据”？是否还有其他区分数据和大数据的标准呢？下面来了解一下大数据的概念是如何被提出来的，大数据到底有什么特征等。

① 刘云霞.数据预处理 数据归约的统计方法研究及应用[M].厦门：厦门大学出版社，2011：33.

一、大数据时代的驱动力

近年来,随着互联网技术的发展及移动互联网、物联网等技术的广泛应用,人、机、物三元对象进入深度融合时代,网络信息空间反映了人类社会与物理世界的复杂联系。网络信息空间的数据与人类活动密切相关;网络信息空间的规模以指数级增长,呈高度复杂化趋势。换句话说,人们进入了一个数据爆炸的大数据时代。

这一轮数据增长的一个推动力是大量信息传感设备的出现,以及快速发展的物联网技术及应用,这使得大量物理世界的状态被获取存储下来。例如,随着新一代数据采集与传输设备在民用客机上的应用,2011年空客A50的飞机监控参数达到40万个,波音787飞机的监控参数达到15万个,极大改善了对机载系统及发动机运行状态的监控能力。今天随着我国城市化的发展,城市中部署的大量交通治安摄像头进行联网,由此汇聚的数据量将更加惊人。

数据增长的另一个重要的推动力量来自快速发展的互联网和移动互联网。互联网上汇聚了数十亿网民,用户产生的数据量十分巨大;移动互联网使用户更紧密地融入网络世界中。据近几年的统计显示,中国用户平均每天花费在各类移动应用上的时间达到了31亿小时,用户通过使用这些移动应用产生了大量行为数据和内容数据。以社会网络应用——微博为例,2017年,我国微博月活跃用户就达到3.92亿,每天发布微博超过2亿条(根据新浪微博的2017年财报),其中图片和小视频的数量达到2000万。按每条微博170B,每张图片或小视频1MB计算,仅微博一类应用一天产生的数据就高达19TB。互联网搜索类业务需要检索互联网的网站内容,平均每天需要扫描处理的数据量甚至达到了100PB量级。

IDC(international data corporation,国际数据公司)曾做过一项统计,该统计的主要数据为人类产生并存储下来的数据,截至2009年,该数据已有0.8ZB。截至2013年,该数据就已经超过了4.4ZB,并且这些数据的增长速度是逐渐加快的。IDC还预测到,到2025年,这些数据有可能达到163ZB。

在这些数据的基础上,当人们研究一个现象或问题时,就有了基于数据形成的对现实世界的理解。与传统的统计学类似,通常需要通过精心设计的传感器或各类移动互联网应用去对现实世界进行抽样。但与传统统计学不同的是,人们有可能通过获得更接近于全样的抽样,形成一个客观世界的实体和现象在计算机能够处理的信息世界中的一个数字映像。例如,在智能制造系统中,有数字孪生(digital twin)的概念。美国国防部最早提出在数字空间里建立真实飞机的模型,并通过传感器实现飞机真实状态的完全同步。这样,每次飞行后,就可以基于数字模型的现有情况和过往载荷,及时分析评估飞机是否需要维修,能否承载下次任务载荷等。因此,如何利用已经获得汇聚的数据,以及如何精巧地设计新的数据获取方式,构建一个能够足够精确反映客观世界的实体、现象和行为特征的数字映像,进而在这一数字映像之上,对客观世界的实体、现象和行为特征进行推演,是许多实际应用领域数据增长的内生动力。

然而,随着数据总量的快速增长,以及越来越多的数据分析任务的出现,针对大数据的获取、存储、传输、处理等能力都面临新的技术挑战。如果数据不能存储下来并及时分析处理,大数据就无法产生具有时效性的价值,因此,拥有真实数据以及对数据的实时处理能力,才能够从大量无序的数据中获取价值,也才会具有大数据时代的核心竞争力。

二、大数据的概念和特征

虽然世界都在时刻关注着大数据,但是关于大数据的具体概念,实际上还没有一个官方的定义。麦肯锡全球研究机构(McKinsey global institute)给出的大数据定义,综合了"现有技术无法处理"和"数据特征"定义。他们认为数据是指大小超过经典数据库软件工具收集、存储、管理和分析能力的数据集。这一定义是站在经典数据库的处理能力的基础上看待大数据的。维基百科对"大数据"的解读是:"大数据"或称巨量数据、海量数据、大资料,指的是所涉及的数据量规模巨大到无法通过人工在合理时间内达到截取、管理、处理,并整理成为人类所能解读的信息。美国国家标准与技术研究院(national institute of standards and technology,NIST)认为,大数据是用来描述在我们网络的、数字的、遍布传感器的、信息驱动的、世界中呈现出的数据泛滥的常用词语。大量数据资源为解决以前不可能解决的问题带来了可能性。

目前通常认为大数据具有4V特征,即规模庞大(volume)、种类繁多(variety)、处理速度快(velocity)和价值巨大但价值密度低(value)。

1. 规模宏大

分析数据集目前所拥有的计算能力以及存储能力,大数据是具有规模庞大的特点的。在刚刚出现大数据这一概念时,人们认为PB级的数据就可以看作是"大数据"。但是事实上,这种观点并不是完全正确的,其原因主要包括两点:一点是因为当数据的存储技术和计算的技术得到了发展时,当在互联网上生成的数据增多时,当通过传感器所获得的数据增多时,是会影响判断是否为"大数据"的依据的;另一点在于一些数据具有大数据的特点,但是这些数据却不属于PB级,这种情况下我们也不能说这些数据就不是大数据。这种具有庞大规模的大数据,对于传输数据、存储数据以及分析数据等方面,都带来了不小的挑战。

2. 种类繁多

大数据拥有繁多的种类,主要表现在两个方面:一方面是指在同一情境中,大数据集中拥有多种不同种类的数据,包括结构化数据、非结构化数据以及半结构化数据等;另一方面是指在同一种类的数据中,其数据的结构模式是多样的。举例来说,用于处理城市交通数据的应用,其拥有的数据类型就包括结构化数据类型、半结构化数据类型以及非结构化数据类型三种,其中结构化数据类型指的是车辆注册的数据信息、驾驶人的数据信息以及城市交通道路的信息等;半结构化数据类型指的是不同类型的文档数据;非结构化数据类型指的是摄像头所记录下的各种数据信息等。对于大数据的处理工作之所以比较复杂,主要是因为数据所具有的异构性,而这种异构性就是因这些数据类型的多样性而形成的,因此也对于数据处理能力有着极高要求。

3. 处理速度快

大数据时代的数据产生速度非常迅速。在Web 2.0应用领域,在1分钟内,新浪可以产生2万条微博,Twitter可以产生10万条推文,苹果可以下载4.7万次应用,淘宝可以卖出6万件商品,人人网可以发生30万次访问,百度可以产生90万次搜索查询,Facebook可以产生600万次浏览量。大名鼎鼎的大型强子对撞机(LHC),大约每秒产生6亿次的碰撞,每秒生成约700MB的数据,有成千上万台计算机分析这些碰撞。

大数据时代的很多应用，都需要基于快速生成的数据给出实时分析结果，用于指导生产和生活实践，因此，数据处理和分析的速度通常要达到秒级响应，这一点和传统的数据挖掘技术有着本质的不同，后者通常不要求给出实时分析结果。

为了实现快速分析海量数据的目的，新兴的大数据分析技术通常采用集群处理和独特的内部设计。以谷歌公司的Dremel为例，它是一种可扩展的、交互式的实时查询系统，用于只读嵌套数据的分析，通过结合多级树状执行过程和列式数据结构，它能做到几秒内完成对万亿张表的聚合查询，系统可以扩展到成千上万的CPU上，满足谷歌上万用户操作PB级数据的需求，并且可以在2～3秒内完成PB级别数据的查询。

4. 价值巨大但价值密度低

分析大数据所具有的价值可以发现，其蕴含的价值是巨大的，但是这种价值的密度并不高。该价值源于大数据中所包含的隐含知识上，因为隐含知识是具有高价值的，所以大数据才蕴含巨大的价值，并且在许多方面都能体现出大数据所具有的价值，例如关联和假设检验。这种隐含知识在表面上并不能被发现，首先需要对大数据进行分析，其次在分析出的各类无序数据之间建立起一种关联，最后才能得到这种隐含知识。大数据的数据集是在不断增长的，但是数据所蕴含的价值并没有随之而增长，因为这些增长的数据并不都是有价值的，这类数据通常被称作无用数据，大量的无用数据将有价值的数据掩盖了起来，因此，大数据的价值密度比较低。关于大数据的计算，其最主要的一个问题，就是怎样才能在无用数据中找到有价值的数据，其价值密度又该怎样进行度量。

在此基础上，还有一些学者在大数据的4V特征基础上增加了其他提法，形成大数据的5V特征。例如，前面提到的BM就从获取的数据质量的角度，将真实性或准确性（veracity）作为大数据的特征，着重说明大数据面临的数据质量挑战。从互联网或传感器获得的关于真实世界和人类行为的数据中，可能存在各类噪声、误差，甚至是虚假、错误的数据，有些情况下也会有数据缺失。数据的真实性，则强调数据的质量是大数据价值发挥的关键。

其实，无论是4V还是5V，都是从特性的角度刻画数据集本身的一些特征。这些特征对发现事实，揭示规律并预测未来，提出了新的挑战，并将对已有计算模式、理论和方法产生深远的影响。

三、大数据带来的思维模式改变

大数据给传统的数据带来了三个思维模式的改变。

（一）采样与全样：尽可能收集全面而完整的数据

在统计方法中，由于数据不容易获取，数据分析的主要手段是进行随机采样分析，该手段成功应用到了人口普查、商品质量监管等领域。然而随机采样的成功依赖于采样的绝对随机性，而实现绝对随机性非常困难，只要采样过程中出现任何偏见，都会使分析结果产生偏离。即使有了最优采样的标准与方法，在大数据时代由于数据的来源非常多，需要全面地考虑采样的范围，因此找到最优采样的标准非常困难。同时，随机采样的数据方法具有确定性，即针对特定的问题进行数据的随机采样，一旦问题变化，采样的数据就不再可用。随机采样也受到数据变化的影响，一旦数据发生变化，就需要重新采样。

大数据不仅是数据量大，更体现在“全”上。当有条件和方法获取到海量信息时，随机采样的方法和意义就大幅降低了。确实，各类传感器、网络爬虫、系统日志等方式使人们拥有了大数据。存储资源、计算资源价格的大幅降低以及云计算技术的飞速发展，不仅使大公司的存储能力和计算能力大幅提升，也使中小企业有了一定的大数据处理与分析的能力。

（二）精确与非精确：宁愿放弃数据的精确性也要尽可能收集更多的数据

对小数据而言，由于收集的信息较少，对数据基本要求是数据尽量精确、无错误。特别是在进行随机抽样时，少量错误将可能导致错误的无限放大，从而影响数据的准确性。同时，正由于数据量小，才有可能保证数据的精确性。因此，数据的精确性是人们追求的目标。

然而，对于大数据，保持数据的精确性几乎是不可能的。一方面，大数据通常源于不同领域产生的多个数据源，当由大数据产生所需信息时，通常会出现多源数据之间的不一致性。同时，也由于数据通过传感器、网络爬虫等形式获取时经常会产生数据丢失，因而使数据不完整。虽然目前有方法和技术来进行数据清洗，试图保证数据的精确性，然而这不仅耗费巨大，而且保证所有数据都是精确的几乎是不可能的。因此，大数据无法实现精确性。

另一方面，保持数据的精确性并不是必需的。经验表明，有时牺牲数据的精确性而未得更广泛来源的数据，反而可以通过数据集间的关联提高数据分析结果的精确性。例如，Facebook、微博、新闻网站、旅游网站等通常允许用户对网站的图片、新闻、游记等打标签。每个用户打的标签并没有精确的分类标，也没有对错，完全从用户的感受出发。这些标签达到几十亿的规模，却能让用户更容易找到自己所需的信息。

（三）因果与关联：基于归纳得到的关联关系与逻辑推理的因果关系同样具有价值

通常人们对数据进行分析从而预测某事会发生，其中基于因果关系分析和关联关系分析进行预测是常用的方法。

在大数据时代，对于已经获取到的大量数据广泛采用的方法是使用关联关系来进行推测。经验表明，在大数据时代，由于因果关系的严格性使数据量的增加并不一定有利于得到因果关系，反而关联关系更容易得到。例如，通过观察可以发现打伞和下雨之间存在关联关系，这样，当看到窗外所有人都打着伞，那么就可以推测窗外在下雨，在这个过程中，我们并不在意到底是打伞导致了下雨，还是下雨导致了打伞。目前，基于关联关系分析的预测被广泛应用于各类推荐任务上。例如，著名的“啤酒加尿布”例子，并没有得到男性顾客买啤酒一定会买尿布或买尿布一定会买啤酒的结论，而是得到了啤酒和尿布之间的关联关系。同样，2009年谷歌的科研人员在《自然》杂志撰文，通过对每日超过30亿次的用户搜索请求及网页数据的挖掘分析，在甲型H1N1流感暴发的几周前就预测出流感传播，也是利用了搜索关键词和流感发病率之间的关联而非因果关系。通常，数据中能够发现的更多是关联关系，因果关系的判断和分析需要由领域专家的参与才能完成。

当然，重视关联关系并不否定探寻因果关系的重要性。事实上，也有很多研究在探索如何从数据中获得因果关系。医学上利用典型的“双对比试验”来判断药物对疾病的作用；智能工业互联网应用中，需要了解究竟是哪个因素与产品优良率之间存在因果关系，这些都是典型的基于实验数据推断因果关系，进而推动应用的例子。因此，在大数据中，关联关系与因果关系同样具有应用价值。

四、大数据的作用和意义

如今的世界已经进入了全球信息化的时代，并且这种信息化还在不断地快速发展着，而大数据在这样的情境下逐渐变成一种带有战略性质的最基础的资源，并且在任何国家都占有重要地位，同时各个国家的科技创新也是在大数据的基础上进行的。对于大数据的开发和利用不仅能为国家提供商业价值，还能提供社会价值，同时对改变科学研究的模式也具有推动的作用。大数据存在的意义表现在多个方面，包括对国家经济发展和国家经济的安全具有战略性的意义以及长远性的意义等，同时，大数据也可以看作是一种竞争优势，存在于国家之间的竞争中。在我国，要想提升大数据的质量、规模以及使用大数据的技术水平，最先要做的就是将我国自身的规模优势充分地利用起来，并发挥大数据中数据的价值，从而稳固其具备的战略作用。

（一）在经济方面，大数据成为推动经济转型发展的新动力

大数据的出现对于科学技术、社会人才、物质资源以及资金都具有深远的影响，同时受到影响的还有社会上工作的组织模式，对于生产组织方式的创新具有推动作用。社会中的各类生产要素因大数据的产生，可以通过网络化实现共享，通过集约化实现整合，通过协作化实现开发，并得到充分的利用，从而使生产方式和社会上的经济运行机制得到了转变，都不再是传统的模式，经济运行的水平和运行的效率也都因此得到了提升。为实现互联网中各新型领域业务的增值创新，实现相关企业核心价值的提升，就需要利用大数据使各商业的模式得到创新发展，并促进新业态的出现。在信息产业格局中，大数据的影响力度是极其深远的，同大数据相关的产业也成了一个全新的经济增长点。

有数据显示，2016年全球大数据业市场规模为1403亿美元。例如，阿里巴巴凭借其电子商务平台的大量交易数据，提前8～9个月预测出2008年的金融危机；百度通过对超过4亿用户的搜索请求及交互数据的挖掘分析，建立用户行为分析模型，在提供个性化智能搜索和内容推荐的同时，取得了中国互联网搜索市场的领先地位；以共享单车、各类专车等城市出行领域为代表的共享经济应用，改善了供需匹配，促进了资源的有效利用。而大数据在传统工业和制造业领域的应用则有助于帮助制造企业打通产业链，延伸产品的价值链条，并支持产品有更快的升级迭代和更好的个性化服务。

（二）在社会方面，大数据成为提升政府治理能力的新途径，社会安全保障的新领地

一些数据的关联关系是没有办法通过传统的技术方式展现出来的，最有效的方法就是通过使用大数据将其展示出来。对于政府数据，通过对大数据的应用，可以使政府的数据得到共享，使社会中各项事业的数据和资源得到整合，关于政府的整体数据，其分析能力也有所提升，同时，大数据的应用也是一种新的、用于处理比较复杂的社会问题的方式。有了大数据，就可以建立一种新的管理机制，即“用数据说话、用数据决策、用数据管理、用数据创新”，通过数据的利用还可以完成许多科学决策，对于政府的管理以及社会的治理都能起到更新的作用，从而推进政府的治理能力步入现代化，同时，在大数据的基础上创造出一种新型的政府，即廉洁的政府、法治的政府、服务型的政府以及创新型的政府，且该政府是符合中国特色社会主义事业发展道路的，也是符合社会主义市场经济体制的。

可以说，有了百度或谷歌，就可以分析掌握用户的浏览习惯；有了淘宝或亚马逊，就可以分析掌握用户的购物习惯；有了新浪微博或Twitter，就可以了解用户的思维习惯及其对社会的认知。而且对微博等网络信息大数据的挖掘，能够及时反映经济社会动态与情绪，预警重大、突发和敏感事件（如流行病暴发、群体异常行为等），协助提高社会公共服务的应对能力，对维护国家安全和社会稳定具有重大意义。

（三）在科研方面，大数据成为科学研究的新途径

借助对大数据的分析研究，能够发现医学、物理、经济和社会等领域的新现象，揭示自然与社会中的新规律，并预测未来趋势，这使基于数据的探索（data exploration）成为科学发现继实验/经验（empirical）、理论（theory）、计算（computational）之后的“第四种范式”。数据密集型科学探索与第三种范式（计算密集型仿真与模拟）都是信息技术支撑的科学发现方式，但最大的不同在于计算范式是先提出可能的理论，再收集数据，然后通过计算仿真进行理论验证；而数据密集科学探索则是先通过各种信息获取技术获得大量已知数据，然后通过分析和计算寻找其中的关联与因果关系，从而得出之前未知的理论。正在兴起的环境应用科学、基于全球数据共享的天文观测、下一代传感器网络与地球科学、脑科学与大脑神经回路突破，这些都是在快速成长和发展的交叉学科方向，也是大数据用于科学研究和发现的很好实例。同时，这些科学研究的新需求，也在催生传感、网络、存储、计算等信息技术的突破，以及以数据为中心的获取、传输、管理、分析和可视化技术的进步。2010年《经济学人》周刊发表封面文章，也提出了“数据泛滥（data deluge）为科研带来新机遇”的观点。而《自然》《科学》相继出版了*Big Data*和*Dealing with Data*的专刊。许多国际著名期刊和会议均专门研究大数据的相关问题，在国际上引发了新一轮科研热潮。

大数据对于社会、经济以及技术的研究和发展都具有巨大的价值，正是因为这种价值，使世界上众多的发达国家对大数据格外关注，并在研究的过程中使用了许多人力和财力。这些国家还专门制定了相关的政策法规，以推动大数据产生得到进一步的发展。美国曾提出大数据研发计划，用英文表示为big sata & sevelopment initiative，该计划是奥巴马于2012年3月提出的，并为大数据的研发提供了2亿美元的研究资金，大数据研究也因此进入了国家战略的层面。欧盟于2012年的6月，也为大数据的研究提供了资金上的支持，其研

究的方式是从大科学(big science)问题研究的角度出发,找到新的更加科学的研究方法,并对超级计算以及用于开发大规模数据的平台给予充分的支持。

对大数据高度关注的国家还有英国,其主要是通过利用大数据中公开数据的商业潜力,并对该潜力进行开发,从而为国家提供一条用于创新发展的新道路,并推动可持续发展政策的进一步实施,在2012年5月,英国还为此特地创建了一个开放数据研究所,用英文表示为The Open Data Institute,缩写为ODI。值得一提的是,该研究并具有非营利性质。同时,英国将这种大数据看作是一种战略性的技术,并设立了相关的战略规划,即《英国数据能力发展战略规划》。该战略规划主要是由英国的商务部、创新部门以及技能部门共同制定的。

在同一年开始关注大数据发展的国家还有澳大利亚,并同样为大数据制订了一份相关的战略计划,其目的是有效地利用大数据对公共行业的服务进行改革,并制定更加适宜的公共政策,为维护公民的隐私权限,该战略计划名为《公共服务大数据战略》,发布战略的主体为政府的信息管理办公室(AGIMO),发布的时间为2013年8月,澳大利亚也因该战略计划,使得他们对大数据处理和利用达到世界领先水平。日本对于大数据也是有所关注的,并在2013年发布了《创建最尖端IT国家宣言》,在该宣言中日本把公共数据和大数据的开放以及发展工作作为国家在2013—2020年最为重要的国家战略,并提出只有有效应用大数据,才能使日本获得更高的竞争力。

对于大数据所带来的机遇,在我国也有同样的认识,并为大数据的研究工作专门部署了相关的计划,即《国家中长期科学和技术发展规划纲要(2006—2020年)》,我国的国家战略需求也因该计划增添了信息处理和挖掘知识的内容。之后我国的科技部门发布了《"十五"国家科技计划信息技术领域2013年度备选项目征集指南》,在该指南中最重要的内容就是关于大数据的研究工作。随着大数据研究工作的展开,我国开始向数据强国的方向迈进。关于数据强国的概念,是在2015年9月国务院发布的《促进大数据发展行动纲要》中第一次正式提出的,并在同年的10月,在党的十八届五中全会上,大数据正式成为我国的国家战略。之后在2016年,关于国家大数据的战略,在《中华人民共和国国民经济和社会发展第十三个五年规划纲要》中,将大数据作为一种带有战略性质的基础资源,在推动大数据发展的过程中,实现数据资源的共享,并且充分利用数据资源帮助社会中各类产业的转型或升级,同时辅助国家对社会开展有效的治理工作。

大数据已成为关系国家经济发展、社会安全和科技进步的重要战略资源,是国际竞争的焦点和制高点。开展大数据计算的基础研究,推动大数据的技术和应用,提升我国在相关领域的自主创新能力和核心竞争力,对推动经济转型,提升社会治理,增强我国科技竞争力具有至关重要的意义。

第三节 大数据带来的影响

大数据所具有的影响是多方面的,主要包括对人们思维方式的影响、对科学研究产生的影响,以及对社会发展产生的影响等。对思维方式产生影响的原因在于大数据所具有的三个特征,即“全样而非抽样、效率而非精确、相关而非因果”,这是完全不同于传统思维方式的三大特征。对科学研究产生影响的原因在于,出现大数据之前,人们所做的各项研究只有3种范式,即实验、理论和计算;在出现大数据之后,增加了一种范式(即数据)。对社会发展产生影响的原因在于,在大数据的基础上所做出的决策已经变成了一种全新的用于决策的方式,并且在利用大数据的过程中,使各行各业都充分使用了信息技术。对于大数据的开发利用,就是在社会中创造新的先进技术以及建设新的应用。

在就业市场方面,大数据的兴起使得数据科学家成为热门人才;在人才培养方面,大数据的兴起将在很大程度上改变我国高校信息技术相关专业的现有教学和科研体制。

一、大数据对科学研究的影响

图灵奖获得者、著名数据库专家吉姆·格博士观察并总结认为,人类自古以来在科学研究上先后历经了实验、理论、计算和数据4种范式。在最初的科学研究阶段,人类采用实验解决一些科学问题,著名的比萨斜塔实验就是一个典型实例,如图1-2所示。

图1-2　比萨斜塔实验

关于物体下落的速度和物体重量之间的关系,亚里士多德认为二者之间应成正比例的关系,并提出了相关的理论学说,这一学说在当时的时代背景下得到了长达1900年的支持,直到1590年,伽利略在比萨斜塔上做了关于此方面的实验,并得出了两个不同重量的铁球依旧能同时落地的结论,才将亚里士多德提出的学说验证为一个错误的结论。

实验科学的研究会受到当时实验条件的限制,难以完成对自然现象更精确的理解。随着科学的进步,人类开始采用各种数学、几何、物理等理论构建问题模型和解决方案。例如,牛顿第一定律、第二定律、第三定律构成了牛顿力学的完整体系,奠定了经典力学的概念基础,它的广泛传播和应用对人们的生活和思想产生了重大影响,在很大程度上推动了人类社会的发展与进步。

随着1946年人类历史上第一台计算机NIAC的诞生,人类社会开始步入计算机时代,科学研究也进入了一个以“计算”为中心的全新时期。在实际应用中,计算科学主要用于对各个科学问题进行计算机模拟和其他形式的计算。通过设计算法并编写相应程序输入计算机运行,人类可以借助计算机的高速运算能力来解决各种问题。计算机具有存储容量大、运算速度快、精度高、可重复执行等特点,是科学研究的利器,推动了人类社会的飞速发展。

随着数据的不断累积,其宝贵价值日益得到体现,物联网和云计算的出现,更是促成了事物发展从量变到质变的转变,使人类社会开启了全新的大数据时代。此时,计算机不仅能进行模拟仿真,还能进行分析总结。在大数据环境下,一切将以数据为中心,从数据中发现问题并解决问题,真正体现数据的价值。大数据将成为科学工作者的宝藏,从数据中可以挖掘未知模式和有价值的信息,服务于生产和生活,推动科技创新和社会进步。虽然第三范式、第四范式都是利用计算机进行计算的,但是二者还是有本质的区别;在第三范式中,一般是先提出可能的理论,再收集数据,然后通过计算来验证;而在第四范式中,则是先有了大量已知的数据,然后通过计算得出之前未知的理论。

二、大数据对思维方式的影响

关于大数据对思维方式的影响在《大数据时代:生活、工作与思维的大变革》中有过相关的内容,该书是由维克托·迈尔·舍恩伯格编写的,书中强调了思维方式的三种转变,关于这三种转变的具体内容,下面将一一进行详细论述。

(一) 全样而非抽样

全样和非抽样主要体现在对数据的处理和分析上。以前由于没有先进的处理数据的能力,因此,在对数据分析研究时,都是通过对数据抽样的方式进行研究,具体的操作方法是在全集的数据之中选取一部分数据,这部分数据就是样本数据,通过对样本数据展开研究和分析,从而判断全集数据具有怎样的特征。从规模上来看,全集数据的规模要大于样本数据的规模,因此,在使用样本数据时,要保证研究分析所要付出的代价是可以被控制的。在现在的大数据时代背景下,存在分布式文件系统以及分布式数据库技术,通过这两项内容,使存储数据的能力得到提升,而分布式并行编程框架,则提升了处理数据的能力,因此,在对数据进行处理和分析时,不再需要通过抽样来完成,并且在短时间内就可以得到分析数据的结果。

(二) 效率而非精确

在以前的数据处理中,所使用的方法是抽样分析的方法,由于这种方法是通过部分来分析整体,因此要求对于数据的分析处理要做到十分精确,如果在样本中存在一个小小的误差,在全集数据中,这种误差被放大,从而变成一个很大的误差。想要保证存在误差的全集数据依旧可以被应用,就需要保证分析抽样数据的精确度。而在大数据的时代,对于数据的分析方法不再是抽样的方式,而是直接研究分析全集数据,在分析过程中所得到的误差并不会有被放大的情况发生,因此,这个时候对于数据的处理不再着重要求提高精确度,而是提高对于数据分析处理的效率。对于数据分析的处理要求在几秒钟内就能得到实时的结果,这是充分发挥数据价值的一项重要内容,也是如今分析数据的一项重要的核心内容。

(三)相关而非因果

过去,数据分析的目的,一方面是解释事情背后的发展机理,例如,一个大型超市在某个地区的连锁店在某个时期内净利润下降很多,这就需要部门对相关销售数据进行详细分析并找出发生问题的原因;另一方面是用于预测未来可能发生的事件,例如,通过实时分析微博数据,当发现人们对雾霾的讨论明显增加时,就可以建议销售部门增加口罩的进货量,因为人们关注雾霾的一个直接结果是想要购买口罩来保障自己身体健康。无论是哪个目的,其实都反映了一种"因果关系"。但是,在大数据时代,因果关系不再那么重要,人们转而追求"相关性"而非"因果性"。例如,在淘宝网购物时,当人们购买了一个汽车防盗锁以后,淘网还会自动提示用户,与其购买相同物品的其他客户还购买了汽车坐垫。也就是说淘宝网只会告诉用户"购买汽车防盗锁""购买汽车坐垫"之间存在相关性,但是并不告诉用户为什么其他客户购买了汽车防盗锁以后还会购买汽车坐垫。

三、大数据对社会发展的影响

大数据对于社会产生的影响主要表现在几个方面:一是在大数据的基础上所做出的决策已经变成了一种全新的用于决策的方式;二是利用大数据的过程,实际上就是各类行业充分使用信息技术的过程;三是对于大数据的开发和利用,实际上就是在社会中创造新的先进技术,并建设新的应用。

(一)大数据决策成为一种新的决策方式

根据数据制定决策,并非大数据时代所特有的方式。从20世纪90年代开始,数据仓库和商务智能工具就开始大量用企业决策。发展到今天,数据仓库已经是一个集成的信息存储仓库,既具备批量和周期性的数据加载能力,也具备数据变化的实时探测、传播和加载能力,并能结合历史数据和实时数据实现查询分析和自动规则触发,从而提供对战略决策(如宏观决策和长远规划等)和战术决策(如实时营销和个性化服务等)的双重支持。但是,数据仓库以关系型数据库为基础,无论是在数据类型还是在数据量方面都存在较大的限制。

如今最新的一种决策方式就是大数据决策,这种决策所针对的数据具有种类多且非结构化的特点,这种决策也是当前使用最为频繁的一种决策方式。例如,在政府部门就可以在"舆情分析"中使用大数据技术,并通过对多种不同来源的数据所开展的综合性分析,得到信息中的真实数据,将信息中所包含的隐藏内容发掘出来,并以此来推断事物未来的发展趋势,在帮助政府下决策的同时,对突发事件提供有效的应对措施。

(二)大数据应用促进信息技术与各行业的深度融合

之前就有相关的专家提出,大数据的存在对于社会中任何一个行业所具有的业务功能都会产生影响，尤其是在互联网、交通、服务、银行等行业中，由于大数据在不断累积，从而推动信息技术在这些行业领域中得到应用，并为行业的发展提供了新方向。例如，在物流行业中，通过大数据的分析，可以帮助快递公司选择运输成本最低的路线进行运输；在股票投资领域，通过大数据的分析，可以帮助投资者选择获得最多利益的股票投资方式；在零售行业，通过大数据的分析，可以帮助商户准确地找到目标群体等。总体而言，存在大数据的地方，就会对人们的生产活动以及生活产生深远的影响。

（三）大数据开发推动新技术和新应用的不断涌现

之所以对大数据方面的新技术不断进行开发，是因为社会对于使用大数据的需要。为了满足不同的应用需求，就需要开发相关的大数据技术，并将其充分地利用起来，对于大数据技术的使用也是发挥数据价值的过程，并且这种应用将会不断取代通过人工进行判断的应用。举个例子来说，以前的保险公司在对客户提供关于汽车方面的保险时，需要先通过车主的信息，人工对不同的客户所属的类别进行划分，再根据客户的车险次数，向其提供比较合适的保险方案，同时，对于客户来说，所有的保险公司都是用这种方式提供服务，因此，客户选择哪一家保险公司进行投保差别并不大。但是当大数据出现后，保险公司的商业模式发生了改变，能够充分利用大数据信息，得到更多关于客户车辆信息的细节内容，就可以为客户提供具有针对性和个性化的保险方案，从而提高该公司在行业内的竞争力度，客户对于保险公司也有了更多的选择。

四、大数据对就业市场的影响

大数据的兴起使数据科学家成为热门人才。2010年，高科技劳动力市场上还很难见到数据科学家的头衔，但此后，数据科学家逐渐发展成为市场上最热门的职位之一，具有广阔的发展前景，并代表着未来的发展方向。

互联网企业和零售、金融类企业都在积极争夺大数据人才，数据科学家成为大数据时代最紧缺的人才。据麦肯锡公司预测，有大数据专家估算过，5年内国内的大数据人才缺口会达到130万，以大数据应用较多的互联网金融为例，这一行业每年增速达到4倍，届时，仅互联网金融需要的大数据人才就是现在需求的4倍以上。与此同时，大数据人才的薪资水平也在“水涨船高”，根据第四届贵州人才博览会发布的《全国大数据人才需求指数报告》显示，2016年2月，贵阳大数据人才月薪已逼近8000元。

根据中桥调研咨询2013年7月针对中因市场的一次调研结果显示，中国用户目前还主要局限在结构化数据分析方面，尚未进入对半结构化和非结构化数据进行分析，以及捕捉新的市场空间的阶段。但是，大数据包含了大量的非结构化数据，未来将会产生大量针对非结构化数据分析的市场需求，因此，未来中国市场对掌握大数据分析专业技能的数据科学家的需求会逐年递增。

尽管有少数人认为未来有更多的数据会用自动化处理，会逐步降低对数据科学家的需求，但是仍然有更多的人认为，随着数据科学家给企业所带来的商业价值的日益体现，市场对数据科学家的需求会越发旺盛。

五、大数据对人才培养的影响

在我国一些设有信息技术相关专业的高校中，大数据的出现对于学校的教学模式、教学内容以及科研等方面都产生了较大的影响，这种影响主要表现在两个方面：一方面是对于数据科学家人才的培养，另一方面是培养这类人才所需要的环境。从数据科学家的能力来看，他们需要掌握的能力包括数学能力、编程能力、统计能力以及机器学习能力等，如果将这类人才进行归类，他们应属于复合型人才类型。目前，关于数据科学，只在一些相关的专业中能够学到一部分的知识内容，还没有一个专门的数据科学专业，因此，对于这类复合型人才的培养还存在一些缺陷。对于数据科学家来说，最重要的就是有应用大数据的环境，只有在真正的大数据环境中开展实践活动或进行学习，才能真正有效地掌握大数据，并且想要发掘出数据中所蕴含的具有价值的信息内容，就需要将业务需求同技术背景相结合。但是我国的许多高校，目前仍没有大规模的基础数据，对于业务需求也并没有太多的认识。

鉴于上述两个原因，目前国内的数据科学家人才并不是由高校培养的，而主要是在企业实际应用环境中通过边工作边学习的方式不断成长起来的，其中，互联网领域集中了大多数的数据科学家。在未来5~10年，市场对数据科学家的需求会日益增加，不仅互联网企业需要数据科学家，类似金融、电信这样的传统企业在大数据项目中也需要数据科学家。由于高校目前尚未具备大量培养数据科学家的基础和能力，传统企业很可能会从互联网行业“挖墙脚”，以此来满足企业发展对数据分析人才的需求，继而造成用人成本高昂，制约企业的成长壮大。因此，高校应该继承“养人才、服务社会”的理念，充分发挥科研和教学综合优势，培养一大批具备数据分析基础能力的数据科学家，以有效缓解数据科学家的市场缺口，为促进经济社会发展做出更大贡献。目前，国内很多高校开始设立大数据专业或者开设大数据课程，加快推进大数据人才培养体系的建立。2014年，中国科学院大学开设了首个“大数据技术与应用”专业，面向科研发展及产业实践，培养信息技术与行业需求结合的复合型大数据人才；同样是在2014年，清华大学成立了数据科学研究院，推出了多学科交叉培养的大数据硕士项目。2015年10月，复旦大学大数据学院成立，在数学、统计学、计算机、生命科学、医学、经济学、社会学、传播学等多学科交叉融合的基础上，聚焦大数据学科建设、研究应用和复合型人才培养；2016年9月，华东师范大学数据科学与工程学院成立，新设置的本科专业“数据科学与工程”是华东师范大学除“计算机科学与技术”“软件工程”以外，第三个与计算机相关的本科专业。此外，厦门大学于2013年开始在研究生层面开设大数据课程，并建设了国内高校首个大数据课程公共服务平台。

高校培养数据科学家需要采取“两条腿走路”的策略，即“引进来”“走出去”。所谓“引进来”，是指高校要加强与企业的紧密合作，从企业引进相关数据，为学生搭建起接近企业应用实际的、仿真的大数据战略环境，让学生有机会理解企业业务需求和数据形式，为开展数据分析奠定基础；同时，从企业引进具有丰富实战经验的高级人才，承担起数据科学家相关课程教学任务，切实提高教学质量、水平和实用性。所谓“走出去”，是指积极鼓励和引导学生走出校园，进入互联网、金融、电信等具备大数据应用环境的企业去开展实践活动，同时努力加强产、学、研合作，创造条件让高校教师参与到企业大数据项目中，实现理论知识与实际应用的深层次融合，锻炼高校教师的大数据实战能力，为更好地培养数据科学家奠定基础。

在课程体系的设计上，高校应该打破学术界限，设置跨院系跨学科的“组合课程”，由来自计算机、数学、统计等不同院系的教师构建联合教学师资力量，多方合作，共同培养具备大数据分析基础能力的数据科学家，使其全面掌握包括数学、统计学、数据分析、商业分析和自然语言处理等在内的系统知识，具有独立获取知识的能力，并具有较强的实践能力和创新意识。

第四节　大数据技术的应用

大数据已成为现代社会的流行语，大数据技术给生产生活带来了天翻地覆的变化，带来了时代的变革。然而，实际上很多人对大数据的应用模糊不清。下面将从大数据应用案例来介绍最真实的大数据故事，以及大数据在生活当中实际应用的情况。

一、电视媒体

对于体育爱好者而言，追踪电视播放的最新运动赛事几乎是一件不可能的事情，因为有超过百个赛事在8000多个电视频道播出。

而现在市面上开发了一种可追踪所有运动赛事的应用程序RUWT，它可以在iOS设备、Android设备及Web浏览器上使用，它通过不断地分析运动数据流，让体育迷知道他们应该转换到哪个台看喜欢的节目，并使他们能够在比赛中进行投票。

RUWT程序的主要功能就是将各类赛事进行评分和排名，其评分的依据主要在于赛事的激烈程度，观众可以依据这些排名选择观看精彩的赛事，并进入该赛事所在的频道。

二、医疗行业

沃森技术是用于分析和预测医疗保健内容的一项使用IBM的技术，使用该技术的第一个客户是Seton Healthcare，通过该技术可以获得更多关于患者的临床医疗信息，再加上经过大数据的处理，有利于对患者的信息进行分析。例如，在多伦多的一家医院中，对早产儿的数据信息读取的速度要大于每秒3000次，并对这些数据信息进行分析，医院根据分析的结果，可以较早地了解到存在问题的早产儿，再根据问题的具体情况制定相应的解决措施，保证婴儿不会因为早产而夭折。

一些创业者还会借助于大数据开发许多的产品。一些健康类的应用，其数据的收集主要来自社交网络，在未来，这些应用非常有可能会被医生使用于对患者的诊断中，也会使诊断的结果更准确。例如，关于药品的用量，可能不再是每天固定的次数和每次固定的数量，而是通过检测患者血液中的药剂含量，在药剂吸收和代谢完成之后，应用会自动提醒患者进行再次服药。

美国的一家处方药管理服务公司Express Scripts，该公司所掌握的处方有1.4亿个，所掌握的信息包括1亿的美国人及65000家药店。该公司正是利用数据上的优势，开始利用一系列比较复杂模型对各类药品进行检测，并判断该药品是否为虚假药品，同时，该模型还可用于提醒人们停止用药。该公司既能对潜在问题进行识别，还能利用数据信息对问题进行解决，尤其以前出现过的问题。Express Scripts对于医生开出的处方进行分析，可以判断出处方中的药物属于哪一类，同时，还能够记录每一位医生所拥有的患者对其进行的评价。而一位医生是不是值得信赖，就可以根据该医生是否有红色旗帜的标志来进行判断。

三、保险行业

从技术创新的角度来说，保险行业并不具备引领的作用，但是美国的一家保险公司MetLife依旧为建立一个全新的系统投入了3亿美元，该公司设计的第一款产品所使用的应用程序为MongoDB，在该程序中包含了70多个数据，并且这些数据属于遗留系，通过对数据的合并，形成一个单一的记录，而客户的信息也被该程序存放在了一起。该程序需要通过两个数据中心的六台服务器来保证其运行，并且已经存储了24TB的数据信息。所有MetLife的美国客户的信息都被存储在了该程序中，并且这些数据信息不断再进行实时的更新，只要有新的数据被输入进来，就会被立即保存进系统。

虽然大部分的疾病都可以通过服用药物进行治疗并取得一定的效果，但是在大数据的时代，依旧希望可以通过一些干预项目对患者的健康状况进行调整，而寻找愿意参与干预项目的患者以及专注于该项目的医生并不是一件容易的事情。率先有所举措的是安泰保险，为了完成尝试，该保险公司选择了102名患有代谢综合征的患者，其实验的最终目的是降低患者的发病率。其实验的方法是先将患者三年内的化验结果以及理赔事件进行扫描，之后结合患者检测试验的结果，组合成一个治疗方案，该治疗方案的个性化程度较高，并对危险因素和重点的治疗方案进行评估，最后给出相关的治疗建议，例如，服用他汀类的药物以及减重2.27千克左右等，以此来降低患者在以后的10年之内50%的发病概率。

四、职业篮球赛

专业的篮球队对于赛事的分析主要是通过对数据的收集来完成的，但是，对于整理数据和分析数据背后的意义是存在困难的。Krossover公司就努力地通过数据的分析结果，找到球队可以赢得比赛的关键，或者找到可以在比赛中获得较高分数的方法。其主要方法就是分解篮球队教练上传的比赛视频，教练可以在分解后的视频中找到自己想要的信息，例如一些统计数据、在比赛中球员的一些表现等。对于比赛视频的分析，就是在对所有可量化的数据进行分析。

五、能源行业

在欧洲已经出现了智能电表，实际上，这是智能电网的终端。在德国，除了一些自用电的家庭，大部分的家庭都会装有太阳能发电板，通过利用太阳能完成发电，为了鼓励这一行为，供电公司还会将多余的电力买走。电网每隔5分钟或者10分钟，就会通过电网收集用电的数据，从而预测每个家庭具体的用电习惯，并推测出在未来的几个月中，整个电网所需要的电量是多少，再根据预测的结果向供电公司购买电量，而购买电量的价格会随着购买的时间发生变化，越是提前购买所需要的价格就越便宜，因此，有了预测之后，可以减少购买电量所需要的成本。在风能源中，也同样可以用到大数据，在维斯塔斯风力系统中寻找最适合安装风力涡轮机的位置，以及风电场所在的位置，主要是通过分析气象数据来完成的，而分析的方法则是通过BigInsights软件以及IBM超级计算机来进行的。同时，分析工作所需要的时间，通过使用大数据而减少了。

六、公路交通

在洛杉矶，交通拥堵的情况十分严重，美国政府为了改善这一情况，同施乐公司一同在I-10和I-110州际公路上建立了一条收费快速通道，并利用大数据引导司机行驶在该通道上，其维持正常交通秩序的办法是通过动态定价以及使用Express Lanes等方法来实现的。纳泰什·曼尼科作为施乐公司的手下技术执行官，设计了一款高占用收费系统，该系统规定，司机想要驾驶在热车道上，就需要将车速控制在每小时72.4千米左右，而当交通出现拥堵的情况时，收费标准会发生改变，将私家车支付的价格提升，从而减少私家车在该车道上的行驶，并提供给类似于公共汽车或者大巴车等对车道具有高占用率的行驶车辆。

施乐公司还开发了另一个项目叫Express Park，该项目主要用于帮助司机寻找停车的场地以及停车所要交的费用是多少，因此，该项目最重要的设计，就是保证用户收到的数据是实时的。

七、汽车制造

人们对于汽车制造的流程依旧认为是依靠各类的生产装配流水线上以及不同类型的制造机器来完成的。在美国的福特公司，对于汽车的制造，从研发设计的阶段就早已开始对大数据进行应用了。例如，关于SUV车后行李箱车门的问题，福特的开发团队就采用手动还是电动进行了详细的分析，并发现有很多人都十分在意这个问题。经过分析发现，不同的方式都有其自己的优缺点，如果采用手动的方式，其缺点是不够方便和智能；而采用电动的方式，其缺点是车门的开启十分有限。

八、零售业

有一家在专业时装领域比较领先的销售商，其向客户提供服务的方式是依靠当地的商店以及网络等，如果该销售商想向客户提供差异化的服务，就需要从社交网站上收集到用户的社交信息，并了解更多的关于化妆品的营销模式，进而发现具有价值的客户一共有两类：一类为高消费者，另一类为高影响者。想让客户为销售商进行宣传，可以通过为他们提供免费化妆的服务来实现。以上的这种方案,就是在将交易数据与交互数据融合之后所得到的。

这家销售商为了提高自己的服务水平,并使其更具有目标性,其主要使用的是Informatica技术。该技术最主要的作用就是将客户的主数据进行补充,并辅助销售商了解自己的客户在店内的情况和商品之间具有怎样的互动,再通过对得到的数据信息进行分析,根据其分析的结果,为商品的销售、商品的摆放以及销售的价格等方面提出建议。

这种方式在某零售企业中已经有所使用,不仅使该零售企业的存货下降了17%,使自有品牌的商品所占有的利润比例增加,还保证了该企业所占有的市场份额。

九、电子邮件

MailChimp为用户提供的核心服务就是电子邮件服务,使用该邮件的用户大约有300万人次,在一年内,其提供服务的邮件数量高达350亿封,而该平台最大的价值就在于处理这些邮件数据,并对这些数据进行分析。在MailChimp中有一项名为Wavelength的服务,提供该服务的主要目的在于帮助用户了解自己发出的邮件信息,如果有类似的信息内容,也会为用户展示出来,简单来说就是在向用户说明其他的用户都订阅了哪些邮件、查看了什么样的邮件以及浏览了哪些链接等。不同的邮件地址之间所产生的互动都会被记录在公司的数据库之中,其存储的位置就在Wavelength中,而上述的服务就是这样实现的。在MailChimp中存在的另一个功能是Ecommerce360,该功能主要辅助用户进行跟踪点击,并通过转换的方式实现。

十、基于Hadoop平台的电信客服数据的处理与分析

通信运营商每时每刻会产生大量的通信数据,例如通话记录、短信记录、采集记录、第三方服务资费等众多信息。数据量巨大,除了要满足用户的实时查询和展示之外,还需要定时定期地对已有数据进行离线的分析处理。例如,当日话单、月度话单、年度话单、通话详情等,项目以此为背景。模拟电信客服产生的通信日志数据,使用Flume采集数据到Kafka集群,然后提供给HBase消费,并通过协处理器对HBase进行优化。将HBase数据导入MySQL当中,并从多个维度对通话记录进行分析,最后通过数据可视化技术,以图形、图表的形式展示给用户。

第五节　大数据相关技术

数据本身没有价值,我们需要对数据进行加工处理,让数据产生价值。对数据进行加工处理的技术就是大数据技术,从大数据使用流程上来说,是指伴随着大数据的采集、存储、分析和应用的相关技术,是一系列使用非传统的工具来对大量的结构化、半结构化和非

结构化数据进行处理,从而获得分析和预测结果的一系列数据处理和分析技术。

本节重点介绍大数据分析全流程所涉及的各种技术,包括数据采集、数据清洗、数据存储和管理、数据处理与分析、数据可视化等。

一、数据采集

数据采集是大数据产业的基石,如果没有数据采集,大数据中的数据也就失去了来源,数据价值也就无从谈起。数据采集又称"数据获取",是数据分析的入口,它通过各种技术手段把外部各种数据源产生的数据进行采集并加以利用。在数据大爆炸的时代,被采集的数据类型是复杂多样的,包括结构化数据、半结构化数据、非结构化数据。

数据采集的主要数据源包括传感器数据、互联网数据、日志数据、数据库数据等。

1. 传感器数据

传感器是一种检测装置,能感受到被测量的信息,并能将感受到的信息按一定规律变换成电信号或其他形式的信息输出,以满足信息的传输、处理、存储、显示、记录和控制等要求。传感器数据是指由传感设备收集和测量的数据。在工业或农业生产中经常用到的有超声波传感器、温度传感器、湿度传感器、气体传感器、气体报警器、压力传感器等。

2. 互联网数据

互联数据采集通过网络爬虫或网站公开API等方式从网站上获取数据信息。该方法可以将非结构化数据从网页中抽取出来,将其存储为统一的本地数据文件,并以结构化的方式存储。它支持图片、音频、视频等文件或附件的采集,附件与正文可以自动关联。网络爬虫示意图如图1-3所示。

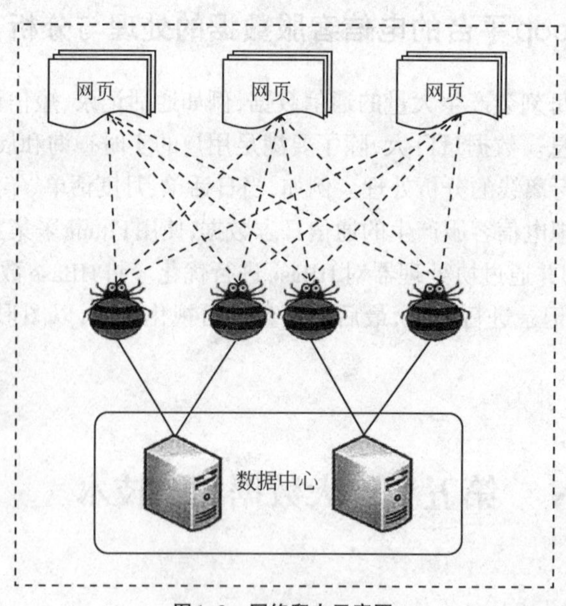

图1-3　网络爬虫示意图

3. 日志数据

许多公司的业务平台每天都会产生大量的日志数据。对于这些日志数据,我们可以从中得到很多有价值的信息。通过对这些日志数据进行日志采集、收集，然后进行数据分析，挖掘公司业务平台日志数据中的潜在价值，从而为公司决策和公司后台服务器平台性能评估提供可靠的数据保证。

系统日志采集系统做的事情就是收集日志数据提供离线和在线的实时分析使用。目前常用的开源日志收集系统有Apache Flume、Scribe等。其中，Apache Flume是一个分布式、可靠、可用的服务，用于高效地收集、聚合和移动大量的日志数据，它具有基于流式数据流的简单灵活的架构，其可靠性机制和许多故障转移和恢复机制，使Apache Flume具有强大的容错能力。

4. 数据库数据

一些企业会使用传统的关系型数据库MySQL和Oracle等来存储数据，除此之外，Redis和MongoDB这样的NoSQL数据库也常用于数据的存储。企业每时每刻产生的业务数据，以数据库记录的形式被直接写入数据库中。

通过数据库采集系统直接与企业业务后台服务器结合，将企业业务后台数据抽取、转换、加载到企业数据仓库中，以供后续的商务智能分析使用。

二、数据清洗

数据清洗就是把“脏”的数据“洗掉”，这是发现并纠正数据文件中可识别的错误的最后一道程序，包括检查数据一致性，处理无效值和缺失值等。因为数据仓库中的数据是面向某一主题的数据集合，这些数据从多个业务系统中抽取而来并包含历史数据，这样就避免不了有的数据是错误数据，有的数据相互之间有冲突，这些错误的或有冲突的数据显然不是我们想要的，因此称为“脏数据”。我们要按照一定的规则把“脏数据”从大数据中“洗掉”，这就是数据清洗。而数据清洗的任务是过滤那些不符合要求的数据，将过滤的结果交给业务主管部门，确认是过滤掉，还是由业务单位修正之后再进行抽取。不符合要求的数据主要有不完整的数据、错误的数据、重复的数据三大类。数据清洗可以通过专业的数据清洗工具完成，常用的数据清洗工具有DataPipeline、Kettle、Talend、Informatica、Datax、Oracle Goldengate等。

三、数据存储和管理

采集后的数据需要存储起来，才能方便后续对数据的持续使用。常用的大数据存储主要以下三种。

（一）分布式文件系统

计算机通过文件系统管理、存储数据，而信息爆炸时代中人们可以获取的数据成指数级别的增长，单纯通过增加硬盘个数来扩展计算机文件系统的存储方式，在容量大小、容量增长速度、数据备份、数据安全等方面的表现都差强人意。分布式文件系统可以有效解决数据的存储和管理难题：将固定于某个地点的某个文件系统，扩展到任意多个地点/多个文件系统，众多的节点组成一个文件系统网络。每个节点可以分布在不同的地点，通过网络进行节点间的通信和数据传输。人们在使用分布式文件系统时，无须关心数据是存储在哪个节点上，或者是从哪个节点从获取的，只需要像使用本地文件系统一样管理和存储文件系统中的数据。分布式文件存储如图1-4所示。

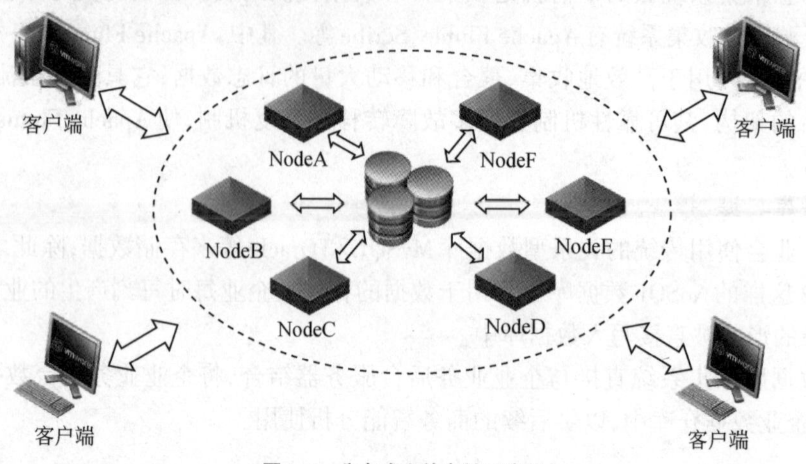

图1-4　分布式文件存储示意图

(二) NoSQL数据库

传统关系型数据库在密集型数据的处理及应用方面显得力不从心，主要表现在灵活性差、扩展性差、性能差等方面。最近出现的一些存储系统摒弃了传统关系型数据库管理系统的设计思想，转而采用不同的解决方案来满足扩展性方面的需求。这些没有固定数据模式并且可以水平扩展的系统现在统称为NoSQL，这里的NoSQL指的是“not only SQL”，即对关系型SQL数据系统的补充。

相对于关系型数据库，NoSQL数据存储管理系统的主要优势有以下几点。

(1) 避免不必要的复杂性。关系型数据库提供各种各样的特性和强一致性，但是许多特性只能在某些特定的应用中使用，大部分功能很少被使用。NoSQL系统则提供较少的功能来提高数据系统的性能。

(2) 高吞吐量。一些NoSQL数据系统的吞吐量比传统关系型数据库管理系统要高很多，如Google使用MapReduce每天可处理20PB存储在Bigtable中的数据。

(3) 高水平扩展能力和低端硬件集群。NoSQL数据系统能够很好地进行水平扩展，与关系型数据库集群方法不同，这种扩展不需要很大的代价。而基于低端硬件的设计理念为采用NoSQL数据系统的用户节省了很多硬件上的开销。

(4) 避免了昂贵的对象—关系映射。许多NoSQL系统能够存储数据对象，这就避免了数据库中关系模型和程序中对象模型相互转化的代价。

(三) NewSQL数据库

虽然NoSQL数据库具有高可用性和可扩展性，但它放弃了传统SQL的强事务保证和关系模型，不保证强一致性。这对于普通应用没问题，但还是有不少像金融机构一样的企业级应用有强一致性的需求。NewSQL提供了与NoSQL相同的可扩展性，而且仍基于关系模型，还保留了极其成熟的SQL作为查询语言，保证了ACID事务的特性。目前主流的NewSQL数据库包括VoltDB、ClustrixDB、MemSQL、ScaleDB、TiDB。

四、数据处理与分析

常用的数据处理与分析技术主要有批处理计算、流计算、图计算、查询分析计算。

（一）批处理计算

批处理计算主要解决针对大规模数据的批量处理，也是日常数据分析工作中常见的一类数据处理需求。MapReduce是最具有代表性和影响力的大数据批处理技术，可以并行执行大规模数据处理任务，用于大规模数据集（大于1TB）的并行运算。MapReduce极大地方便了分布编程工作，它将复杂的、运行于大规模集群上的并行计算过程高度地抽象成了两个函数——Map和Reduce。这样编程人员在不会分布式并行编程的情况下，可以很容易地将自己的程序运行在分布式系统上，完成海量数据集的计算。MapReduce运行过程如图1-5所示。

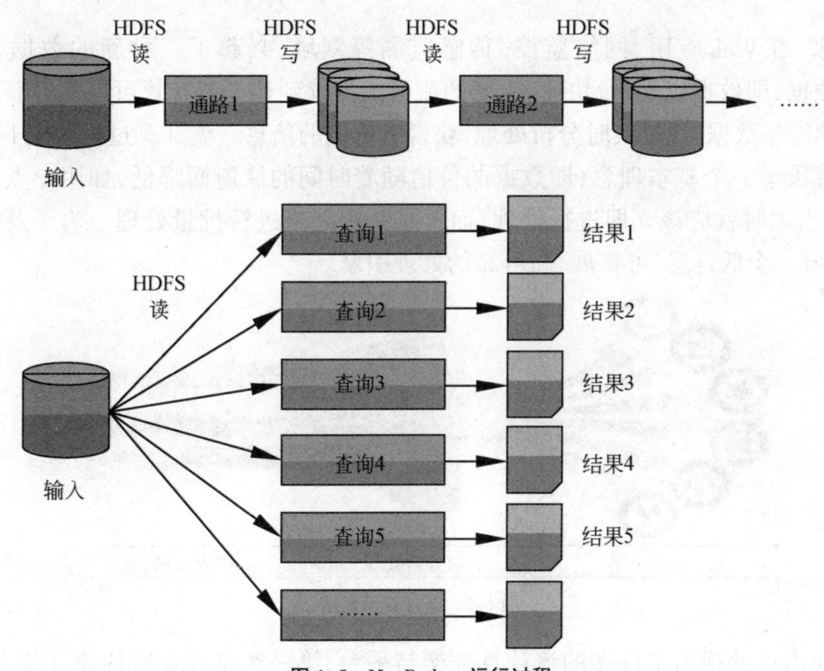

图1-5　MapReduce运行过程

Spark是一个针对超大数据集合的低延迟的集群分布式计算系统，比MapReduce快很多。Spark启用了内存分布数据集，除了能够提供交互式查询外，还可以优化迭代工作负载。在MapReduce中，数据流从一个稳定的来源，进行一系列加工处理后，流出到一个稳定的文件系统（如HDFS）。而对于Spark而言，则使用内存替代HDFS或本地磁盘来存储中间结果，因此，Spark要比MapReduce的速度快很多。Spark运行过程如图1-6所示。

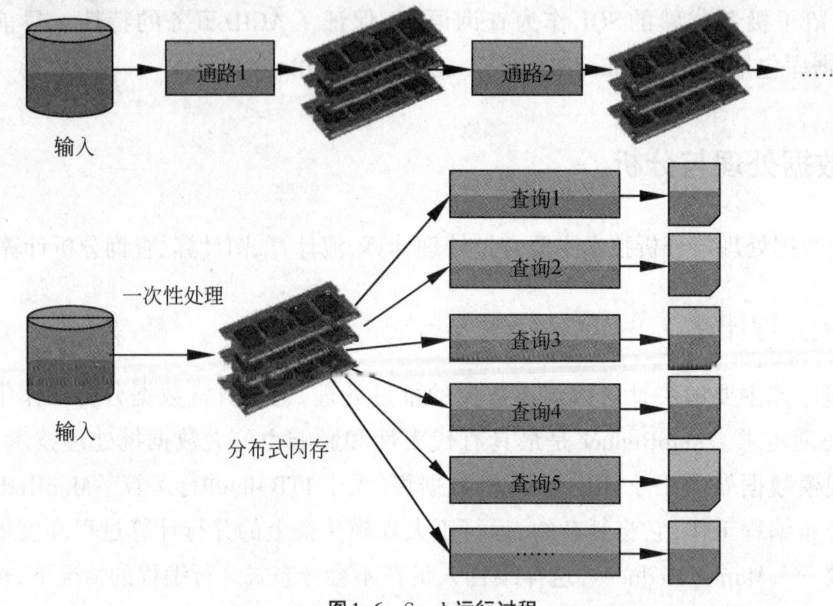

图 1-6 Spark 运行过程

（二）流计算

近年来，在Web应用、网络监控、传感监测等领域，兴起了一种新的数据密集型应用——流数据，即数据以大量、快速、时变的流形式持续到达。流计算可以实时获取来自不同数据源的海量数据，经过实时分析处理，获得有价值的信息。流计算过程如图1-7所示。

流计算秉承一个基本理念，即数据的价值随着时间的流逝而降低，如用户点击流。因此，当事件出现时就应该立即进行处理，而不是缓存起来进行批量处理。为了及时处理流数据，就需要一个低延迟、可扩展、高可靠的处理引擎。

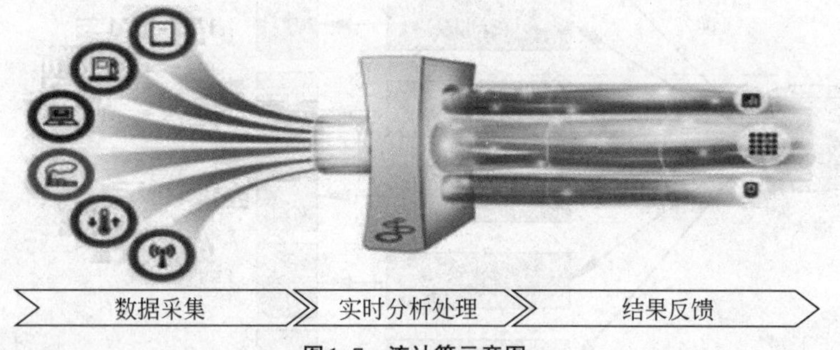

图 1-7 流计算示意图

目前业内已涌现出了许多的流计算框架与平台，第一类是商业级的流计算平台，包括IBM InfoSphere Streams 和 IBM StreamBase 等；第二类是开源流计算框架，包括 Twitter Storm（免费、开源的分布式实时计算系统，可简单、高效、可靠地处理大量的流数据）、Yahoo S4（开源流计算平台，是通用、分布式、可扩展、分区容错、可插拔的流式系统）；第三类是公司为支持自身业务开发的流计算框架，如Facebook 使用 Puma 和 HBase 相结合来处理实时数据，百度开发了通用实时流计算系统 DStream，淘宝开发了通用流数据实时计算系统——银河流数据处理平台。

（三）图计算

在大数据时代，许多大数据都是以大规模图或网络的形式呈现，如社交网络、传染病传播途径、交通事故对路网的影响等，此外，许多非图结构的大数据，也常常会被转换为图模型后进行分析。MapReduce作为单输入、两阶段、粗粒度数据并行的分布式计算框架，在表达多迭代、稀疏结构和细粒度数据时，往往显得力不从心，不适合用来解决大规模图计算问题。因此，针对大型图的计算，需要采用图计算模式，目前已经出现了不少相关图计算的产品。Pregel是Google提出的大规模分布式图计算平台，专门用来解决网页链接分析、社交数据挖掘等实际应用中涉及的大规模分布式图计算问题。

（四）查询分析计算

针对超大规模数据的存储管理和查询分析，需要提供实时或准时的响应，才能很好地满足企业经营管理需求。Dremel是Google的“交互式”数据分析系统，可以组建成规模上千的集群，处理PB级别的数据。MapReduce处理一个数据需要分钟级的时间。作为MapReduce的发起人，Google开发了Dremel，将处理时间缩短到秒级，作为MapReduce的有力补充。最近Apache计划推出Dremel的开源实现Drill，将Dremel的技术又推到了浪尖上。

五、数据可视化

在大数据时代，人们面对海量数据，有时难免显得无所适从。一方面，数据复杂繁多，各种不同类型的数据大量涌来，庞大的数据量已经大超出了人们的处理能力，在日益紧张的工作中已经不允许人们在阅读和理解数据上花费大量时间；另一方面，人类大脑无法从堆积如山的数据中快速发现核心问题，必须有一种高效的方式来刻画和呈现数据所反映的本质问题。要解决这个问题，就需要数据可视化，它通过丰富的视觉效果，把数据以直观、生动、易理解的方式呈现给用户，可以有效提升数据分析的效率和效果。

数据可视化是让用户直观了解数据潜藏的重要信息，有助于帮助用户理解并分析数据。常用的可视化工具主要有四类。

（一）在线可视化工具

在线可视化工具主要有镝数、花火等，优点是图表种类丰富、类型新颖、配色年轻化，还提供了一些十分酷炫动态图表，操作也比较简单，很多新媒体都在用；缺点是数据保密性不够。

（二）编程可视化工具

编程可视化工具主要有E-charts、D3、ggplot、Matplotlib、pandas、plt等，优点是可以制作大型数据集和交互动画的图表，高端、大气、上档次，可视化效果非常好；缺点是需要有编程基础，门槛较高。

（三）商业智能工具

在商业智能工具方面，如国内比较知名的FineBI等，是专业的大数据 BI 和分析平台，主要为企业提供一站式商业智能解决方案，用它们做数据分析和可视化驾驶舱不需要写代码，而且操作比较方便；缺点是目前市场上的大部分BI都收费，不过FineBI个人版免费，这一点算是比较人性化。

（四）基础可视化工具

基础可视化工具主要指Excel，优点是通用、易用、实用，傻瓜式操作，基本上人人都会，使用成本较低，同时还有基于Excel开发了图表插件Thinkcell Chart、Zebra Bi，国内开发的Easyshu，都可以高效地制作出商业图表；缺点是Excel本身主要制作常规性的图表，很多特殊图表无法实现，功能强大的图表插件价格不菲。

习　题

一、选择题

1. 当前大数据技术的基础是由（　　）公司首先提出的。

A. 微软　　B. 百度　　C. 谷歌　　D. 阿里巴巴

2. 大数据的起源是（　　）。

A. 金融　　B. 电信　　C. 互联网　　D. 公共管理

3. 大数据最显著的特征是（　　）。

A. 数据规模大　　B. 数据类型多样

C. 数据处理速度快　　D. 数据价值密度高

4. 下列关于舍恩伯格对大数据特点的说法中，错误的是（　　）。

A. 数据规模大　　B. 数据类型多样

C. 数据处理速度快　　D. 数据价值密度高

5. 当前社会中，最为突出的大数据环境是（　　）。

A. 综合国力　　B. 物联网　　C. 自然资源　　D. 互联网

二、简答题

1. 简述大数据技术的特点。

2. 简述科学研究的第一至第四范式。

第二章　物联网技术及应用

物联网所涉及的核心技术包括IPv6技术、云计算技术、传感技术、RFID技术、无线通信技术等。从技术角度讲，物联网主要涉及的专业有计算机科学与工程、电子与电气工程、电子信息工程、通信工程、自动控制、遥感与遥测、精密仪器电子商务等。欧盟于2009年9月发布的《欧盟物联网战略研究路线图》白皮书中列了13类关键技术，其中包括标识技术、物联网体系结构技术、通信与网络技术、数据和信号处理技术、软件和算法、发现与搜索引擎技术、电源和能量存储技术等。

第一节　物联网概述

物联网概念由Kevin Ashton教授最早提出。早期的物联网是依托RFID技术的物流网络①。物联网设备连接示意图如图2-1所示。

图2-1　物联网设备连接示意图

物联网的层次共有3层，分别是感知层、网络层和应用层，如图2-2所示。

① http://www.autoidlabs.org/.

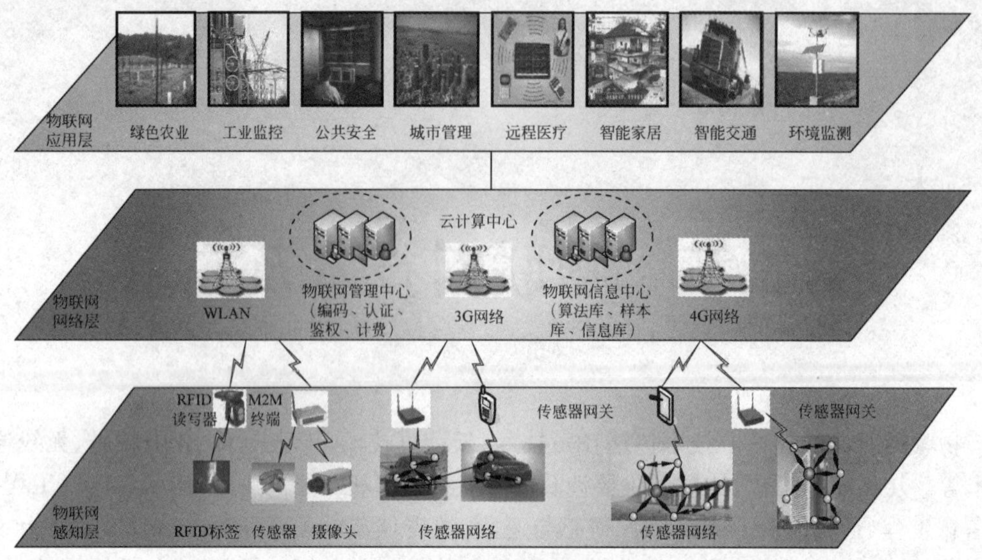

图2-2　物联网三层架构

对于物理世界，在信息采集处理、自动控制和智能识别上是通过感知层来实现的，同时这一层还肩负着将物理实体对应用层和网络层进行连接的重要作用。对于网络层而言，其主要是对信息传递、接入网、核心网、路由与控制等功能的实现，互联网和公众电信网是网络层的主要依托，也是对行业中的专用通信网络进行依托的重要层次。对于应用层而言，它更像是对人类社会产生的“分工”，是对多种基础设施/中间件等在物联网上进行运用，对互联网在信息的提供与处理、能力及资源调用接口和计算等通用基础服务设施上，物联网为其提供了相关功能和应用，同时也在多个领域中利用物联网实现了更多目标。

用户应用终端从人与人之间的信息交互与通信，扩展到了人与物、物与物、物与人之间的沟通连接①。

一、物联网感知层关键技术

（一）RFID技术

RFID技术俗称为电子标签，是一种非接触式的自动识别技术，可识别高速运动物体并可同时识别多个标签，操作快捷方便。通过射频信号自动识别对象并获取相关数据完成信息的采集工作，RFID技术是物联网中最关键的一种技术，它为物体贴上电子标签，实现了高效灵活管理。RFID技术由以下两部分组成。

（1）标签（tag）：由耦合元件及芯片组成，每个标签具有唯一的电子编码，附着在物体上标识目标对象。

（2）阅读器（reader）或读写器：读取（有时还可以写入）标签信息的设备，可设计为手持式或固定式。阅读器执行流程如图2-3所示。

① 钱志鸿，王义君．物联网技术与应用研究[J]．电子学报，2012，40（5）：1023-1029．

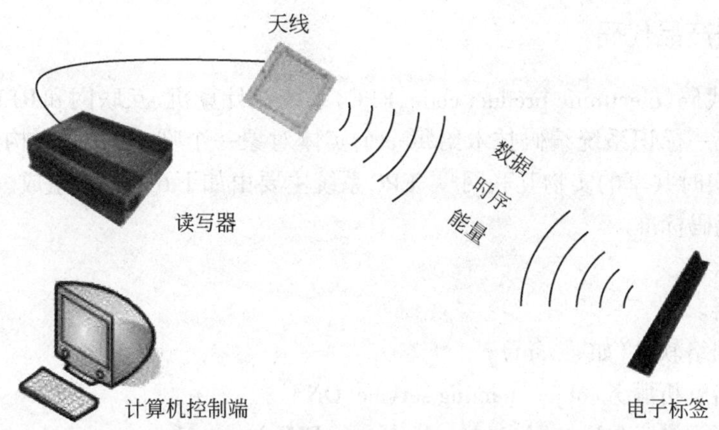

图 2-3　阅读器执行流程

在进入磁场后，标签就会收到阅读器所发出的射频信号，凭借感应电流所获得的能量，发送出存储在芯片中的产品信息，或者是对某一个固定频率的信号进行主动发送；在对信息进行读取并产生解码后，阅读器将其送到中央信息系统，进而对数据进行进一步处理。

（二）条形码技术

对于条形码而言，这是将信息进行图形化的一种重要表示方法，通过这一方式可以将信息变为条形码，通过对这一信息的扫描可以将相关信息在计算机中进行输入。条形码分为一维条形码和二维条形码两种。一维条形码的编码规则就是将不同宽度的黑条与空白进行一定规则的排列，用这样一种形式来对一组信息用图形标识符的方式进行表达；二维条形码存储信息的方式是从竖直方向和水平方向共同对信息进行存储。二维条形码的特点是有更大的信心容量、更可靠的译码、更强的纠错能力、更低的制作成本、更好的保密性和防伪性。

（三）传感器技术

传感器是按照一定的规定，将能感知预定的被测指标向着可用信号的器件和装置进行转换。通常情况下，传感器是由转换元件与敏感元件共同组成的。对于传感器而言，这是一种进行检测的重要装置，对于被测量的信息能够进行正确感知，同时根据一定的规律对所检测到的信息以电信号或其他形式的信息进行输出，保证对相关要求的满足，如传输、处理、存储、显示、记录和控制等。

在物联网中，在传感器基础上增加了协同、计算、通信功能，构成了具有感知、计算和通信能力的传感器节点。智能化是传感器的重要特点，嵌入式智能技术是实现传感器智能化的重要手段。

（四）无线传感器网络

无线传感器网络（wireless sensor network，WSN）是集分布式信息采集、信息传输和信息处理技术于一体的网络信息系统，其以低成本、微型化、低功耗、灵活的组网及铺设方式，适用于移动目标等方面，是关系国民经济发展和国家安全的重要技术。

(五) 电子产品代码

电子产品代码(electronic product code, EPC)系统在计算机、互联网和RFID技术的基础上,利用全球统一标识系统编码技术给每一个实体对象一个唯一的编码,构造了一个实现全球物品信息实时共享的实物互联网①。EPC系统主要由如下6个方面组成。

(1) EPC编码标准。

(2) EPC标签。

(3) 识读器。

(4) 神经网络软件(如 savant)。

(5) 对象名解析服务(object naming service, ONS)。

(6) 实体标记语言(physical markup language, PML)。

二、物联网网络层关键技术

(一) ZigBee

ZigBee技术具有近距离、低复杂度、低功耗、低速率、低成本的特点,同时它也是一个进行双向无线通信的技术,这一名称来自蜜蜂所跳的八字舞,蜜蜂通过飞翔和在翅膀振动时所发出的"嗡嗡"声来将花粉位置向同伴进行传递。群体中的通信网络就是参考了蜜蜂的这种通信方式。

一个ZigBee网络由一个协调器节点、多个路由器和多个终端设备节点组成。ZigBee网络的主要特点是功耗低、成本低、时延短、网络容量大、可靠、安全,主要适用于自动控制和远程控制领域,可以嵌入各种设备。ZigBee设备的类型如下。

(1) ZigBee协调器(coordinator)。

(2) ZigBee路由器(router)。

(3) ZigBee终端设备。

(二) Wi-Fi

Wi-Fi是一种无线网路通信技术的品牌,由Wi-Fi联盟(Wi-Fi alliance)持有,目的是改善基于IEEE 802.11标准的无线网络产品之间的互通性。

电气电子工程师学会(institute of electrical and electronics engineers, IEEE)在建立初始就对无线局域网的标准制定了一种技术,这就是IEEE 802.11。这一技术主要是应对与在校园网或者是办公室局域网中出现的将用户与其终端进行无线接入的重要方式,数据的存取就是业主唯一能做的事。而Wi-Fi这一技术可以实现将手持设备和计算机等终端通过无线的形式进行互联的过程,其中手持设备包括手机和iPad等。Wi-Fi的优势如下。

(1) 无线电波的覆盖范围广。

(2) 传输速度非常快。

(3) 厂商进入该领域的门槛比较低。

① 张勇军,陈泽兴,蔡泽祥,等. 新一代信息能源系统:能源互联网[J]. 电力自动化设备,2016,36(9):1-7.

(三) 蓝牙

蓝牙是可以对短距离通信进行支持的重要无线电技术，但是通信距离一般保持在10米之内。其传输设备是多种多样的，如手机、掌上电脑、无线耳机、笔记本电脑、相关外设等，在它们之中可以进行无线信息的交换工作。

蓝牙技术的优势是稳定、全球可用、设备范围广、易于使用，并采用了通用规格。

(四) GPS技术

利用定位卫星对全球进行导航和定位的系统就是全球定位系统(GPS)。全球四大卫星导航系统包括美国的全球定位系统、俄罗斯的“格洛纳斯”系统、欧洲的“伽利略”系统和中国的“北斗”系统。

三、物联网应用层关键技术

物联网应用层关键技术主要包含云计算涉及的关键技术，分为最底层的“基础设施即服务”、中间层的“平台即服务”和最顶层的“软件即服务”。

(1)“基础设施即服务”处于最底层的服务位，这一层次提供基本的存储能力和计算能力，其核心技术是自动化和虚拟化。

(2)“平台即服务”位于三层服务的中间，该层涉及两个关键技术：基于云的软件开发、测试及运行技术和大规模分布式应用运行环境。

(3)“软件即服务”位于最顶层，该层涉及的关键技术有Web 2.0中的Mashup、应用多租户、应用虚拟化等。

(一) 软件和算法

在对物联网的应用集成和信息处理中，软件与算法所发挥的作用是巨大的。对于服务的体系架构(service oriented architecture，SOA)和中间件技术来说，软件和算法是其中的关键技术，详细来看还包括对于互联网计算汇总所存在的对计算机系统的信息感知上的处理，对算法和软件的优化，在物联网计算系统中对于软件平台和体系结构所研发的内容等。

(1) 对于面向服务的体系架构而言，采用一种软件组件技术，其特点就是松耦合，对于应用程序所实现的不同功能上的模块化是它所能实现的功能，通过已经标准化的接口对其进行调用与连接，对于可重用的部署和系统开发能进行快速实现。

(2) 对于中间件来说，这是一种可以实现服务或是系统软件的独立程序，在分布式应用软件中对这种软件进行使用，同时保证对其进行一定的资源共享。

(二) 信息和隐私安全技术

对于信息和隐私安全技术而言，其主要指安全体系架构网络安全技术和在社会范围内对“智能物体”的部署，这包括对安全上的威胁减轻，对隐私进行保护的技术增强，对于安全进行管理的重要机制和相关保护措施等。为了将物联网中的“智能物体”进行广泛部署，对于网络在适用性和功能上的分析是必不可少的,同时还要对相关的管理协议进行开发。

(三) 标识和解析技术

对通信、物理和应用实体而言,其本身所具有的一个或者是一组专门的属性就是标识和解析技术,同时要保证这一技术对于解析技术的正确实现是可行的。对于物联网而言,其标识主要有通信标识和物体标识。在物联网中,关于标识和解析技术包括不同的标识体系、不同体系的互操作、区域解析或是全球解析、标识管理等。

第二节　物联网感知技术与无线互联

一、无线传感器网络的体系结构

无线传感器网络由少则几十个、多则几百个节点组成,同时通信方式采用的是无线通信。动态组网的多跳移动性对等网络就是无线传感器网络。无线传感器网络由三部分组成,即传感器节点、汇聚节点与管理节点。在监控区域附近,传感器节点是随机并且大量分布的,其形成网络的方式就是自组织。传感器节点所监测的数据在进行传输的过程中,除了对数据进行监测,还对节点进行处理,并在多跳后在同一节点上进行汇聚,通过卫星或是互联网使其达到最终的管理节点。通过管理节点在传感器网络上进行的管理和配置,用户可以对监测任务和监测数据的收集进行发布。

(一) 传感器节点

通常来说,传感器节点的处理能力、通信能力和存储能力都是相对较弱的,在供电时,其所使用的电池容量也比较小。根据网络功能,除了要对本地信息进行处理之外,传感器节点还要对来自其他节点的信息进行进一步的管理与存储,同时还有特定任务需要完成。传感器节点是由四部分构成的,包括传感器模块、处理器模块、无线通信模块和能量供应模块。传感器模块的任务是保证对监控区域中信息的采集,同时还要将其进行数字化处理;处理器模块的主要功能是对传感器节点进行一定的控制,处理并存储好来自自身或是其他传感器所传来的数据和信息;无线通信模块的主要功能就在于通信,要保证与其他传感器的互联互通,对于其他传感器的信息进行控制,同时保证数据的收发;能量供应模块应该对传感器进行能量上的供应,微型电池是进行能量供应常用的系统。

(二) 汇聚节点

汇聚节点主要包括存储、通信和处理等方面的功能,它能够与传感器网络及外部网络进行连接,如Internet,这就保证在两种协议上实现了转换。对于管理节点所发送的监测任务,汇聚节点还会将其向传感器节点转发,将从WSN所收集的数据向外部网络转发。汇聚节点是一个具有增强功能的传感器节点,它能将Flash和SRAM中所有的信息传输到计算机中,并通过汇编软件将获取的信息转换成汇编文件格式,从而分析出传感器节点存储程序代码、路由器协议的机密信息。

(三)管理节点

管理节点用于动态地管理整个无线传感器网络,通过管理节点可以访问无线传感器网络的资源。

二、无线传感器网络的通信协议

无线传感器网络的协议栈与互联网的五层协议相互对应。协议栈除了具有五层协议,还包括能量管理、拓扑管理、网络管理、时间同步与节点定位等平台。这些管理平台使得传感器的工作更加高效,并实现多任务与资源共享。能量管理主要负责节点对能量的使用,要延长网络存活时间,就要有效地利用能源;拓扑管理的主要任务是保持网络的畅通与数据的有效传输;网络管理的主要功能是对网络进行维护、管理与诊断,同时向用户提供网络管理接口;时间同步的作用是为传感器提供全局同步的时钟支持;节点定位的作用是确定每个传感器的相对位置或绝对位置。

三、无线传感器网络的关键技术

作为现代对信息领域中所存在的新热点的研究,无线传感器对很多学科在交叉领域上都有所涉及,其中有很多关键技术是有待研究与发现的。

(一)网络拓扑控制

传感器网络是自组织的无线网络,在这样的网络中,拓扑控制具有重要意义。良好的网络拓扑结构在拓扑控制的过程中自动生成,对于MAC协议和路由协议的提高都具有重要意义,无论是为时间同步和目标定位,还是为数据的融合,其都奠定了重要基础。通过节省节点中的能量,可以使网络的生存期延长。所以,对于无线传感器在网络上的研究而言,拓扑控制是其重要的核心技术之一。

传感器在网络拓扑控制研究的重点问题是要在保证对网络的连通性和覆盖度的基础上,根据对骨干网节点和功率控制的不同选择,将节点之间存在的不必要的无线通信链路进行剔除,从而有一个更高效的可以实现数据转发的网络拓扑结构产生。拓扑控制可以分为两个方面,即层次性拓扑结构和节点功率控制。对于网络中的每一个节点,功率控制能对其发送的功率进行调整,在满足了网络的连通性以后,适当减少节点的发送功率,并对节点在单跳中可以到达的邻居数目进行平衡;统一功率分配算法的类型较多,例如有COM-POW、基于节点度数的算法、LINT/LILT、LMN/LMA、基于邻近图的近似算法、CBTC、LMST、RNG、DRNG和DSS等。对分簇机制的利用是层型拓扑控制所需要的,对于一些节点,让它们作为簇头节点,由这些簇头节点进行发散,形成多个骨干网,这些骨干网可以对数据进行转发与处理。对于其他骨干网而言,对通信模块的暂时关闭是允许的,进入睡眠状态对于能量的节省可起到一定作用。除了对层次性拓扑的控制和对传统的效率控制之外,人们也相应提出节点启发式的休眠和唤醒机制,这一机制可以使空闲状态下的节点实现从通信模块向睡眠状态的转变,在需要时则会将其唤醒,同时对邻居节点进行唤醒,这样就形成了拓扑结构的数据转发。这种机制重点解决睡眠状态与活动状态之间的变换问题。不过不能将其看作一个独立的拓扑结构控制机制,在使用过程中要与其他拓扑算法结合。

(二)网络协议

在节点进行存储、计算和通信时,传感器节点所能携带的能量都是固定的。对于每一个节点而言,局部网络中拓扑信息的获取是受到一定限制的,在其上的网络协议的运行也不能太复杂。另外,传感器拓扑结构在资源上也在不断变化,这些变化对于网络协议提出了更高的要求。对于传感器网络协议所负责的多个独立节点而言,应相互连接并有一个多条的数据传输网络形成。就目前而言,我们进行研究的重点是数据链路层协议和网络层协议。对于网络层而言,对信息的传输路径进行监测是由路由协议决定的;对于数据链路层而言,对于底层所存在的基础结构进行控制是其重要功能。工作模式和通信过程是控制传感器节点的两种方式。

对于无线传感器网络而言,路由协议除了关注单个节点的能量消耗以外,还关注整个网络上能量的均衡消耗,这对于延长网络的生存期而言具有重要意义。与此同时,数据是无线传感器网络的中心,这一点在路由协议中最突出。若没必要用统一编址的方式对每个节点进行要求,在路径的选择上,则节点的编址可以忽略。目前,很多传感器网络路由协议已经被提出来。

在MAC协议中,对于传感器网络而言,可扩展性和对能源的节省是必不可少的,其次才是实时性、公平性和利用率等。对于MAC层而言,对空闲帧的监听、碰撞重传和接收不必要的数据等都是对能量的浪费。为了减少所消耗的能量,MAC协议采用“侦听眠”的方式,对无线信道中的侦听机制进行变换。在需要收发数据时,传感器节点会对无线信道进行侦听;在没有数据可收发时,则可以处于睡眠状态。近期局域竞争的MAC被相继提出,如S-MAC、T-MAC和Sift等;另外,用于分时复用的MAC协议也被提出,如EANA、TRAMA、DMAC和周期性调度等,同时还有CSM/CA与CDMA相结合、TDMA和FDMA相结合的MAC协议。

(三)网络安全

作为一种任务型网络,无线传感器在进行数据传输时还要对数据进行融合、采集和协同控制。对于无线传感器的网络安全,应对任务执行所具有的机密性、在数据生产过程中的可靠性和数据融合的高效性上进行全方位的考虑,当然,在数据传输过程中,汇总的安全性也是必不可少的。

对于机密任务,为了保证其融合和传递的安全性,一些基本的安全机制对无线传感器网络而言是必不可少的,如机密性、点到点的消息认证、完整性鉴别、新鲜性、认证广播和安全管理。除了以上内容,在对数据已经融合后的数据源信息进行一定程度上的保留方面,以及无线传感器网络安全方面,水印技术也变得尤为重要。

对于无线传感器网络SPINS安全框架而言，在多个方面应对其机制和算法进行更完整的定义，其中包括机密、点到点的消息认证、完整性鉴别、新鲜性、认证广播等。密钥预分布模型是安全管理的重要机制，其中较有代表性的算法为随机密钥对模型、基于多项式的密钥对模型等。

(四) 时间同步

时间同步对于传感器网络的机制是至关重要的。例如在测量移动车辆的速度时，传感器中所检测出的时间差是需要计算的，另外，声源位置的确定可以通过波束阵列来保证时间同步。

在2008年8月的HotNets-1国际会议上，有两位专家首次提出要对无线传感器中网络的时间同步机制进行研究。目前很多时间同步机制已经被提出，其中，RBS、TINY/MINI-SYNC和TPSN同步机制可以被看作是基本同步的。RBS是对发送者和接收者的时钟进行同步。TINY/MINI-SYNC是一种轻量级的单一同步机制，例如，如果节点在其时钟漂移上所遵循的是线性变化，对于两个节点而言，在其时间的偏移上也是呈现线性的。TPSN是对全部网络节点进行时间上的同步。

(五) 定位技术

位置信息在对节点数据进行采集的过程中是必不可少的。对于信息监测而言，若其中没有位置信息，则这一工作往往是没有意义的。传感器网络的重要作用是对事件发生的位置进行确定，同时对数据进行采集的位置节点进行确定。为了提供位置信息，随机部署的传感器需要对自身位置进行确定。因为传感器节点中存在一定的特点，如资源有限、随机部署、通信易受环境干扰甚至节点失效等，这就需要在设计过程中保证其组织性、健壮性、能量高效、分布式计算等多方面的要求。

根据节点位置的特点，可以将传感器中的节点分为信标节点和位置未知节点两种。信标节点的位置是已经确定的，位置未知节点是根据少数的信标节点定位机制来对自身的位置进行确定。在进行传感器网络定位时，三边测量法、三角测量法或极大似然估计法是常用的方法。传感器网络在根据定位进行分类的过程中还包括距离无关定位与基于距离定位两种，这两种判别方式是根据定位时节点间所具有的角度测距离是否进行过实际测量。

通过对相邻节点中的实际距离和方位进行测量来对未知节点的位置进行确定，实现的步骤包括测距、修正与定位等。根据距离定位的不同，基于距离的定位分为基于TOA的定位、基于TDOA的定位、基于AOA的定位、基于RSSI的定位等。对于在节点中所存在的实际角度和距离的测量也是必不可少的，这就需要对距离进行定位机制的确定。一般而言，这一过程中的定位具有较高的精确度，这也就为硬件在其节点上提出了一定的要求。如果定位机制与距离无关，要想对其中未知节点的位置进行确定，则对节点间所具有的绝对距离与方位的测量不是必需的，目前，常用的机制包括质心算法、DV-Hop算法、Amorphous算法、APIT算法等。因为对于节点间所存在的绝对方位与距离是不需要进行测量的，所以节点的硬件要求在一定程度上降低了，这对于大规模的传感器网络而言更合适。定位机制如果与距离无关，则其位性能受到环境变化的影响更小，但是定位误差在一定程度上会增加，这一定位精度对于传感器所需要的网络应用要求已经可以满足。

（六）数据融合

能量约束在网络传感器中是存在的，对于传输的数据量有一定程度上的减少，同时能将能量进行节省，所以对于数据收集这一过程而言，传感器节点对于本地计算能力和存储能力是可以进行利用的，保证对数据融合进行处理，保证冗余信息的去除，进而实现能量上的节省。因为传感器有易失效性的特点，这也需要在进行数据融合时对多种数据进行综合，并提升信息的准确性。

数据融合技术的实现过程可以在多个层次中进行结合。对于应用层设计而言，分布式数据库技术是适合的，可筛选所采集的数据，进而进行融合，从而实现最终目标；对于网络层而言，对于数据融合机制，路由协议中有很多方法可使数据的传输量更少。

在目标跟踪和目标自动识别等多个领域中，数据融合技术已经开始投入使用。对于传感器网络设计而言，有着较强针对性的数据融合算法只需要在面向应用中进行设计。在节省流量及提高信息准确程度的同时，数据融合技术的实现要牺牲其他方面的功能。

（七）其他关键技术

随着传感器网络技术和相关应用的不断发展，涉及的相关技术也越来越多，如数据管理、无线通信技术、嵌式操作系统、应用层技术等。此外，无线传感器网络所采用的无线通信技术需低功耗短距离的无线通信技术。IEEE颁布的802.15.4标准主要针对低无线个人域网络的无线通信标准，因此，IEEE 802.15.4也通常作为无线传感器网络的无线通信平台。

第三节　物联网技术的应用

物联网应用前景非常广阔，它将极大地改变人们的生活方式。物联网规模的发展需要与智能化、系统化产业融合。物联网主要应用在实体属性信息及控制信息交互等方面。

一、物联网在智能化住宅小区中的应用

通过对多种技术手段的利用，比如无线传感、图识别、RFID、定位等，来保证智能小区在构建的过程中对小区内部的人、物和环境所发生的变化进行感知。由此产生的大量信息，计算机系统与构建网络对其进行处理与汇总，从而提高小区内的自动化程度，这对于智能化小区管理系统的建立意义重大，对小区居民也相应带来一定的便利。

对于智能化小区管理而言，其系统具有多个方面的功能，比如周界安防、防灾防盗、车辆管理、物业管理等；对于智能小区在管理系统上的总体架构而言，终端对信息的处理是通过无线网络传输的，再将其送到小区中的信息处理中心；信息处理中心则根据相关内容做出反应，比如报警、提示或者自动调节等。

小区智能化管理的核心就是信息处理中心，操作系统和计算机系统是其重要的组成部分。

（一）智能小区周界安防

1. 智能栅栏

智能小区对园区建立的要求就是要保证其是封闭的，在小区墙上要统一加装传感终端，比如红外激光、电网、感应光纤等。作为网络基础的无线通信网络和传感网络能将信息反馈到系统信息处理中心。在小区周围，应该相应安装电子栅栏、电子门禁、转动监控摄像头等设备。对于小区而言，其周围是“智能栅栏”，很多传感节点在其中进行铺设，对于地面、栅栏和低空探测等进行覆盖。如果出现强行进入小区这样的行为，通过传感器终端的判别，可对相应的位置进行判断并传入系统中。用图像识别技术可对闯入小区中的人或物进行识别，并将相关信息传递给中心报警系统和安保人员的移动终端中。根据信息处理中心所提供的电子地图对入侵者的位置进行判断，利用电子警报等方式对其进行警告，逼迫入侵者离开。通过对报警信息的了解，安保人员也会对摄像画面进行了解，并第一时间赶到现场。在对警报进行处理的同时，入侵区域附近的照明装置也会相应开启，可对现场进行全程录像。对小区周边安全进行保障的重点是监控保安人员的视线盲区。

“智能栅栏”这一项目的基础就是物联网技术，其具有自治、协同感知、自学习的特点，对于地下、地面、围栏、低空的立体防侵能力的形成有重要意义。目前，对于这种“智能栅栏”而言，在上海世博会和上海、无锡等机场已经开始投入使用。

2. 基于实时视频智能分析的入侵监测系统

基于视频处理技术，对监控的场景视频图像进行实时分析，检测并筛选出入侵目标，实现对入侵目标的实时检测与报警功能；同时系统还包括对入侵视频的存储、编码及转发功能，即在发现入侵的情况下，触发后台的处理程序，把当前的图像分割存储并推送到前台Web页面或App上显示。这种入侵检测系统广泛应用在小区入侵监测、智能家居的安防、老人智能看护等领域；也可以加入人脸识别系统，结合其他的智能产品，实现物联网自动化运行环境。

（二）智能小区防灾防盗

智能视频、智能门禁和智能报警等都是在小区内部使用的具有防灾防盗功能的系统。

1. 智能视频

当有人出小区大门时，安装在大门处的摄像头会拍摄并存储下人员图像，将其与中心数据库进行对比之后，就可以立即判断出该人员是小区居民还是流动人员。在发生紧急情况时，会对这一情况进行上报。对于以上操作，其发生过程都是程序性的，不需要进行人工操作。

2. 智能门禁

门禁系统在小区大门、住宅单元门、住户门上都应该进行安装，在使用感应卡、密码、钥匙等工具后，相关人员才可以进入。如果小区内部有撬门等情况出现，门禁系统则会第一时间进行报警。相关信号会由门禁分机上交到小区的物业管理中心，在物业管理中心能够看到住户在小区内的位置。管理中心的值班人员会依据报警类型安排保安人员予以处理。

3. 智能报警

微、红外双监探测器在住户的窗口、门口和阳台等多个部分都进行安装。居室中也安装了很多传感器装置。在住房内部安装的紧急呼救装置会时刻与区域和中心保持联网，居民家中出现紧急事件时。比如急重病、盗贼闯入、漏水、漏气等，可以对其进行求助。在收到信号后，传感器所具有的报警装置就会立即启动，对发生的情况进行紧急辨认，并对报警方式进行区分。

（三）智能小区车辆管理

对于要进入小区的车辆而言，图像识别、射频识别和传感网技术是对其进行识别的重要技术。小区住户所具有的车辆和外来车辆是进出小区的两种车辆。在进入小区时，小区管理系统对车辆进行拍照登记，这一过程需要利用在小区入口处设立的摄像头完成，其记录的主要内容就是车辆信息与拍照。当车离开小区时，对于车辆进行识别与拍照，对于用户车辆和外来车辆的处理方法会不同。对于外来车辆而言，司机所具有的射频识别卡上的记录要与小区资料中的记录保持一致，这样才能让车开出小区，这就对汽车在选用车位和安全停放方面做出了一定保证。在车库内安装一定数量的监控装置对于车库内部情况的了解与监控具有重要意义，对于车辆的损坏或是被盗等情况有一定防范作用，保证车辆是相对安全的。

（四）智能小区物业管理

对于小区内部在管理上的科学化、规范化和智能化程度的完善，物联网的应用具有积极意义。

1. 小区公共设施的监控

对于小区中的公共娱乐设施，使用传感器联网技术的统一编码能实现对其的监控，如在小区篮球场、游泳池，以及小区公共交通如电梯、楼梯等设施旁都可以安置。若是在公共区域中有人发生受伤的情况或是公共设施被破坏，传感器终端就会自动发出相应的信号。在进行信息处理的过程中，对事故发生的大致情况和相关设施的位置具有一定了解，同时需要物业及时派人去查看，保证安全，同时要保证小区的公共区域的完整性。

2. 电、水、气三表的管理

在进行小区内部公共设施的施工过程时，要想对其进行及时的检测和控制，就可以利用传感器互联网技术来实现，其中包括小区的给排水、配电系统及电梯等。若是三表在运转的过程中出现损坏或是故障的情况，需要将这一信息在第一时间内通过无线网络传递给信息处理中心进行下一步的处理，在出现异常情况时，保证其维修工作是第一时间落实到位的，比如停水、停电、停煤气或者运行异常等，这样对于小区居民的生活有保障。

3. 保安巡逻监控

在对保安员进行定位时，可以用无线传感网或地磁传感器实现，具体来讲就是在小区的主要道路旁设置无线传感节点，让保安人员佩戴相应节点的手持终端，即可在小区范围内对其进行定位。若有紧急情况发生，根据距离的远近，管理中心就可以安排最适合的人去对现场情况进行处理，在不同时间，对保安人员的位置进行记录，这对于执勤不到位或是漏岗情况的纠正有重要意义。

二、物联网在智能家居中的应用

智能家居也称为数字家庭或智能住宅，英语常用smart home。总的来说，根据计算机、嵌入式系统和网络通信技术的连接要求，将家庭中需要的设备进行连接，这就是智能家居的设计要点。

除此之外，对于智能家居而言，住宅是其重要平台，它具有建立网络通信及使设备自动化的突出特点，同时其集系统、结构、服务、管理为一体，保证我们的居住环境是高效、舒适、安全、便利、环保的。总的来说，智能家居的出现是对于国家的宏观发展需求、信息技术应用需求、公共安全保障需求、建筑品牌提升需求等多方面需求的响应，保证建设节能型社会和创新型社会目标的实现，同时使信息化在人们生活中的应用也能迅速普及。

（一）智能家居体系的构成

物联网智能家居系统由信号接收器、中央控制器、模拟启动器和远程遥控控制器4部分组成。用户将预期的效果发送出去，由信号接收器进行接收，再将其转化为代码的形式输送给中央处理器；经过中央处理器分析，一方面将指令传送给实时显示模块进行显示；另一方面将指令传送给模拟启动器，进而通过相应的远程控制器对智能家居进行控制；远程控制器会通过中央处理器发送给用户一条完成指令，用户即可根据反馈信息决定后续操作。在用户并未发出指令的情况下，中央处理器会监控各类传感器并接收其发送的信息，在不同的设置要求下，对环境数据进行实时监控，若出现超出设定范围的情况，那么中央处理器会自动向相关启动器发出指令，来对智能家居进行调节。

（二）智能家居的功能

我们的未来居室中，各式各样的传感器会遍布其中，这些传感器会采集环境内的信息，将所得到的信息在每一户单独设立的中央处理器中进行传输与处理，在完成对数据的分析工作后，相应地做出反应。

1. 人员识别

在居室入口处的地板和门上安装传感器，对进入居室的人的信息进行收集，比如身高、体重，行走时脚步的节奏、轻重等，并且根据这些信息的不同与系统中所存储的信息进行对比，从而确定这是主人、客人还是陌生人，然后发出相应的问候语。在人员结束来访后，根据主人的需求对相关信息进行分类与归档，方便该人下一次来访时进行判断。比如，对于第一次来访的陌生人，可以对其信息设定为好友，这样该人下次来访时就不再是陌生人。

2. 智能家电

家用电器主要包括空调、热水器、电视机、微波炉、电饭煲、饮水机、计算机、电动窗帘等。家电的智能控制由智能电器控制面板实现，智能电器控制面板与房间内相应的电气设备对接后即可实现相应的控制功能。如对电器的自动控制和远程控制等，轻按一键就可以使多种联网设备进入预设的场景状态。

在未来，家电不仅仅是家电本身，同时它还起着管家的作用，对于家务安排等，家电都可以智能地进行安排，对居室门口传感器所感知的信息进行分析，比如，在居室内无人的情况下，空调是保持关闭状态的；根据设定，在主人下班回家之前空调也可以提前打开；在温度调节上，可以根据室外温度对室内温度进行科学性的设定；如果空气过于潮湿，还会自动开启除湿功能，保证在主人到家时，家中的环境是舒适的。对于智能物联网冰箱而言，存放物品只是其所具有的一个功能，它还可以将在冰箱中所存储的食品种类、数量、已存放时间进行记录，在主人需要的时候提供给主人，并根据主人的使用习惯，对缺少的食品进行及时的提醒，甚至可以根据冰箱中存在的食品数量与种类对当晚菜单进行设计，通过多方面的设计为主人的选择提供便利。对于电视机而言，其本身已经不需要被固定了，在你坐在沙发前看电视时，它就会根据你的姿势将视频投影在墙上；如果你躺在卧室中的床上，它就会将画面投影在天花板上；在你想要睡觉的时候，它会感知到你的需求并自动将声音调小；在你入睡后，它会自动关机，不会影响你的睡眠。

3. 家庭信息服务

用户不仅可以通过手机监看家里的视频图像，确保家中安全，也可以用手机与家里的亲戚朋友进行视频通话，从而有效地拓宽了与外界的沟通渠道。

不需要出门，智能家居系统就能实现对水、电、气三表的抄送。对于抄表员而言，登门拜访也不是必需的工作。传感器会将相关数据传输给智能家居系统，在居民对账单进行确认后，相关费用会直接从账单中进行扣除。不仅节约了人力和物力，也为居民提供了便利。

住户与访客、访客与物业中心、住户与物业中心均可进行可视或语音对话，从而保证对进入的外来人员进行控制。

4. 智能家具

利用好物联网技术，就可以用手机对家里进行实时的观察，同时对家中的情况也可以进行控制。因为家具中都安置了传感装置，这就使得很多家具都开始“变聪明”了。窗帘可以根据光线的强弱和主人的喜好进行自动控制与调节。灯也具有一定的智能性，它“学会”了自动感应，也就是当有人要进入时，灯会自动点亮；在有人要离开时，灯则会自动关闭，这会根据主人的需要进行配合。通过传感器所收集到的信息会在智能家居系统中进行汇聚，在对信息进行整合后，系统会对家中的设施根据需要进行调整，用一个遥控面板就可以对家中所有开关进行控制，不再需要在寒冷的冬天离开被子下床关灯了。花盆也是智能的，它会及时告诉你这一盆花是否需要浇水，什么时候浇水更合适，什么时候这盆花应放在阴凉的地方。在回家前只要先发条短信，到家时浴缸中的水就已经放好了。在天气好的时候，家中的窗户就会自动打开，保证房间内空气的流通和清新程度；在收到会有大雨或是大风的信息后，窗户就会自动关闭，保证主人出门时不必担心。

5. 智慧监控

在智能家居系统的帮助下，家庭生活也变得较为智能化和亲情化，在将其与学校中的监控系统进行结合时，一个人在需要时或者想念自己的孩子时，可以实时看到自己孩子在学校的情况。在将智能家居系统与小区的监控系统进行结合时，不再需要妈妈时刻看护，孩子可以在小区中安全地玩耍，在工作中的父母也可以对孩子的情况进行确认。同时，佩戴在孩子和老人身上的腕带也植入了发射信息的功能，保证家人知晓自己的位置，并保证自己的安全。

通过物联网视频监控系统可以实时监控家中的情况。此外,利用实时录像功能可以对住宅起到保护作用。

实时监控可分为以下几种。

(1)室外监控:监控住宅附近的状况。

(2)室内监控:监控住宅内的状况。

(3)远程监控:通过PDA、手机、互联网随时察看监控区域内的情况。

6. 智能安防

数字家庭智能安全防范系统由各种智能探测器和智能网关组成,构建了家庭的主动防御系统。智能红外探测器测出人体的红外热量变化从而发出报警;智能烟雾探测器探测出烟雾浓度超标并发出报警;智能门禁探测器根据门的开关状态进行报警;智能燃气探测器测出燃气浓度超标后发出报警。安防系统和整个家庭网络紧密结合,可以通过安防系统触发家庭网络中的设备动作或状态;可利用手机、电话、遥控器、计算机软件等方式接收报警信息,并能实现布防和撤防的设置。

7. 智能防灾

在家里没人时,如果出现漏气或是漏水的情况,传感器会根据参数的变化确定故障原因,并且对相关数据进行上传,智能家居系统根据相关信息会将情况向户主进行汇报,同时相关信息也会上报给物业,保证能对该情况进行及时的处理。若是有火灾发生,在第一时间内传感器也会收到相关信号,智能家居系统根据相关指令会将门窗打开,同时报警,向主人汇报火灾情况。

三、物联网在智能物流配送中的应用

(一)智能物流的基本概念

智能物流(intelligent logistics system,ILS)指的是物流系统和网络通过采用先进的信息管理技术、信息处理技术、信息采集技术、信息流通技术等,实现货物流通的过程,具体包括仓储、运输、装卸搬运、包装、流通加工、信息处理等。作为国家十大产业振兴规划之一,物流行业也成为物联网技术应用的重要领域。物流管理和流程监控的信息化和综合化,提高了相关企业的物流效率,降低了物流成本,提高了企业及相关领域的信息化水平,为整个行业带来更多的优势和进步。

(二)智能物流的结构

智能物流系统由以下两部分组成。

(1)智能物流管理系统:对于先进技术进行积极利用,比如互联网、RFID射频技术、移动互联网、卫星定位技术等,可以实现对后续工作需要的信息系统的建立,比如订单处理、货代通关、库存设计、货物运输和售后服务等,保证客源优化、货物流程控制、数字化仓储、客户服务管理和货运财务管理,在信息上是对该系统予以支持的。

(2)对于这一系统来说,智能交通系统、先进的网络技术和银行金融系统对其进行应用,保证物流服务本身具有网络化、电子化和虚拟化交易方向的发展,对于物流服务的存在价值进行肯定。

(三) 智能物流的四大特性

1. 物流信息的开放性、透明性

应用了很多信息技术,对于物流信息在数据上的处理提供了助力,保证物联网是开放的,同时针对智能物流系统相应地建设了一个运营平台和比较开放的管理平台,来保证对于物流服务这一平台是精准完善的,为客户提供产品市场调查、分析、预测,产品采购和订单处理等。

2. 物联网方法体系的典型应用

对于物联网来说,它的核心就是互联、物联与智能。对于智能物流系统而言,其具体体现在:通过多种技术对货物、车辆、仓储、订单所发生的变化与动态进行实时的可视化管理,在对大量数据进行分析时,需要利用数据挖掘技术,从而保证最终的物流管理过程是智能的,同时物流服务是精准的。

3. 物流与电子商务的有机结合

对信息技术互联网的积极利用,使得电子商务对信息的不对称性进行消除,同时将消费者、制造商和渠道商中存在的隔阂进行消除。

4. 配送中心成为商流、信息流和物流的汇集中心

将原有的物流、商流和信息流"三流分立"有机地结合在一起,畅通、准确、及时的信息才能从根本上保证商流和物流的高质量和高效率。物流业将为传统物流技术与智能化系统运行管理相结合提供了一个很好的平台。

(四) 智能物流的未来发展

智能物流的未来发展主要体现出很多运筹工作和智能化的决策需要在物流作业的工作中完成;其核心是物流管理,对于物流管理中的多个环节在一体化和对智能物流系统的层次化过程中实现;"以顾客为中心"这一理念在物流的发展中要引起重视,对生产工艺的调解可以根据消费者的需求来及时地做出变化;对区域经济上的发展和对世界资源进行优化而言,智能物流发展起着重要作用,同时保证了社会化的实现。

对我国来说,传统的物流企业在对信息化进行管理上的程度还不够高,这就导致对于物流的组织效率和管理方法上进行进一步的提升是困难的,同时对物流发展产生一定的阻碍。要想让物流行业长久发展,就要从物流企业开始,到物流网络全部都实现智能化和信息化。由此可见,智能物流的发展是必然趋势。

四、物联网在智能交通中的应用

(一) 智能交通系统概述

智能交通系统(intelligent transportation system, ITS)是将物联网先进的信息通信技术、传感技术、控制技术以及计算机技术等有效地运用于整个交通运输管理体系,从而建立起

一种在大范围内全方位发挥作用并具有实时、准确、高效特点的综合运输和管理系统。通过物联网的交通发布系统,可以为交通管理者提供当前的拥堵状况、交通事故等信息来控制交通信号和车辆通行,同时发布出去的交通信息将影响人的行为,实现人与路的互动。智能交通系统的功能主要包括顺畅、安全和环境方面,具体表现为:对交通的机动性进行增加,同时将运营效率进行提高,将道路网所具有的交通能力进行提升,同时还要重视设施效率的提升,并对交通需求进行调控;将交通所具有的安全水平进行提升,对事故发生的可能性进行降低,减少事故发生时可能造成的损害,防止出现事故后灾难的扩大;减轻堵塞,降低汽车运输对环境的影响。智能交通系统强调的是系统性、实时性、信息交互性以及服务的广泛性,与原来意义上的交通管理和交通工程有本质的区别。

智能交通系统是一个复杂的综合性信息服务系统,主要着眼于交通信息的广泛应用与服务,以提高交通设施的运用效率。从系统组成的角度看,智能交通系统(ITS)可以分成以下10个子系统:先进的交通信息服务系统(advanced transportation information service system,ATIS)、先进的交通管理系统(advanced traffic management system,ATMS)、先进的公共交通系统(advanced public transportation system,APTS)、先进的车辆控制系统(advanced vehicle control system,AVCS)、货物管理系统(freight traffic management system,FTMS)、电子收费系统(electronic toll collection system,ETCS)、紧急救援系统(emergency rescue system,ERS)、运营车辆调度管理系统(commercial vehicle management system,CVMS)、智能停车场系统和旅行信息服务系统。

1. 先进的交通信息服务系统(ATIS)

ATIS包括无线数据/交通信息通道、车载移动电话接收信息系统、路由引导系统及选择最佳路径的电子地图。

2. 先进的交通管理系统(ATMS)

ATMS是由交通管理者使用的,对公路交通进行主动控制和管理的系统。具体来说,是根据接收到的道路交通状况、交通环境等信息,对交通进行控制。

3. 先进的公共交通系统(APTS)

APTS主要是在公交运输业中发展智能技术,保证公交系统中更多目标的实现,比如安全便捷、经济、运量大等。对于公交车辆管理中心而言,收车和发车计划需要按照车辆所具有的实时状态进行安排,以便保证其服务质量和工作效率。

4. 先进的车辆控制系统(AVCS)

AVCS的目的是开发帮助驾驶员实行车辆控制的各种技术,通过车辆和道路上设置的情报通信装置,实现包括自动车驾驶在内的车辆辅助驾驶控制系统。

5. 货物管理系统(FTMS)

FTMS的基础就是信息管理系统和高速道路网,这一系统是在物流理论上对物流管理进行智能化改造,根据多种技术来对货物运输进行组织,将货运效率大大提升,这些技术包括卫星定位、地理信息系统、物流信息及网络技术等。

6. 电子收费系统(ETC)

ETC是当前世界上最先进的路桥收费方式。车主需要在车辆挡风玻璃上安装感应卡并预存一定的费用,在通过收费站时,感应卡与ETC车道上的微波天线之间能够通信,从而免除人工收费的步骤,并可从用户的银行卡中自动扣除费用。利用该系统完成每辆车的收费仅需要不到两秒,使车道的通行能力较人工收费通道提高了3~5倍。

7. 紧急救援系统(ERS)

ERS这一救援系统的基础就是ATIS、ATMS和其他救援机构。交通部门通过与职业救援机构和交通监控中心在ATIS、ATMS方面进行合作,对道路使用者提供多种服务,比如车辆故障现场紧急处置,拖车,现场救护,排除事故车辆等。

8. 运营车辆调度管理系统(CVMS)

CVMS系统中配备了车载计算机、高度管理中心计算机与全球定位系统,借助这些设备实现卫星联网,在驾驶员与车辆调度管理中心间进行通信,有助于提高公共汽车和出租汽车的运营效率。该系统具有较强的通信性能,能够实现大范围的车辆控制。

9. 智能停车场管理系统

智能停车场管理系统是对现代化停车场进行收费及进行设备自动化管理的系统,是使用计算机系统来管理停车场的一种非接触式、自动感应、智能引导、自动收费的系统。系统以IC卡或ID卡等为载体,通过智能设备使感应卡记录车辆及持卡人进出的相关信息,对该信息进行运算、传输,依靠字符显示、语音播报等功能转化为可供人工识别的信号,最终完成计时收费、车辆管理等自动化功能。

10. 旅行信息服务系统

旅行信息服务系统主要用于向在外旅行人员提供当地实时交通信息的系统。该系统使用的媒介具有多样化的特点,包括计算机、电视、电话、路标、无线电、车内显示屏等。

(二)智能交通系统的关键技术

除了传统的通信技术和网络技术之外,实现智能交通系统的关键技术还有下面四种。

1. 车联网技术

车联网指的是利用射频识别(RFID)、全球定位系统、车用信息采集、道路环境信息感知等信息传感设备,对人/路的静态、动态信息进行采集、识别、传输、融合和利用,从而能够将人/车/互联网连接。车联网技术是结合移动通信、环保、节能、安全等发展起来的融合性技术,可以实现车与车、车与路、车与人、车与传感设备等交互,是一种实现车辆与公众网络通信的动态可移动系统。

2. 云计算技术

对于互联网的长久发展而言,云计算是一种新型的理念与模式,面对互联网所提供的大量信息,云计算利用多种资源对其进行统一的管理,保证原本大量分散、异构的IT资源和应用统一管理,在这一过程后形成了一个很大的虚拟资源池,用服务的形式根据客户的需求进行提供。对于在智能交通系统中存储与智能计算的大量信息,云计算技术对其进行保障。

3. 智能科学技术

智能的实现方法和其本质就是智能科学的研究对象,其中还包括了脑科学、认知科学、人工智能等多门学科。将上述学科进行有机融合,实现仿真技术,同时进一步研究智能的新概念、新理论、新方法并最终达到应用的目的。

对于智能交通来说,智能科学提供技术基础,对智能交通汇总的海量信息进行多种处理,其中包括智能识别、融合、运算、监控和处理等。

4. 建模仿真技术

对于仿真技术而言,这也是一门对多种学科进行融合的重要技术,其基础就是控制论、系统论、相似原理和信息技术等,而在这一过程中也利用物理效应设备、仿真器与计算机系统等,再确立研究目标,同时建立模型,对研究对象在动态上进行试验、运行、分析、评估与改造。

(三) 智能交通系统技术实现

1. 智能交通系统总体架构

物联网感知层的功能是利用M2M终端设备收集各类基础信息,具体包括不同交通环节的视频、图片和数据等,并将这些设备以无线传感网络的方式连接为一个整体。物联网网络层的功能是,上述收集到的信息借助移动通信网络传输给数据中心,再经由数据中心转为具有价值的信息。物联网应用层的功能是,将上述信息以多种方式发送给使用者,以便后续的决策、服务的提供和其他业务的开展。因此,智能交通系统按照上述三层划分。

2. 智能交通应用系统架构

智能交通系统依靠不同的应用子系统完成不同职能部门的专有交通任务:信息服务中心主要是为了进行前期调测、运维管理和远程服务,通过数据交换平台能够实现数据共享,利用咨询管理模块来发布信息、进行业务管理;指挥控制中心是在GIS平台的基础上,构建不同的部件平台(交通设施)和事件平台(交通信息),来对其中存在的子系统进行管理,而其中的目的就是管理本身。同时它还具有一定功能,比如数据分析、数据挖掘、报表生成、信息发布和集中管理等。

五、物联网在农业中的应用

我国是一个农业大国,地域辽阔,物产丰富,气候复杂多变,自然灾害频发,解决“三农”问题是我国政府比较关注的问题。在科学进步的同时,精准农业与智能农业也在同步发展中,在农业的应用上,物联网技术慢慢成为其中的热点问题。

(一) 智能农业的概述

智能农业也称作智慧农业,它会将现代信息技术与网络技术、物联网技术、音视频技术、3S技术、无线通信技术与专家的智慧和知识有机地结合起来,进行农业可视化远程诊断、远程控制、灾害预警等。其发展目标为有效地利用各类农业资源,减少农业能耗,减少对生态环境的破坏以及优化农业系统。智慧农业是推动城乡发展一体化的战略引擎。

(二) 智能农业系统技术实现

1. 智能农业系统架构

智能农业系统的总体架构分为传感信息采集、视频监控、智能分析和远程控制4部分。

2. 智能农业的关键技术

(1) 信息感知技术。对于智能农业来说,农业信息感知技术是其重要前提,其在智能农业系统中所起的作用相当于神经末梢对于人类的作用，也是该系统需求量最大、最基础的关键步骤。信息感知技术具体包括农业传感器技术、RFID技术、GPS技术以及RS技术。

对于农业传感器技术而言，智能农业是其重要基础，同时这一技术也是相当重要的。农业信息要素可利用农业传感技术进行采集。农业信息的范围很大，在种植业中，包括种植业中的光、温、水、肥、气等；在畜禽养殖业中，主要是对有害气体的量进行采集，比如空气中尘埃、飞沫及气溶胶的浓度，以及温、湿度等；在水产养殖业中，主要是对溶解氧、酸碱度、氨氮、电导率和浊度等进行采集。

RFID技术也称电子标签。该技术通过射频信号来自动识别目标对象从而获取相关数据，是一种非接触式的自动识别技术。利用GPS技术能够描述和跟踪农田的水、肥力、杂草和病虫害、作物苗情及产量等，使农业机械将肥料送到指定位置，在农药进行喷洒时，要保证其落点位置是在一定范围内的。GPS技术对于智能农业而言，分辨率传感器是其起作用的重要工具，这对于地物光谱反射或辐射信息在地面空间中的收集是有意义的。

(2) 信息传输技术。在智能农业中，在信息传输技术上无线传感网络是应用最广泛的技术。这一技术主要是对无线通信技术的使用，并形成了自组织多跳的网络系统。在要进行检测的范围内，对传感器节点进行大面积的安装，这对于要监测对象的信息在感知、采集与处理过程中具有重要意义，同时这一结果也可以传输给观察者。

(3) 信息处理技术，智能农业中涉及的信息处理技术，主要包括云计算、GIS、专家系统和决策支持系统等。

3. 智能农业系统组成

智能农业系统由数据采集系统、视频采集系统、控制系统、无线传输系统和数据处理系统组成。

(1) 数据采集系统。对于室内的光照、温度、湿度土壤含水量等相关数据，这一系统主要是要进行数据采集。其中，温度主要包括空气温度、浅层土壤温度和深层土壤温度三方面；湿度主要包括空气湿度、浅层土壤含水量和深层土壤含水量等数据。对于数据传输而言，ZigBee或者RS485是两种常用的模式。根据不同传输模式的特点，在对温室现场部署时分为两种，也就是无线和有线。对于无线来说，这一方式是对ZigBee发送模块进行利用，并将数值传输到ZigBee节点；对于有线而言，其传输方式就是进行电缆到RS485节点的传输。

(2) 视频采集系统。全球眼和具有高精度的网络摄像机在这一系统中进行安装，对于相关设备在稳定性和清晰度上有着一定要求，要与国内的标准符合。

(3) 控制系统。控制设备和继电控制电路是该系统所包括的，对于生产设备用继电器实现控制是有重要意义的，其中包括喷淋、滴灌等喷水系统和卷帘、风机空气调节系统等。

(4) 无线传输系统。在将数据传输给服务器时，所经过的途径要符合IPv4或IPv6网络协议的标准。

(5) 数据处理系统。利用该系统将收集的数据进行处理和存储，便于用户进行分析、决策。用户能够在计算机、手机等终端查询相关数据。

4. 智能农业系统网络拓扑

在进行远程通信时，智能农业系统使用3G无线网，在进行近距离传输时所采用的则是将ZigBee模式和有线RS485进行结合，来对网络系统的正常运行进行维护。

(三) 智能农业系统主要功能

1. 数据采集

通过无线或是有线的方式将温室内部的数据上传给数据处理系统，比如温度、湿度、光照度、土壤含水量等。如果传感器进行上报的参数是超标的，系统就会出现报警反应，同时其中的自动控制相关设备会对其进行智能调节。

2. 视频监控

用户随时可以用计算机或手机等终端查看温室内的实际影像，对农作物生长进程进行远程监控。

3. 数据存销

对于历史数据，系统可以进行存储，同时保证知识系统的形成，这对于后续的查询和处理工作的开展具有重要意义。

4. 数据分析

对于所采集到的数据，系统通过直观的形式向用户进行时间分布图的展示，提供按月、按日等历史报表。

5. 远程控制

无论在什么时间和地点，用户只要能够上网，对于温室中的设备，用户都可以通过远程终端进行控制。

6. 错误报警

对于数据范围，系统允许用户对其进行自定义。如果超出了一定的范围，系统就会相应地进行标示，这也就代表报警的提示。

7. 手机监控

手机可以像计算机终端一样，对于传感器中的数据可以进行实时查看，对于室内所具有的卷帘、喷淋和风机等设备进行调节。

六、物联网在环保中的应用

随着人类社会的不断发展，环境问题已经成为阻碍社会进步的重要问题。

(一) 环境治理的现状

环境监测是随着环境污染而发展起来的，西方发达国家相继建立了自动连续监测系统，借助GIS技术、GPS技术、水下机器人等，对大气、水体的污染状况进行长期监测，预测环境质量的发展趋势，保证环境监测的实时性、连续性、完整性。我国环境监测的发展状况落后于国际先进水平，主要体现在以下方面。

(1) 用于进行自动监测的系统和相关仪器，大多都是源于国外，这就说明很多精密仪器在使用时其对环境的要求是比较苛刻的，在实验室中才能进行安装，不能应用于其他环境下。亟须研发出操作简单、测定迅速、价格低廉、便于携带、能满足一定灵敏度和准确度要求的监测方法和仪器，以便于应用于生产现场、野外、边远地区，推动环境监测的进一步发展。

(2) 目前使用的环境监测系统大多需要有线或有线加调制解调器或光纤等进行信息传输，

这就给一些环境监控系统造成了一定的困难,例如野外、企业排污点等无人值守的环境并不适合建立有线网络。这就需要改变传输方式,便于更多监测环境使用,可以借助GSM/GPRS网络进行无线传输,进而实现环境监测的无线化、智能化、微型化、集成化、智能化、网络化。

(二)环境治理与物联网的融合

当今的环境治理无处不体现物联网技术,环境治理系统中大多使用了无线传感器技术、无线通信技术、数据处理技术、自动控制技术等物联网关键技术,通过水、路、空对水域环境实施伞面的监测。

(三)水域环境的治理实施方案

建立一套完整的水环境信息管理系统平台是解决目前水环境状况的有效途径之一,通过积极试点逐步推广,实现湖泊流域水环境综合管理信息化,并以此为载体,推动流域治理的理念与机制转变。

以我国太湖为例,湖区面积为2338平方千米,是中国近海区域最大的湖泊。因为湖泊流域人口稠密、经济发达、工业密集、污染比较严重,水质平均浓度均为劣V类,富营养化明显,磷、氮营养严重过剩,局部汞化物和化学需氧量超标,蓝藻暴发频繁。国内还有很多湖泊都受到类似的污染,需要对其进行监控。

湖泊治理的总体思路是先分析水环境存在的问题,问题包括水动力条件差、水环境恶劣、水生态严重受损、富营养化程度高和蓝藻频发等。在此基础上解决方案包括环境监测系统、数据传输系统、环境监测预警和专家决策系统,最终的目标是改善湖泊水质,提高水环境等级,为湖周经济建设与社会的协调发展及为高原重污染湖泊水环境和水生态综合治理提供技术支撑。

七、物联网在其他领域的应用

(一)智慧城市

作为未来城市发展而言,其新模式中的智慧城市建设理念的核心就是新一代技术,其中包括物联网和云计算等。智慧城市是人类社会发展的必然产物,智慧城市建设从技术和管理层面也是可行的。

在对智慧城市精心架构时,主要有三个层次。在最底层的就是智慧城市架构中的基础,也被称为云端层。在这一层中,对知识界中所具有的创造力进行凝聚,比如科学家、艺术家、企业家等。对于这些人而言,他们在不同的领域中从事着知识密集的工作,对于城市发展提供重要的知识上的服务。

中间层是对云端层的组织。在这一层中,为了对创新进行实现,组织所做的工作主要是对云端层所提供的知识进行整合,并将其商业化。对于这一层来说,其主要组成部分包括风险投资商、知识产权保护组织、创业与创新孵化组织、技术转移中心、咨询公司和融资机构等。通过他们对金融资本和社会资本的推动,对于知识云层在其智力资本上提供了财务上和其他方面的支持。对于新创公司在市场和技术上的支持,产品创新与创业孵化机理区域创新系统中的研发中心、政府部门、咨询公司和技术生产者等做出了重大贡献。由此可见,对于智慧城市而言,创新城市是极为重要的。

处在最顶层的就是技术云端层。对于这一层次而言,知识云端层所提供的利用智力资本与在组织云端层中所提供的社会资本所开发得到的数字技术与环境就是其重要基础。对于智慧城市在智慧运营上的技术内核就是数字技术与环境。将这几个层次进行连接后,一个“智慧链”就这样组成了,这对于智慧城市的长久发展起到了重要作用,也提供了重要动力来源。

(二) 智能医疗

智能医疗是物联网技术与医院、医疗管理融合的产物。令我们向往的智能化医疗保健生活应该就在不远的将来,当然实现这样的生活还要经过我们不断的努力。

1. 智能医疗监护

智能医疗监护通过先进的感知设备采集体温、血压、脉搏、心电图等多种生理指标,通过智能分析对被监护者的健康状况进行实时监控。

(1) 移动生命体征监测。移动智能化医疗服务指的是以无线局域网技术和RFID技术为基础,采用智能型手持数据终端为移动中的一线医护人员提供随身数据应用。

移动智能化医疗服务信息系统建设的目的在于提高医院的运营效率,降低医疗错误及医疗事故的发生率,从而全面提高医院的社会效益以及竞争力。建设移动临床信息系统不仅是医院信息化发展的必然趋势,也是医院以人为本医疗模式的基本保证。

目前,一些先进的医院在移动信息化的应用方面取得了重要进展。比如,可以实现病历信息、患者信息、病情信息等实时记录、传输与处理利用,使在医院内部和医院之间通过联网可以实时有效地共享相关信息,这对实现远程医疗、专家会诊、医院转诊等过程的信息化流程可以起到很好的支撑作用。医疗移动信息化技术的发展,为医院管理、医生诊断、护士护理、患者就诊等工作创造了便利条件。

(2) 医疗设备及人员的实时定位。医院外来人员复杂,员工人数众多,对员工定位也很重要。利用RFID技术对员工进行身份识别和定位,结合通道设限,可以增强医院的安全性,防止保安、护理等临时用工人员在医院的随意出入带来的安全隐患。应有效做好重要物质、重要样品的防范工作。

2. 远程医疗

远程医疗通过计算机、通信、多媒体等技术与医疗技术的结合,来交换相隔两地的患者的医疗临床资料及专家的意见,在医学专家和患者之间建立起全新的联系,使病人在原地、原医院即可接受远地专家的会诊并在其指导下进行治疗和护理。

远程医疗的优点如下。

(1) 可以极大地降低运送病人的时间和成本。

(2) 可以很好地管理和分配偏远地区的紧急医疗服务,使偏远地区的突发危重病也可以得到及时救治。

(3) 可以使医生突破地理范围的限制而共享病例,有利于临床研究的发展。

(4) 可以为偏远地区的医务人员提供更好的医学教育。

远程医疗的扩大应用可以极大地减少病人接受医疗的障碍，最大限度实现医疗资源特别是优秀专家诊断的共享，使地理上的隔绝不再是医疗救治中不可克服的障碍。

3. 医疗用品智能管理

(1) 药品管理。RFID标签依附在产品上的身份标识具有一次性，难以复制，可以起到查询信息和防伪打假的作用。药品从研发、生产、流通到使用整个过程中，RFID标签都可进行全方位的监控。

当药品流经运输商和经销商时，在运输和接货过程中通过对药品信息查询与更新，可以查看药品在整个流通中经过的企业及生产、存储环节的信息，以辨识药品的真伪及在生产、运输过程中是否符合要求、流通环境对药品有无影响等，从而对经销的药品进行把关。

(2) 设备管理。医疗设备往往都很精密贵重，同时在使用时又有很大的移动性，容易被偷盗，造成损失。将RFID技术应用在医疗设备上，在相应的楼层、电梯和门禁上安装RFID读/写装置，一旦器械和设备的RFID标签与读/写装置中的设定不符，系统马上报警或将电梯、门禁锁死，这样可以有效防止贵重器件毁损或被盗。

(3) 医疗垃圾处理。随着信息系统的普及化与信息化水平的提高，医院和专业废物处理公司的信息处理能力已大幅提高，推广医疗垃圾的电子标签化管理、电子联单、电子监控和在线监测等信息管理技术，实现传统人工处理向现代智能管理的过渡，已具备良好的技术基础。采用RFID技术对整个医疗垃圾的回收、运送、处理过程进行全程监管，包括采用RFID电子秤称量医疗垃圾，基于RFID技术的实时定位系统监控垃圾运送车的行程路线和状态，实现从收集储存、密闭运输、集中焚烧处理到固化填埋焚烧残余四个过程的全程监控。以GPS技术结合GPRS技术，能够实现可视化医疗废物运输管理并实时定位为基础的高速、高效的信息网络平台，以及以EDI等为骨干技术的医疗垃圾RFID监控系统，将为环保部门实现医疗垃圾处理过程的全程监控提供基础信息支持和保障，从而有效控制医疗垃圾再次进入流通使用环节。

(三) 物联网在教育中的应用

1. 利用物联网构建智能化教学环境

对于教学成果而言，教学环境对其有直接的影响。通过利用物联网，不仅将现实中存在的物品进行联通，同时对现实世界中的互联进行实现，也就是保证物理空间与虚拟世界的互联。也可以将虚拟空间理解为数字化信息空间，这对于人机交互、人与物之间交互、人与人之间的社会性交互等都具有重要意义。在物理教学环境中，物联网的互联帮助物品形成了数字化、网络化、智能化的特点，在进行虚拟学习时也是适合的，对于教师与学生的需求可以在第一时间发现并进行调整，保证师生的教学环境和教学资源是智能化的。在教室内，学生可以利用计算设备进行数据的读取，或者也可以使用异地嵌入的调用来对传感器中物体的数据进行调用，对于学生的学习具有重要意义。

2. 利用物联网丰富实验教学

实验教学对于学生在动手能力和创新思维的培养上是一种重要的手段，对于传统的实验教学而言，其具有一定的局限性，常常会发生因为实验器材的缺乏和安全性问题的存在导致无法让学生完成实验过程。利用物联网做实验,就对学生在进行实验过程中的教学环境的安全性、共享性和智能化有一定保障。比如对于每一种实验器材,都会有一定的使用帮助信息和数字化属性对其进行记录,在实验过程中,若是出现使用不当的情况,那么报警系统则会自动开启;对于实验者而言,远程的对物联网上的实验器材进行控制也成为可能;实验最终所得到的数据可以在第一时间内上交给实验者,同时这一方式也是安全高效的,对于实验教学的网络化、智能化和数字化而言具有重要意义。

3. 利用物联网支持教学管理

利用物联网可以实现对学校中的考勤管理、教学仪器设备的管理、图书管理和教育安全等方面的管理。比如,利用物联网中的核心技术RFID,中国台湾对于学校中的安全管理进行支持,其中有8个服务领域是其活动开展的主要领域:上学、放学及在校行踪通知服务,学生保健服务,校外教学管理,危险区域管理服务,校园访客管理系统,教育设备管理服务,学校大型会议人员管理服务,运动设施使用人员管理服务。

4. 利用物联网拓展课外教学活动

在经过亲身的实践、参观与观摩后,学生所收获的感受与体验往往是最直观也是最真实的。对于课外活动来说,其所起到的作用一直都是对学生在学习兴趣上的激发,同时将学生的视野和知识程度进行扩展,对于学生在科学研究上的能力进行培养。对于这样的课外教学而言,物联网也是至关重要的。比如,在我国的多个地区都开展了"数字化微型气象站"的应用实践,比如香港、台湾、北京、广州等这些应用实践的基础就是物联网。在科学教育中这一方式是很受欢迎的,这一实践过程就是结合先进的测量技术、传感技术与现在的教学理念,对于学生的正式学习、户外学习、区域合作学习予以一定支持。

习　题

一、选择题

1. 第三次信息技术革命指的是(　　)。

A. 互联网　　B. 物联网　　C. 智慧地球　　D. 感知中国

2. "智慧地球"是(　　)公司提出的。

A.Intel　　B.IBM　　C.TID　　D.Google

3. 物联网的核心是(　　)。

A. 应用　　B. 产业　　C. 技术　　D. 标准

二、简答题

1. 比较公认的物联网定义是什么?物联网的本质特征是什么?

2. 物联网的体系架构有哪三层?分别实现什么功能?

3. 简述未来物联网的发展趋势。

第三章　区块链技术及应用

今天，如果大家在搜索引擎中输入“区块链”(blockchain)3个字，网络会在瞬间反馈无数的结果。这一概念在各大领域中被常常提及，为21世纪信息技术领域难以忽视的一条标签。在介绍区块链技术及其应用前景前，首先要了解区块链的定义。

第一节　区块链概述

从其本质上来看，人们可以将区块链理解为一个去中心化的分布式账本，其本身是一系列使用密码学而产生的具有互相关联的数据块。

为更好地理解区块链概念，人们尝试回答这个问题：现代世界为什么需要区块链这个去中心化的分布式账本？或者，作为中心化的分布式账本，区块链有什么样的好处或特征？区块链技术可以建立一个去中心化的、由各节点共同参与运行的分布式系统架构进行数据的管理，避免中心节点故障引起的网络安全事故[①]。去中心化系统与中心化系统结构如图3-1所示。

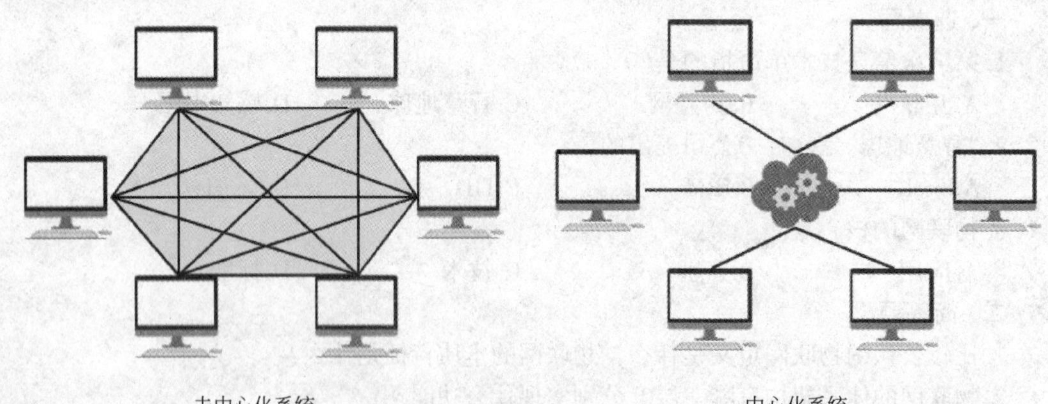

图3-1　去中心化系统与中心化系统

① 袁勇，王飞跃. 区块链技术发展现状与展望[J]. 自动化学报，2016，42(4)：481-494.

一、价值转移

生活在信息化时代，人们已经习惯于分享互联网上的信息处理与共享便利，互联网善于处理信息分享，但不能很好地解决价值转移。

所谓价值转移，可以将其和信息转移比较起来理解。大家试着想一想，是否愿意在网上分享一段自己拥有的视频？相信大部分人的答案是肯定的。但是，大家是否愿意在网上分享自己拥有的100万元人民币呢？

对于一段视频而言，它是可以被复制的，同时可以在另一个网站进行转载及播放，这样在两个网站上这段视频都可以被看到，人们也可以对这段视频进行分享。但这一例子是具有一定局限性的。对于钱，就是不可复制、不可分享的。在进行付款的过程中，本人的账户上会减少一定的钱数，相应地在收款人的账户上就会增加一定的钱数，这就是整个支付过程，这也实现了价值的转移。当价值从A中向B中进行移动，同时A中所减少的部分与B中增多的部分是相同的，这就是价值转移，与信息转移是大不相同的。

价值转移的过程与A方和B方这两个参与者是息息相关的，这就说明要想进行这项操作，双方要对转移的事情是共同认可，价值转移的相关结果不能受到A方与B方任何一方的操纵。这种只能转移而不能分享的有价值的信息往往需要信用背书。

就目前的互联网协议而言，价值转移是不被支持的。这就说明对于现阶段的价值转移要通过间接的方式进行，也就是一个中心化的第三方来做背书。

二、信用建设

在远古部落中，每个部落将人口控制在150人左右的范围内，因为如果人员不断增多，部落中很多的人脸就无法被其他人记住，记不住人脸就无从培养信任，而一旦缺乏信任，部落中的战斗和争端就不会停止。

在远古部落时代，人与人之间信任的建立全靠看脸，而在如今的互联网时代，人们不用见到对方的面孔，却愿意去相信远在千里之外的一个卖衣服的商家，并向他付款，实现价值转移，这是为什么呢？因为在这个交易过程中，人们将信任托付给了值得信任的中心化机构，这个中心化的第三方可以是国家机构，也可以是大型企业。想一想每年创造零售消费奇迹的淘宝“双十一”购物节，若想在网上买一件衣服，交易流程是怎样的呢？其大概分为以下五步。

第一步：买家下单之后将钱打给支付宝。

第二步：支付宝收款后通知卖家可以发货了。

第三步：卖家收到通知后发货。

第四步：买家收到货之后表示满意，确认收货。

第五步：支付宝收到了买家的收货通知并打钱给卖家。

在整个网购过程中，虽然是买家与卖家之间在进行交易，但是整个交易都是围绕支付宝这一第三方机构开展的。在此次交易过程中，买卖双方都将信任托付给了支付宝这一大型机构，买家与卖家之间仍然不存在互信基础，因为有大型企业和国家这样大家愿意相信的中心化第三方的背书，人们愿意相信这一过程，这对于现代社会汇总的信用建设和互信的增加也具有重要意义。然而，基于中心化机构背书的信用体系建设本身存在一些局限。

这些局限体现在对于中心体的过度依赖。基于以上案例，可以假设支付宝系统出现了问题（如服务器瘫痪），或者由于全球经济危机使支付宝倒闭了，那么这笔交易就会以失败告终，买卖双方就会纠缠不清，到底有没有付款，有没有拿到货物，双方都无法自证。

中心化机构对于集团、公司或是政府的背书过于依赖，这就导致在进行价值转移的过程中，所有计算的过程都在中心服务器中进行处理，人的参与就是必不可少的，而人自身的道德约束具有局限性，其"有限性"理论和"机会主义"往往会使整个系统变得不那么可信。

另外，在中心化的信用体系构建中，由于信息的集中处理需求，必然要求中心体拥有强大的信息收集和处理能力，这导致高昂的信用成本。以中国银行外币跨境汇款（向境外中国银行汇款）为例，要完成跨境的价值转移，收费标准是汇款金额的1%，最低收取50元/笔，最高收取260元/笔，另收取手续费：中国香港、中国澳门、中国台湾为80元/笔，非中国香港、中国澳门、中国台湾为150元/笔。

三、区块链技术的出现

为了快速完成信用建设，实现安全且低成本的价值转移，区块链技术应运而生。作为一个分式账本，它的特征就是去中心化，也就是说在没有第三方信用背书时，也可以实现线上的这种远距离付款。对于区块链的参与者而言，每一个人都具有一个节点，也就是说，因为区块链的存在，在全球各地将会分布无数节点，但是对于其中所产生的信息，前提是参与者已经授权过的，都会在一个账本中进行显示，这就对账本的修改提出了极高的要求，也就是在账本数据发生变化的几秒内，全部副本都要进行同时的修改来保证数据的一致性。对于区块链而言，其本质就是一个数据库，准确来说是在进行持续增长的分布式结算数据库，它将信息系统中存在的信任危机完美解决了。根据之前曾经提出过的对网络信息建设过程中所出现的问题，使用算法对区块链的证明对这份信任有所保证。使用它，系统中的节点能使得在信任的环境下，数据可以安全并自动地进行交换。很多中心化技术既费钱又费时，但是区块链技术相比于有中心化工具的技术，能实现将在上链中出现的强制性和撮合性上交易的设定是具有实时性的，同时它所需要的成本较低。相比对于人们的信任，对技术的信任是更可靠的，对于区块链而言，这种技术所带来的就是一种智能化。在未来，当把人们的信息在区块链中加入后，这种数字化的过程对于人们而言是有一定保护作用的，对于智能合约[①]进行书写，对于交易合约能保证其发起的自动性与强制性。在这一过程中，对于执行过程的信任上的验证和执行问题，人们是不需要担心的，因为有区块链作为保障，一切都进行实现。对于区块链技术而言，它的建立基础是抽象的公信力，而并不是实质上的政府本身或是第三方企业等，这样，一个公信力与政府、大众、区块链进行监督的"公信新格局"建立了。对于区块链技术而言，区块链是信任的主体，没有任何组织会对其进行控制，这就使得这一份信任在进行监督和交叉验证时是有力的，同时能保证公信格局的建立。

区块链所建立的公信力有以下两大特点。

---

① 智能合约（smart contract）：1995年尼克·萨博（Nick Szabo）提出"一个智能合约是一套以数字形式定义的承诺，包括合约参与方可以在上面执行这些承诺的协议"。

(1) 区块链是分布式的。在网络中,区块链会有很多独立的节点,每一份节点中都具有一定的备份信息。从任何一个节点中对信息进行下载是需要经过授权的,与此同时,对于公信力网络而言,区块链的特征是不能进行更改的,所有企图对节点进行更改的做法都会被发现,同时对于更改内容也不会被保存。

(2) 对于区块链而言,在区块链公信力模型中,它所扮演的角色就是一个公证人。可以将其理解为一串计算机的if...else类型判断性语句,在特定条件下自动执行某种命令。它所使用的数学方法基本是共识,也包含一定的针对机器中所具有的信任进行创建的。

在《经济学人》这一杂志中,对于区块链曾经有这样的评价:区块链是在进行对信任的不断创造,信用共识问题的解决是区块链所具有的最核心作用。因此,近期众多业界人士认为,区块链也可以被称为“公信链”。

四、区块链的运行

区块链作为一个去中心化的分布式账本,是如何运行的呢?在此将通过模拟一个区块链小城市,将整个去中心化的分布式结构简化为一种极端情况来进行探究。

区块链是一个分布式共享的账本。这个账本有以下3个特点。

(1) 在账本中的每一页都可以看成是对应每一个区块,它是可以无限增加的。当区块多了一个,同时这一账本的页数也就多了一张。每一页可以包含多条信息。

(2) 对于一个时间段内出现的信息记录会被打包成为一个加密的区块,再在其上加盖时间戳,根据时间戳顺序的不同,区块形成了前后页的关系。

(3) 去中心化—区块链作为一个分布账本,是由网络内各节点用户共同维护的,不存在中心化的控制机构。

(一) 区块链技术

区块链作为去中心化的分布式账本,必须由相关技术手段支持,才能展开运营。区块链的运行涉及分布式数据存储和点对点传输,且需要共识机制、加密算法等计算机技术来辅助记录数据。

(二) 区块链系统解决防伪问题

由于区块链系统承担着价值交换的重任,所以防伪问题就显得尤为重要了。下面将对区块链的防伪问题进行探讨。

如何保证区块链的交易记录是真实的?这个问题也可以概括为如何进行身份认证。

人们必须保证每一条记录都是由货币持有者所发出的,而不是由其他人伪造的。传统的记账方式更关注的是人脸识别,例如,去银行办理加密操作业务,银行要求必须本人去,这就是因为要确认是其本人在办理业务。还有一种方式是签名,人们可以在某个文件上签字,表示认可这份文件,现在更先进的方式是利用指纹。但是这些方式在电子支付系统都无法实现,因为不论人脸、签名还是指纹,都可以用计算机系统进行复制,复制下来的签名或指纹可以被添加到伪造的记录上。所以,在区块链系统中,必须对传统的身份认证方式进行更改，这种新的身份认证方式被称为电子签名。

一个区块链系统用户在注册时，系统会生成一个随机数，通过这个随机数产生一个私钥，这个私钥又可以产生一个称为公的字符串，同时产生一个地址。这里需要注意，由于使用了算法，通过公钥①或地址是算不出私钥的。

私钥是用户私有的、保密的。如果私钥丢失，则用户会失去自己的所有财产，所以私钥必须由用户个人妥善保存，且不能告诉他人。

而公钥和地址都是公开的，如果用户想让别人给他钱，只需要给对方一个地址即可；如果用户想给别人钱，则用户需要将自己的公钥和地址一起发送过去。私钥和公钥具体有什么作用呢？在实际运用中，私钥可以对一串字符进行加密，而公钥可以将私钥加密后的内容解密。加密和解密所使用的密钥不同，通常称为非对称加密②。区块链系统就使用了非对称加密，加密时使用私钥，而解密时使用公钥。也就是说，只有用户个人能够加密，这种方式被称为电子签名。电子签名帮助用户解决了区块链系统的防伪问题。

第二节　区块链主要技术类型

区块链系统可以大致分为公有链、私有链、联盟链三类。其中公有链又称为开放区块链或无许可区块链。比特币是第一种，也是影响力最大的公有链系统。私有链和联盟链则统称为有许可区块链。这类应用在系统特性、组织构架、参与主体和交易机制等方面都有很大的差异性。区块链系统分类如图3-2所示。

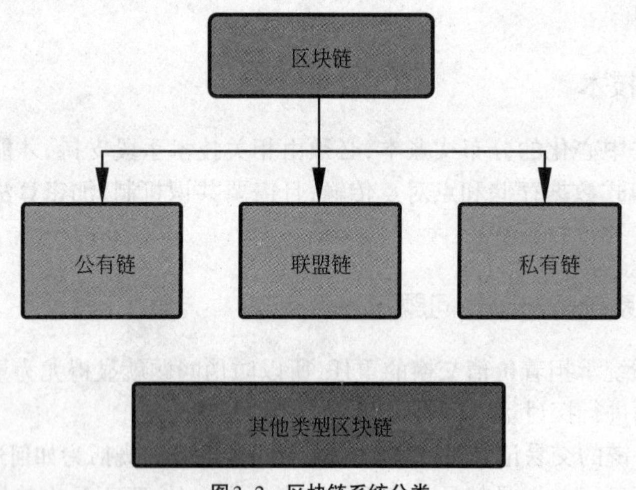

图3-2　区块链系统分类

① 公钥与私钥：公钥与私钥是通过一种算法得到的一个密钥对（即一个公钥和一个私钥），公钥是密钥对中公开的部分，私钥则是非公开的部分。

② 非对称加密：1976年，美国学者Dime和Henman为解决信息公开传送和密钥管理问题，提出一种新的密钥交换协议。与对称加密算法不同，非对称加密算法需要两个密钥，即公开密钥和私有密钥。

一、公有链

公有链是去中心化的区块链系统，比特币和以太坊是公有链的典型代表。最初，区块链就是以公有链的形式问世，其网络不属于任何个人或组织，开放度最高，无须授权或实名认证，任何人都可以访问，并且可以自由地加入或退出。区块链上的数据公开透明，参与者都有读、写和记的权限，即每一位用户都能够查看全网的交易内容，发起自己的交易并且参与系统每一笔交易的督查和记账共识。

公有链系统性能较低。例如，比特币网络每秒能处理7笔交易，不能满足高吞吐量业务场景的需求，应用受到了很大的限制。

二、联盟链

联盟链是由若干个组织或机构通过构建联盟形式组建的区块链，联盟链的成员都可以参与交易，或根据权限查询交易，但记账权（写权限）常由参与群体内选定的部分高性能节点按共识和记账规则轮流完成。

公有链对许多商业场景而言并不适用。不同行业之间、同一行业不同企业之间，往往涉及很多的业务来往，但各个企业需要保留自己的机密数据，因此无法将企业间的交易放在公有链上进行；同时，又需要对其进行一定的控制以满足业务需求，联盟链正是在这样的需求下诞生的。

联盟链本质上是一个多中心化的区块链系统，其开放程度介于公有链和私有链之间，因此，联盟链上的数据可以选择性地对外开放，并且可以提供有限制的API接口供操作，使得一些非核心用户也能够利用联盟链系统满足其需求。联盟链内使用同样的账本，提高了商业交易、结算、清算等业务效率，在保证数据隐私的前提下，满足交易信息与数据实时更新共享到联盟中的所有用户，减少摩擦成本。

联盟链上的交易只需要少量节点达成共识即可，且节点间信任度比公有链要高。与公有链相比，其效率也有很大的提升。

三、私有链

私有链是在组织内部建立和使用的许可链，读、写和记账权限严格按照组织内部的运行规则设定。

即便私有链是中心化的系统，但相比传统的中心化数据库，它依然具备完备性、可追溯、不可篡改、防止内部作恶等优势，因此许多大型金融企业会在内部数据库管理、审计中使用私有链技术。此外，在政府行业的一些政府预算的使用，或者政府的行业统计数据通常采用私有链的部分模式，同时在由政府登记、但公众有权力监督的场景中也会使用。

由于私有链是中心化的，所有的节点都在可控范围内，不需要分布式共识机制，能够一定程度上提高其效率。

第三节　区块链体系结构的基本组成

自2009年比特币出现，区块链技术已经历了十余年的发展。从最初的数字货币，到后来以太坊智能合约，拓展了区块链的应用范围；再到如今区块链应用于版权、供应链、云游戏各个领域，区块链的体系结构也在不断演进，呈现出多样化。尽管存在不同的区块链，但它们在体系结构上存在着诸多共性，可以大致概括为数据层、网络层、共识层、智能合约层、应用层以及激励机制六个部分。区块链体系结构如图3-3所示。

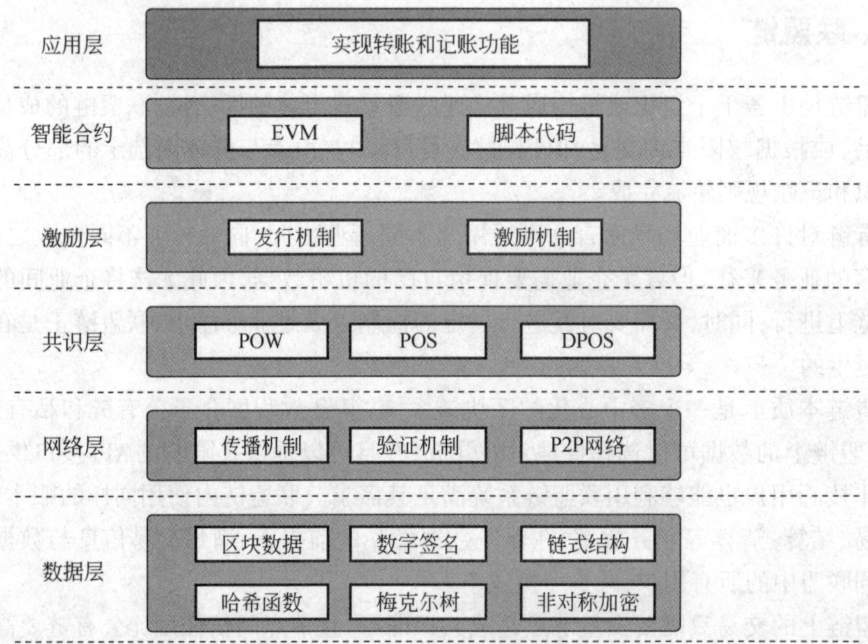

图3-3　区块链体系结构

数据层主要定义区块链的数据结构，借助密学相关技术来确保数据安全。区块数据结构根据区块链的功能不同略有差别，但链式结构、梅克尔树作为比特币所采用的基本结构，一直被之后的区块链沿用，非对称加密、哈希函数[①]等密码学技术也一直是区块链数据安全的根基。基于区块链的链式结构与密码学的安全性，使其具有可审计的特性。梅克尔树数据结构的加入也使得节点可以对区块中的单个交易正确性进行高效验证。

网络层定义区块链节点组网方式、信息传递方式以及信息的验证过程。每个节点都与多个邻居节点建立连接，当节点产生交易、区块等数据时会传播至邻居节点，邻居节点在收到消息后先对其进行验证，验证通过后则继续向邻居节点传播，直到数据扩散至全网所有节点。每个节点都会根据收到的交易、区块等数据构建本地区块链，构成了去中心化的分布式系统，节点与节点之间互为冗余备份，可以有效解决单点故障问题。

① 哈希函数（hash function）：一种将任意长度的消息压缩到某一固定长度的消息摘要的函数。如果两个散列值是不相同的（根据同一函数），那么这两个散列值的原始输入也是不相同的。

共识层建立在网络层之上，主要定义了节点如何对区块链数据达成一致。当交易、区块等数据成功通过网络层到达全所有节点后，节点通过共识算法对区块链一致性达成共识。不同区块链采用了不同共识算法，其中比较典型的有Po、PoS、Raft、PBF等。在每轮共识过程中，共识算法会选举或竞出一个领导节点，将收集的交易打包成区块并传给其他所有节点，每个节点会对区块中的哈希值、签名以及交易的有效性等进行验证，并将通过验证的区块添加到本地区块链。由于在共识过程中所有节点都对区块进行了验证，因此即使少部分节点恶意发布、篡改数据，也不会影响区块链的正确性和一致性。用户在访问区块链时，可以对多个节点同时访问，并根据少数服从多数原则选择合适的结果，因在大多数节点遵守规则的情况下，区块链有着可信、不可篡改的特点。

智能合约层建立在共识层之上，主要定义了智能合约的编写语言和执行环境。智能合约的执行过程需要读取链上数据并将行结果写入区块链。共识层确保了本地链上数据的一致性，因此节点在执行同一智能合约时，对一致的本地链上数据进行读、写操作，尽量确保智能合约执行过程中的状态一致性。智能合约的执行结果被记录到不可篡改的区块链中，其同样有着执行结果可信但不可篡改的特点。早期比特币采用脚本语言编写数字货币交易相关逻辑，并在本地直接执行交易，可以认为是区块链智能合约的早期雏形；以太坊开发了图灵完备的智能合约语言Solidity，放在以太坊虚拟机（EVM）中进行；超级账本中智能合约则被称为链码，部署在Docker容器中，并支持Go、JavaScript等各种语言。

应用层在智能合约层的基础上，通过服务端、前端、App等开发技术对智能合约进行封装，设计用户界面，为用户提供包括数字货币、票据、资产证明、云游戏、区块链浏览器等分布式应用服务。

激励机制早期出现在比特币、以太坊等公有链中，用于激励矿工节点参与维护区块链。随着联盟链的出现，激励机制已经不再是必需的。此外，激励机制与智能合约层、应用层相结合的研究开始出现。例如，以智能合约的形式发布漏洞赏金来吸引用户参与漏洞检测，或者根据区块链记录的用户历史行为对其进行区别服务，从而激励用户保持良好的行为习惯。

正是上述六个部分共同作用于区块链中，区块链才能具备可审计、去中心化、安全可信等特点，并逐步拓展到各行各业。

第四节　区块链技术的应用

一、区块链与社会治理

（一）基本概念

在对社会进行管理的过程中，特定的治理主体就是社会治理。对于我国而言，在共产党的领导下所进行的社会治理的主导者是政府，同时对于包括社会组织在内的很多治理主体进行参与，其对象是社会公共事务，是一种治理活动。根据党的十八大报告，我国社会治理的总格局是“党委领导、政府负责、社会协同、公众参与、法治保障”，而中国特色社会主义社会管理又是在这一格局之下发展的。在党的十九届四中全会中提出：“必须加强和创新社会治理，完善党委领导、政府负责、民主协商、社会协同、公众参与、法治保障、科技支撑的社会治理体系，建设人人有责、人人尽责、人人享有的社会治理共同体，确保人民安居乐业、社会安定有序，建设更高水平的平安中国。”

社会生活与社会活动是公民经常参与的社会治理内容。一般情况下，社会公共服务、社会安全和秩序、社会保障和福利、社会组织、社区管理等都是其主体内容。对于社会治理而言，它在本质上就是价值、政策和制度，有了这些，对于社会本身的经济、政治和社会进程就可以由一个社会来进行管理。对于一个国家而言，在其经济开发和社会资源开发的过程中，社会治理是一种重要的实施管理方式，也是对决策实施和制定的重要过程。对于社会治理而言，它还被定义为是对个人和组织的规则、制度和实践上的鼓励和限制。

一方面，对于社会治理而言，其主要是作为执政党领导、政府负责、社会协同、公众参与和法治保障的，其治理主体除了党和领导之外，公民和很多社会组织也是其治理主体的参与者。所以，对于社会治理而言，它的形式是多样的，包括一元主导、多方参与、各司其职，是一种合作共同治理的形式。另一方面，社会自治也是社会治理中重要的一个环节，对于党和政府而言，在社会自治的组织和体制结构中，他们就是社会治理的领导者；对于公民而言，社会治理的主体就是基层社会；对于社会自治而言，它属于社会治理机制中，公民的自我管理机制包括了国家治理和政府治理的共同主导。

“社会治理”与“社会管理”的内涵有很大区别。一方面，相比于“社会管理”“社会治理”对“鼓励和支持各方的参与”进行更多的强调，同时对社会力量的发挥也更重视，相比之下，政府管控不是更重要的。另一方面就是对于制度建设来说，“社会治理”是进行强调的，对于社会矛盾的解决方法是要通过法制方法和法制思维来进行解决。对于国家治理体系而言，社会治理体系是其中一个重要的组成部分。我国正快步进入数字社会时代，数字社会是数字技术深度应用下形成的政府、个体、企业等多利益相关协同作用的一种网络化、扁平化全新社会结构。数字经济是将数据作为重要的生产资料，并使其在整个经济链条中发挥基础性作用的新经济形态。数字经济催生新的生产关系带动数字社会形成，数字社会对政府的治理能力提出新的要求。

有些政府体系与法律政策体系是面向工业时代制定的，适用于数字时代的政府体系与政策体系还有待发展。数据资源开放程度较低，政府和企事业虽有大量数据，但数据共享边界不明，数据开放进程缓慢。多数企业在开展大数据应用时，存在外部数据短缺、获取成本高、数据孤岛等问题。政府数据开放机制还未完善，行业之间存在数据资源壁垒。

数字社会对政府在新时期的治理能力提出的要求。党的十九届四中全会第一次强调了“科技支撑的社会治理体系”，同时强调“建设人人有责、人人尽责、人人享有的社会治理共同体”。因此，有必要理解科技在社会治理体系建立和治理能力提升的使能作用。

（二）社会的构成

在介绍科技如何推动社会治理能力提升时，需要先了解一下社会的构成。社会科学一直致力于探讨主体与结构、社会与个人的关系。对于西方现代社会理论界中，有两个明显的理论派别出现了，它们的理论是对立的：一个派别对结构中的功能主义和结构主义进行强调；另一个派别是对解释学思想流派在个体上的强调。对于这两个理论派别来说，可以对它们的想法进行概括，也就是在评判社会中的客体主义时，其出发点是结构，在评判社会的主体主义时，其出发点是人类的行动。

客体主义是指功能主义和结构主义。在这个立场中，对于社会事实而言，它具有一种强制性，这种强制性是对人的行为和普遍性与客观性上相互独立的，人类行动者虽然构成了社会事实，但是社会事实本身的地位更高，所以实体性结构就是对社会进行研究的重点。主体主义主要包括解释学和各种形式的解释社会学。解释学思想中，社会科学与自然科学有着巨大的差异，解释学重点突出人本主义，对于文化历史的体验而言，其结构核心就是主体性，这就帮助其成为人文科学和社会科学的核心。除了主体经验范围之外的世界就是物质世界，对于和人没有关系的因果关系进行支配。

在解释社会学里，具有首要地位的是人的行动及其相关意义，对于有关结构而言，它的概念不是很重要，在对人类行动在社会结构制约上产生的问题也比较少。恰恰相反，对于结构主义而言，行动是远不及结构的，特别需要强调的是它所具有的制约性特征。不管是主体主义视角或是客体主义，其都存在着一定问题，具体说明如下。

对于客体主义者而言，在人类行动者中是可以进行忽略的；对于主体主义者而言，对于人的主体性进行一定程度的夸大。也就是说，这两者都没有对行动者所具有的特性进行正确揭示。

对于客观主义者而言，类似自然事物的实体存在就是结构；对于结构的存在，主体主义者是否定的。这是因为对于这两者而言，都没将结构的特性进行正确认识。

对于主体主义和客体主义而言，在针对于个人与社会、行动与结构、微观与宏观中，现象是分离的，这就对其产生的对立进行体现，对于二者之间所存在的关系要进行说明。安东尼·吉登斯的结构化理论（structuration theory）对于行动者和社会结构之间的关系做出了突出的研究贡献。结构化理论是指人/机构的行动和社会系统结构化特性之间不断互动影响的社会过程。结构化理论认为，一方面人类行为是受现有社会系统结构约束的，另一方面现有的社会结构也是人类之前活动所创造的。实践活动具有两个侧面，也就是结构和行动，这些侧面在进行人类实践活动中进行了进一步的动态统一。人类社会结构特性和制度本身是建立在实践活动之上的。吉登斯是对行动者中的主体所具有的能动性进行突出，对于社会结构的制约性也进行了肯定，希望将客体主义和主体主义的对立性进行克服。对于结构（structure）与行动（action）这两个词语，吉登斯对其进行拼接，形成了一个新的词语，也就是结构化（structuration），这就代表行动产生了结构，同时结构中也包含了行动。

在人类社会中，很多实践活动都在这一过程中产生了，这就是结构化理论，人类实践活动就是结构化理论的重要基础。对于人类社会而言，其本质“并不是一个预先给定的客体世界，而是一个由主体积极的行为所构造或创造的世界”。根据资源的利用、规则的利用对行动实施与转变就是人类行动者的能力，在一定的时空中，对相关资源和规则进行利用，来对外界世界进行进一步改造的行动过程就是行动者的实践行为，无论是人类社会的生产还是再生，行动者所占据的地位和作用都是至关重要的。日常生活实践也在这一过程中进行日常接触并且产生，这一过程在日常往往是反复的，同时社会制度和规范也相应形成了。

社会结构特性可以理解为包含三个特性:“意义”结构是一种语义规则;“支配和控制”结构是权威/命令式资源和分配性资源;“正当性”结构是一系列规范/标准的规则和资源。“意义”结构给日常活动中的行动者之间的沟通提供了一系列社会共识的解释语义和标准;“正当性”结构支持行动者对“意义”架构的理解,同时规范着行动者之间的互动;“支配/控制”结构通过资源的分配来帮助“意义”架构和“正当性”架构被社会参与者接受。这些结构特性影响着行动者日常的行为活动。

对于社会系统而言,它是对时空进行跨越,同时其基础是实践活动,其关系网络的建立是来源于结构的。作为社会系统所具有的一种纵向的虚拟关系,结构保证了实践活动的开展是具体的,同时这些大量的实践活动的进行是不间断的。在横向上,其表现方式为社会关系模式化,也就是对于社会系统中的规范与制度。对于社会结构而言,它是虚拟秩序,这在个人的实践活动中进行体现。

社会结构通过一些方式方法来制约和影响人们的行动;行动者也通过某些方式方法改变或加强现有社会结构。这些方式方法具体包括解释模式、设施/设备及规范/标准。管理者通常通过这些方式方法来规范人们的行动范围。人类在社会系统中的日常行动可以从概念上划分为交流及沟通、权力影响、批准或奖罚。行动者可以通过解释模式来遵守和影响现有结构;资源掌控者可以通过相关设施/设备及行为规范来体现和保障自己的资源支配能力,也可以通过相关法规约束人们的行为。吉登斯认为社会系统中的行动者都是在不断学习和思考中,他们基于自己已有的知识和前期积累的经验,并考虑现有社会系统的结构特性约束,最终采取相应的行动。社会结构包括社会行动所牵涉的资源(分配性资源和命令性资源)。资源是权力的基础;行动者对于周边已经成为事实的事件进行改变的能力,对于现在的社会环境而言,也就是对资源在支配能力上的大小。

二、区块链与法律

新技术的发展必然面临新的法律问题和挑战,区块链技术的合规发展是其技术发展的核心所在,区块链技术的持续健康、有序发展也离不开法律的保障与支撑。当前区块链的发展正在从一种互联网技术的创新逐渐演变成为一次产业革命,全球主要国家都在加快布局推动区块链技术发展,我国也不例外。当前,我国为区块链技术的创新、健康、有序发展与应用提供基本的法律支撑与保障,但还未能满足应对区块链技术及应用面临的监管、信任及信息安全等各方面的挑战,以及对现行法律体系和制度带来的冲击。

有鉴于此,下面从我国与区块链有关的法律政策体系、区块链应用的法律保障入手,较全面地分析一下当前我国规范、促进区块链发展的法律政策,进而探究区块链及基于区块链技术的智能合约对当前法律监管提出的挑战及其发展背后的法律风险问题,并对规范发展区块链提出相关思考,以期通过下述研究与分析,促进整个区块链行业的健康、安全、有序发展。

(一) 我国与区块链有关的法律政策体系

法律是调整一定社会关系的行为规范体系,法律的调整对象就是人的行为。区块链作为一类信息技术，是人类智力成果，它的广泛使用是人类行为的结果。因此，关于区块链的法律即调整人类创造、运用区块链技术相关行为的规则体系。

我国目前专门针对区块链的立法还很少，但这并不表明区块链无法可依。由于区块链的核心技术涉及数据库、密码学、网络安全等信息科技，这些基本属性决定了区块链相关的法律体系离不开既有的计算机及信息技术相关的法律规范。因此我国适用于区块链的法律体系也是由法律行政法规、部委规章、司法解释、地方性法规、标准规范等不同层级的法规规范体系构成。

1. 基本法律

在“基本法律”层面，适用于区块链的一般民事法律规范主要包含在《中华人民共和国民法总则》关于个人信息安全及网络财产、民事责任条款中，以及《中华人民共和国刑法》中关于公民个人信息、信息网络安全等相关部分。

2. 普通法律

相关的法律主要包括作为上位法的计算机及信息技术领域立法，如《中华人民共和国网络安全法》《中华人民共和国电子商务法》《中华人民共和国电子签名法》《中华人民共和国密码法》以及全国人大颁布的相关决定。

3. 行政法规

行政法规层面的相关立法主要有《计算机信息系统安全保护条例》《互联网信息服务管理办法》等，前者主要内容是规范相关主管机关的职责权限，后者主要规范互联网经营行为。由于区块链技术也会广泛运用于经营活动，因此也适用该办法。

4. 部委规章

部委规章层面主要有央行发布的《金融消费者权益保护实施办法》，网信办发布的《区块链信息服务管理规定》，前者旨在维护个人金融信息安全及金融行业安全，后者则是目前最直接、最全面的规范区块链信息服务的管理规则。

5. 司法解释

最高法院发布的《关于互联网法院审理案件若干问题的规定》等。

6. 标准规范

在区块链快速演进过程中，主管部门针对特定情形发布了一些非规范性的通知、公告，如《关于防范比特币风险的通知》《关于防范代币发行融资风险的公告》《关于防范以“虚拟货币”“区块链”名义进行非法集资的风险提示》等。虽然不是规范性法律文件，但对区块链规范起到了积极的引导作用，也能从中反映出主管部门对区块链发展的基本合规引导及监管思路，对于研究相关企业合规工作也具有重要参考作用。

区块链相关行业自律机构及头部企业、机构还通过起草相关技术标准、服务标准等方式，对区块链领域标准化及相关规范进行先行探索。例如，2016年和2018年版《中国区块链技术和应用发展白皮书》《区块链参考构架》《区块链数据格式规范》等文献资料，不仅是法律工作者研究相关立法与法律实践的重要学习和参考资料，其本身也提出了一些行为规范线索，对做好企业合规具有一定参考作用。

总体而言，我国关于区块链的立法体系具备总体框架（如刑法、民法总则规范）和基本脉络（计算机及信息行业现有法律规范）的基础，并且尝试了行业性、专门性规范的立法探索。但由于区块链及其应用本身尚处于高速演进和发展过程中以及立法本身固有的滞后性，目前区块链法规体系仍然缺乏针对性、全面性，仍然需要紧跟行业发展情况及时补充、调整、完善，从而促进区块链行业健康发展。

综上所述，从法律、行政法规角度来看，其可适于区块链的条款主要以原则性规定为主，内容也偏重个人信息、网络安全方面。部委规章及规范性文件可操作性相对较强，内容也全面。

（二）区块链应用的法律保障与风险

1. 鼓励支持区块链技术健康发展

在立法领域，近几年国家陆续出台多项有促进区块链技术健康发展的法律法规政策、标准等，旨在为进一步发展与规范区块链技术提供强有力的法律保障。2016年12月15日，国务院发布并实施《“十三五”国家信息化规划》，其中将区块链技术列为战略性前沿技术。2018年6月7日，中华人民共和国工业和信息化部（以下简称工信部）发布《工业互联网发展行动计划（2018—2020年）》，鼓励区块链新兴前沿技术在工业互联网中的应用研究与探索。2019年1月10日，国家互联网信息办公室发布《区块链信息服务管理规定》，其中第一条内容强调：“为了规范区块链信息服务活动，维护国家安全和社会公共利益，保护公民、法人和其他组织合法权益，促进区块链技术及相关服务的健康发展，根据《中华人民共和国网络安全法》《互联网信息服务管理办法》和《国务院关于授权国家互联网信息办公室负责互联网信息内容管理工作的通知》，制定本规定。”2019年10月26日，十三届全国人大常委会第十四次会议表决正式通过《中华人民共和国密码法》（2020年1月1日施行），其中第一条内容规定：“为了规范密码应用和管理，促进密码事业发展，保障网络与信息安全，维护国家安全和社会公共利益，保护公民、法人和其他组织的合法权益，制定本法。”众所周知，区块链技术的基本原理是加密的分布式记账技术，因此，《中华人民共和国密码法》的施行对于国家推动区块链技术创新发展与应用将会发挥重要的法律保障作用。

同时在司法领域，司法部强调要紧抓机遇，积极推进区块链技术与法治建设全面融合；根据司法部“一个统筹、四大职能”工作布局加强顶层设计，形成总体规划和标准体系；加强学习研究，努力提升区块链技术管理应用能力；把“区块链+法治”作为“数字法治、智慧司法”建设新内容，立足现有基础，结合各地实际，借鉴先进经验，统筹推进、重点突破，不断提升人民群众在法治建设领域的成就感、幸福感与安全感，为国家治理体系和治理能力现代化提供有力的法治保障。

由此可见，国家及政府高度重视区块链技术的发展与应用，从立法与司法领域为区块链技术创新发展提供了重要的法律支持与保障。

2. 促进平台发展，保障网络安全

区块链平台的规范发展及网络环境的安全是促进区块链技术应用的重要保障。具体而言，技术保护与法律规制两大武器平台规范发展、网络安全保驾护航。前者通常采用加密、数字签名[①]、时间戳等安全技术，以实现数据区块保密、节点认证、存储安全、传播验证、安全容错、身份鉴定、授权访问、安全审计以及隐私保护等功能，从而最大限度地保障网络安全；后者则通过法律手段促进区块链发展与应用的合法合规化。《中华人民共和国网络安

① 数字签名：非对称密钥加密技术与数字摘要技术的应用，具有不可抵赖性。

全法》《中华人民共和国电子商务法》《互联网信息服务管理办法》《区块链信息服务管理规定》等相关法律法规都对区块链平台的规范发展及网络安全起到法律保障作用，对正确规范区块链平台运营者的行为、维护区块链平台的安全有序发挥积极作用。其中，《中华人民共和国网络安全法》对网络运营者安全保障义务做出规定，明确网络运营者开展经营和服务活动，必须遵守法律、行政法规，尊重社会公德，遵守商业道德，诚实信用，履行网络安全保护义务，接受政府和社会的监督，承担社会责任。《区块链信息服务管理规定》则从区块链信息服务备案、变更、终止、服务安全评估等多个方面对区块链信息服务提供者的安全管理责任做出了规定，规范区块链平台运营者与管理者的行为，明确区块链信息服务提供者应配备与其服务相适应的技术条件；制定和公开管理规则和平台公约；落实真实身份信息认证制度；不得利用区块链信息服务从事法律、行政法规禁止的活动或者制作、复制、发布、传播法律、行政法规禁止的信息内容，从而为区块链信息服务的提供、使用、管理等提供了有效的合规依据。

此外，对于信息化发展和网络安全，国家对其重要性共同重视，其方针为积极利用、科学发展、依法管理、确保安全，对于网络的基础设施建设和进行网络的互联互通就是对其的推进，对网络技术在应用和创新上进行鼓励，对于网络安全方面人才的培养进行支持，对健全的网络安全保障体系进行建立，同时将网络安全中的保护能力进行提升。这些有力举措全方位、多角度地为促进区块链平台发展、保障网络安全发挥了重要作用。

3. 保障数据信息安全

大数据时代已经到来，有关数据信息安全保护也显得尤为重要，否则极易陷入“环形监狱”。区块链本身具有的不可篡改等特性有效保证了数据的完整性、安全性和可追性。但任何技术都不是完美的，在区块链发展应用的过程中，数据安全问题依然需要引起重视。

对此，国家相关立法也为区块链数据信息安全提供了一定的法律保障。例如，《中华人民共和国民法总则》第一百一十一条规定，自然人个人信息受法律保护。在对他人信息进行获取上，个人或是组织应该保证获取信息的安全，同时取得的途径也是依据法律的，对于他人的个人信息的非法收集、使用、加工、传输是不被允许的，同时不能对他人的个人信息进行提供或是非法买卖。《区块链信息服务管理规定》第五条规定，区块链信息服务提供者应当落实信息内容安全管理责任，建立健全用户注册、信息核实、应急处置、安全防护等管理制度。《中华人民共和国电子商务法》第二十三条规定，电子商务经营者收集、使用其用户的个人信息，应当遵守法律、行政法规有关个人信息保护的规定。《中华人民共和国网络安全法》第十条对建设、运营网络或者通过网络提供服务进行规定，强制要求要遵循法律、行政法规的规定和国家标准，对于网络中的违法犯罪活动进行防范，同时对于网络数据在其保密性、完整性和可用性上进行维护。以上法律法规都从个人数据信息保护出发，严格要求平台管理者与他人遵守规定，以实现区块链的数据信息安全。

三、区块链与金融

区块链是信息互联网向价值互联网转变的重要基石。区块链这种技术来源于比特币，同时它也是比特币的升级与发展。除了各种私人数字货币之外，区块链技术的创新还产生了很多国家对于中央银行进行探索和发展的兴趣。可以说，就目前而言，很多国家的央行在对数字货币进行实验的基础都是区块链技术。直到今天,对于CBDC中是否有区块链的参与这一方面仍然存在一定问题,一种观点认为对于区块链而言,中央银行中的集中管理与其去中心化是具有一定冲突的,所以CBDC技术是不建议在其中进行使用的。对于区块链技术而言,其发展速度是相当快的,同时它也在同步进行与其他项目中的主流技术的融合工作。所以,不管是业务还是技术,对于现实应用中的区块链和“教旨主义”是大不相同的。对于区块链技术需要如何运用,来保证对去中心化管理的情况下的分布式运行的服务品质,同时对于现在的CBDC而言,也是其重要的发展方向。对于现今数字而言,这一种典型场景,在CBDC中,区块链可以对其在应用上和解决方案上进行提出,也就是对于区块链而言,虽然它在技术特点上是不对中心机构进行依赖的,但是不能证明对于中心机构在体系上的讨论是行不通的。

在现在的现今数字化和准备金数字化的本质是没有过多区别的,也就是数字存托凭证。对于前者来说,它的对象是社会公众;对于后者则局限在银行中。在对社会公众中,有一个难题出现了,如果对于公众在银行开户这样的行为经过允许,那么对于中央银行来说,巨大的服务压力就会出现,存款搬家这样的情况也有出现的可能,产生狭义银行。

对于这一问题的一种解决思路就是100%备付准备金模式。代运营机构要向中央银行缴付100%备付准备金,这样在该银行中发行的数字货币就可以看作是央行数字货币的一部分。对于这种情况,IMF经济学家称其为合成央行数字货币(SCBDC)。根据以上情况,在第三方的支付机构在中央银行中存缴100%备付准备金后,它们原本的虚拟货币就成了真正的货币。如果这一想法真的可以实现,对于货币数字化这一技术,中国就是第一个实现的了。

但是在认真研究后,会发现这一思路在运行过程中存在一定问题。一方面就体现在技术层面上,对于数字货币而言,它的一整个生命周期存在的依据都是传统账户体系,比如发行、流通、回笼、销毁等,这就是100%准备金存缴的重要含义。其中,跨机构CBDC的流通是更明显的问题,因为除了CBDC所具有的账本之外,对于资金账户中的清算问题也要进行解决,为了实现这一目的,系统原本所具有的灵活性就要被牺牲,相应增加额度控制等功能。为了对其进行清算,还要建立相关机构对这一工作的互联互通进行保障。这对中央银行原本的中心系统在复杂性上和压力上都是增大的,这也就意味着不仅原本就可能存在的服务压力的问题并没有得到相应解决,甚至还出现了新问题,也就是“账户松耦合”这一目标无法实现。另一方面是在管理问题上进行体现的,在这样的运行方式下,无论是央行还是运营机构,在进行发行的过程汇总期都是紧绑定的,中心化的压力仍然由央行承担着。代理运营机构所发行的货币是在其所缴付的100%备付准备金范围内的,是很难掌控的。若是在支付网络中,代理运营机构运营不受中心化的管控,这就导致其掌控问题更难以解决,一定程度上,这也就是很多反对在CBDC上使用区块链技术的原因。

思路是由视角所决定的,如果进行角度的变化,就会有另一个更好的方案出现。现如今,只要说到CBDC,很多人的第一反应是自顶向下,也就是从中央银行到商业银行的发行,再从商业银行到个人对CBDC的算术逻辑进行理解,所以总是有人担心乱发票子的情况出现。对于实物货币而言,印钞造币对其会有所限制,但是相对的,数字货币的产生过程却是可以马上完成的,这种限制条件是不存在的,对于数字货币而言,这是重要优势。如果视角是自底向上的,就会发现对于数字货币而言,“发行”这一概念在最终用户中并没有进行体现，其实质应该是“兑换”，也就是说，用手中已经有的存款和现金对CBDC中的数字货币进行兑换。这样看来，乱发票子这一问题并不太可能发生，对于代理运营机构所发行的数字货币的多少并不真正取决于央行对其置换的金额，用户真实存在的真金白银才是其最终发挥作用的钱数。对于中央银行在这一过程中所起到的作用也仅仅体现在对代理运营机构的最大数额的管理。从现实角度出发，不管是私人的稳定代币还是CBDC，其发行不是根本，兑换才是其根本。对于货币政策的理解而言，这一点的明确是相当重要的，这就说明货币本身并没有发生本质上的改变，不再局限于实物货币，也不再需要走复杂的发行流程，在技术上是有重要意义的，同时系统设计过程也会变得简单，整体看起来有很大变化。

视角若是自底向上，就可以提出一个简易版的CBDC实现方案。具体思路是：底层客户发起业务，对于兑换CBDC的工作进行申请，同时将其托管至相关的代理运营机构；对于客户托管CBDC的明细账本，代理运营机构要进行记录，对于每一位托管客户都要相应地建立账户；在收到客户的兑换后，同时对CBDC的请求进行托管，代理运营机构同时进行现金的收取和客户存款的扣减，在客户账目下记录相应的CBDC记录，对于现金或者是存款预备金上缴给中央银行，向中央银行进行批量的方式进行托管。在中央银行中所记录的代理运营机构的总账本中的量是一个总量，对其要设置双账本结构，另一个账本就是与代理运营机构的明细账本，其关系是上下级的。CBDC支付在同一个代理运营机构内的客户上发生之后，只对这一机构在明细上对权属进行变更即可，中央银行的总账本是不需要变更的。在CDBC支付在跨代理运营机构中完成时，代理运营机构中要进行交互性的处理，对于各自的明细账本要对CBDC所具有的权属进行更改，在总账上，中央银行对其进行定期的批量更改。这不仅对效率进行提升，减少一定风险，同时还对更多机制的引入具有重要意义，比如持续净额头寸调整、流动性节约(LSM)等。

对于这一方案的应用而言，在以下方面还有一定优点：首先保证了持有者对CBDC是完全掌控的。在没有经过持有者签名时，其他主体对于CBDC都是无权动用的，这就保证了CBDC基本的现金属性。但是其与存款类货币在本质上是完全不同的。其次就是根据底层用户的不同，中央银行分别建档，这对于普通公众而言，他们的“开户”工作不在中央银行进行，这样中央银行在服务上的压力减轻了，从而实现了“账户松耦合”的目标，在需要对资金账户进行大量调整时，CBDC这一系统与RTGS是独立的。最后体现在根据不同的理解方式，代理运营机构在满足基本标准后对其特长进行发挥，保证本身所建立的数字货币代理运营系统是具有一定特点的，这对于市场竞争和用户强占有重要意义。因为兑换的工作是根据需求进行的，这就说明超发货币对于代理运营而言是不会出现的。除此之外，底层客户具体的交易信息虽然只在中间层进行存储，而不会出现在中央银行的账本上，但是因为监管和政策上的需要，对于信息的明细，中央银行有权对其进行查看，这就对分布式运营条件中的中心化管理进行实现。

四、基于区块链技术的物流追踪溯源系统

基于区块链数据共享平台，打通商品、工厂、经销商、客户之间的信息孤岛，实现智能化的供应链体系。利用区块链全程可追溯及不可篡改的功能，商品从原产地开始入链，后续

的每个环节都执行类似操作，实现整个供应链的全透明管理。通过区块链，各方可以获得一个透明可靠的统一信息平台，可以实时查看状态，降低物流成本，追溯物品的生产和运送整个过程，从而提高供应链管理的效率。当发生纠纷时，举证和追查也变得更加清晰和容易。

五、电力大数据安全可信共享

国家电网有限公司大数据中心副主任陈春霖分享了能源革命和数字革命融合发展的思考："智能电网是国家工业经济发展的基石；大数据是数字经济时代最重要的生产资料，区块链是价值互联网的重要载体。"

数据共享普遍存在共享难、变现难、保护难、合作难等难点。由于缺少成熟的隐私保护和数据安全管理机制，数据价值得不到有效挖掘，这就影响了信息的互联互通，也制约着生产效率的有效提升。

应用区块链可追溯、不可篡改的技术特性，将数据资源目录和数据服务hash值链上，实现数据源确权溯源与服务数据的隐私保护。将需求数据抽取和数据计算结果的hash值放链上，实现数据的可信计算服务，支撑多方交互的电力大数据安全可信共享。

六、区块链+金融相关案例

目前区块链应用到金融行业的案例比较多，例如，建行福费廷、中信信用证、江苏银行票据贴现、南京银行清分业务、招商银行贷后资金管理、中国银行业协会贸易金融跨行交易平台、苏宁金融黑名单共享平台、北京益高安捷再保险项目；其他场景还包括政务（南京发改委"绿色积分"）、激励（咕噜链）、溯源（略阳乌鸡）、存证（联通在线）、能源（克莱沃）等。区块链技术在金融领域的落地实践，推动了金融领域更好地发展。

习　题

一、选择题

1. 以下各项活动中，不涉及价值转移的是（　　）。

A. 通过微信发红包给朋友

B. 在抖音上传并分享一段自己制作的视频

C. 在书店花钱购买了一本区块链相关书籍

D. 从银行取出到期的10万元存款

2. 以下各项描述中，不是中心化的信用体系本身的局限是（　　）。

A. 在身份认证问题上存在困难

B. 对中心体存在过度依赖

C.高昂的信用成本

D.人的参与系统存在可信度问题

3. 区块链是一个分布式共享的账本系统，这个账本有3个特点，以下不属于区块链账本系统特点的是(　　)。

A.可以无限增加　　　　B.加密

C.无顺序　　　　D.去中心化

二、简答题

1. 简述区块链所建立公信力的两大特点。

2. 在区块链系统中，“矿工”们会竞争去将信息打包上传，如何判定信息包以谁为准？

第四章　云计算技术及应用

云计算是一种能够将动态伸缩的虚拟化资源通过因特网以服务的方式提供给用户的计算模式。简单来说，用户通过终端接入网络，向“云”提出需求；“云”接受请求后组织资源，通过网络为“端”提供服务。从技术层面主讲，云计算的基本功能实现取决于两个关键因素，一个是数据的存储能力，另一个是分布式的计算能力。云计算学习主要包括私有云、容器云、公有云三个主要部分，大家通过系统学习，可以掌握云计算技术基本运维及系统集成能力。

第一节　云计算的产生与发展

任何划时代的技术本身都有着强烈的时代印记，云计算也不例外。在18世纪中叶，第一次工业革命中发明了蒸汽机并得到广泛运用，从而使人类生活产生了翻天覆地的变化，同时打破原本的自然动力方式，人类工业文明时代就是这样开启的；在19世纪20年代，第二次工业革命的标志就是电力技术，这一次工业革命过后，人类就正式进入电气时代；自20世纪40年代，第三次工业革命的通信、电子、计算机和网络技术蓬勃发展，让我们来到了信息时代。

第一台电子计算机的成功研制、个人计算机的诞生以及互联网的出现，都极大地推动了人类社会信息化的进程。现在，数据已成为生产资料，计算则是生产力。而云计算作为一种将“计算力”变为公用设施的技术手段和实现模式，正成为产业革命、经济发展和社会进步的有力杠杆之一，加速了人类社会整体步入全球化、知识化、智慧化的新时代。

越来越多的企业在原有的产品服务前或后加上“云”字：制造云（云制造）、商务云（云商务）、家电云（云家电）、物流云（云物流）、健康云（云健康）等，以云计算为主导的新应用也层出不穷，汹涌澎湃的云计算大潮已成磅礴之势，蔚为壮观。作为这个时代中的主流技术，云计算不断改变着人类社会的结构，并使我们的生活和生产过程产生巨大改变。云计算的出现是具有必然性的，这就证明我们的信息社会需求和信息技术发展到了一定的阶段。一方面，微电子技术、图灵计算模式、冯·诺依曼计算机、光通信和移动通信技术与网络科学的发展十分迅猛，对于人类社会向信息社会的发展奠定了重要基础；另一方面，对于新需求的满足是人们无论何时都期盼的,比如互联互通、知识共享、协同工作等。对于这一进程而言,技术手段和实现模式需要是普惠、可靠、低成本、高效能的,正是因为有这样的需求,云计算便产生了。对于企业而言,技术变革也使其面临着重要挑战,但是如果能把握其发展的机遇,在技术变革方面,产品和服务就会产生一定变化,这对其企业发展与长期生存有重要意义[①]。只需要进行少量的管理工作,企业或是开发者就会达到预期的目标,这对于互联网的发展有着重要意义,也为人们提供了极大便利[②]。云计算发展路线如图4-1所示。

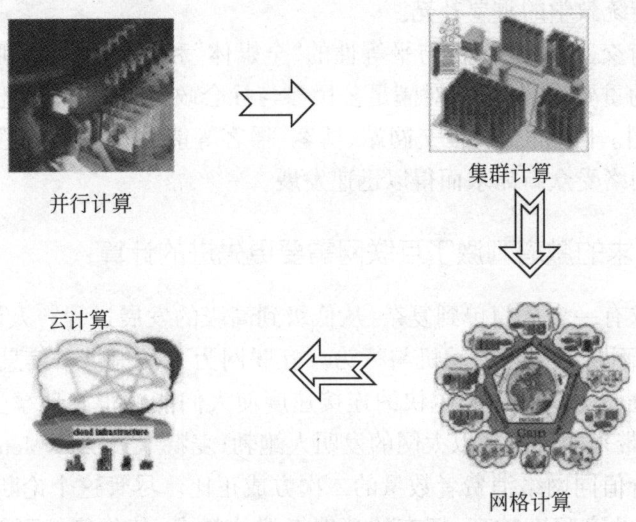

图4-1　云计算发展路线

一、社会与经济发展催生云计算

在传统小农经济社会中,人们为了维持生存而进行生产活动。随着工业社会生产力水平的大力提高,人们一味追求自身物质生活的极大丰富,无节制地消耗物质和能量的经济增长方式导致能源紧张、资源枯竭与环境污染等问题,严重影响了人类社会的可持续发展,因此,“高投入、高消耗、高污染、低效率”的粗放增长方式亟须向“低投入、低消耗、低污染、高效率”的集约型增长方式转变。一方面,云计算的广泛运用满足了社会中人们对信息的高需求;另一方面,在技术提高的同时,对生产要素的利用率也大幅提升,这对于经济的全面健康发展和持续增长意义重大。

(一)互联网的发展刺激了大众对信息的需求

正是因为有了需求,信息服务才会存在,二者相辅相成并互相促进。网络技术发展的同时,物联网也得到快速发展,并使互联网的应用领域不断扩大,同时快速增长的还有应用规模,这就保证其影响力一直存在。大众信息需求类型涉及学习、工作、生活与娱乐的方方

① Malerba F., Nelson R., Orsenigo L., et al. Public Policies and Changing Boundaries of Firms in a“History-Friendly” Model of the Co-evolution of the Computer and Semiconductor Industries[J]. Journal of Economic Behavior & Organization, 2008,67(2):355-380.

② 雷万云,等.云计算技术、平台及应用案例[M].北京:清华大学出版社,2011.

面面,从最初的电子邮件服务发展到网络新闻、搜索引擎、微博、微信、网上购物、数字图书馆、网络游戏等,互联网已经成为社会系统的一个有机组成部分。

互联网已成为人们精神生活的重要源泉,并改变着人们的生产生活方式。传统的电话、信件逐渐被电子邮件、微信和QQ等即时通信工具所取代。网络视频、网络游戏、网络阅读等新的互联网服务形式为大众生活增添了新的乐趣。数字化期刊、网上图书馆、搜索引擎成为学术研究的重要资料来源,慕课(massive open online courses,MOOC)、微课(microlecture)等网络教学成为传统教学的重要补充。

作为一种具有交互性、公开性与平等性的“全媒体”和“超媒体”,互联网已经成为人们表达观点和情感的重要途径之一,对满足公民参与社会政治、进行舆论监督的需求,发挥着越来越突出的作用。网络论坛、社交网站、博客、播客等能够“一呼百应”,充分说明这些应用正是由于适应网络受众新需求而得以迅速发展。

(二)信息需求的激增刺激了互联网需要更先进的计算

人的物质需求有一个从简单到复杂、从低级到高级的发展过程。人们在不断追求高层次需求的满足中,不断产生新的动机与行为。互联网为人类提供了信息社会的高速公路,各种各样的网络连接方式和越来越快的连接速度使人们能够很好地享受宽带所带来的便利,分享互联网所带来的价值。以太网的发明人鲍勃·麦特卡夫(Bob Metcalfe)有一个“麦特卡夫定律”:网络价值同网络消费者数量的二次方成正比。尽管这个论断过于乐观,但也说明在互联网时代,共享程度越高,拥有的消费者群体越大,其价值越可能得到最大限度的体现。

互联网开始阶段,网民是最稀缺资源。即时通信、网络游戏等交互应用吸引了大量的网民。随着网民数量的增加,人们对信息消费的需求开始提升,互联网上相对匮乏的信息难以满足巨大的需求,内容成为最大的需求。Web 2.0是一种新的网络服务模式,它将网站变成可读写的服务,互联网网民从上网“冲浪”发展到自“织网”,从信息消费者变成了信息生产者,以博客(blog)、标签(tag)、社交网络服务(social networking services,SNS)、网摘(really simple syndication,RSS)为特征的Web 2.0服务方式,从各个角度满足着网民这种“自在自为”的信息需求。现在互联网上的资源越来越多,对信息内容的检索甄别以及对数据处理能力的需求,需要强劲、高效、经济的计算能力,以及通过互联网提供这种计算能力的服务——云计算得以应运而生。亚马逊首席执行官贝索斯提出了“贝索斯定律”,即“每隔3年云计算单位计算能力的价格将下降50%”。随着云计算服务商的不断创新以及包括硬件在内的各种成本的不断降低,云计算的基础设施总体拥有成本将远低于企业自建数据中心的成本,而且这个差距还将不断拉大,最终推动企业全面转向云计算。

(三)信息社会的发展需要更高效的信息处理能力

物质和能量守恒定律已经成为现代自然科学的基石,但是信息是否守恒并无定论,现实状况是随着计算机的普及,信息以指数级速度爆炸式增长。2008年,全球所创造出的数字信息达到惊人的22位数字,约等于39万亿亿比特!图灵奖获得者吉姆·格雷(Jim Gray)认为,“网络环境下每18个月产生的数据量等于过去几千年的数据量之和”。2011年,全球知名分析机DC发布新的研究报告*Extracting Valuefrom from Chaos*，说明全球信息总量每过两年就会增长一倍。2011年，全球被创建和被复制的数据总量为1.8ZB。这等同于在全球每个人在每天需要做2.15亿次高分辨率的核磁共振检查所产生的数据量。在互联网的发展向着物联网和移动互联网进行转变的过程中，信息网络、物理网络、社会网络构成的三元世界将进一步融合，信息剧增趋势会进一步加速。2017年5月，国际数据公司（IDC）发布《数据时代2025》白皮书，并预测2025年全球数据量将达到163ZB。

虽然人们现在的信息空间是在不停增大的，但是那些个性化信息才是人们真正需要的，比如兴趣、工作、专业、学习等，对于原本在信息上的简单需求，人们已经逐渐转变为对于有用知识和信息的渴求，这就使得网络信息资源目前所处的状态是无规范并且无序的，信息需求服务系统质量和服务水平限制了人们信息需求的满足。通过云计算，人的感知能力和认知能力得到极大的延伸和增强，一方面挣脱了时间和距离的束缚，另一方面在从大数据处理到新知识获取的阶梯上迅速跃升。随着互联网应用向社交空间与物理空间延伸，人与人、人与物、物与物之间的沟通质量和沟通效率得到极大的提升，云计算极大地加快了人类社会、信息系统和物理世界走向“人、机、物”三元融合的进程。

（四）信息服务走向社会化、集约化和专业化的新形态

工业时代，社会化大生产通过集约化方式来优化整个社会的生产资源，同时通过专业化的服务来满足个性化需求。例如，制造业的社会化分工协作、软件业的外包与众包等生产方式都是通过集约化、专业化方式实现随需而变柔性化生产。对于信息技术和信息服务实现社会化、集约化和专业化发展，云计算对其起着促进的作用；现在不需要每人都要买计算机，都从事相关开发工作，都要进行信息系统的建立，而只需要专门的供应商对其在专业服务上进行提供就可以满足需求。这样信息服务对于全社会而言都是公共基础设施，形成了“网络丰富、边缘简单、交互智能”的新形态，实现用信息技术精确调控物质和能量，从而降低全社会经济的总体运维成本，推动社会向“资源节约型”和“环境友好型”发展。

从2006年亚马逊推出亚马逊网络服务（Amazon web services，AWS）开始，云计算在十余年的发展过程中，经历了概念探索阶段——从争论到底什么是云计算，到业界形成共识并推行云计算，以及目前的应用繁荣阶段——各个领域及各个行业大量搭建云计算平台或应用云计算服务，云计算正成为互联网创新的引擎以及全社会的主要基础设施。

各大云厂商利用自身的电商、游戏、社交等技术和运营运维能力构建云平台，提供以基础资源与平台为主的核心服务，借助生态合作伙伴的能力完善应用软件服务，提供从网站、视频等通用方案到游戏、电商、金融、医疗等行业解决方案，从大数据、人工智能到安全支付等各种能力和解决方案。2009年之前的亚马逊AWS只发布了3款产品，此后每年都有若干的新产品和服务推出。目前，AWS可提供90多种大类云服务，并拥有数千家第三方合作伙伴，数百万活跃用户。在国内，阿里云上聚集了1200多家独立软件开发商、5000多家生态伙伴，将共同提供6000余款云上应用和服务。根据研究报告，全球公有云市场规模从2010年的683亿美元增长至2016年的2092亿美元，年均复合增速高达20.51％。2019年，我国云计算产业规模达到4300亿元，核心技术已经有所突破，云计算的服务能力已经达到了国际上的先进水平，这对于新一代信息产业发展的带动效应显著增强。

二、从图灵计算到云计算

(一) 从图灵计算到网格计算

计算是执行一个算法的过程,简言之,是实现符号串的转换。在20世纪以前,人们觉得,对于问题都需要保证其算法。对于计算研究而言,这是算法的重要发展途径。但是在20世纪初,经过对很多问题长期的研究,数学家们仍然无法找到相应的办法,人们认识到对于计算的本质问题缺乏精确定义。20世纪三四十年代,由于哥德尔(K. Godel)、丘奇(A. Church)、图灵(A.M. Turing)等数学家的工作,人们才弄清楚什么问题是可计算的,什么问题是不可计算的,以及如何判定一个问题是可计算的等关于计算的根本性问题。

英国数学家、计算机科学家图灵在其1936年的论文《论可计算数及其在判定问题中的应用》中,将证明数学题的推导过程转变在一台自动计算机的理论模型(被称作图灵机)上的运行过程后,证明了有些数学问题是不可解的,但同时证明了只要与图灵机等价的问题都是可以计算的,从而为通用计算机的产生奠定了理论基础。1966年,美国计算机协会为纪念该论文发表30周年而设立了"图灵奖",专门奖励在计算机科学研究中做出创造性贡献及推动计算机技术发展的杰出科学家。

计算机的发明是20世纪最重大的事件之一,它使得人类文明的进步达到了一个全新的高度。进入21世纪,互联网逐渐成为最重要的社会性基础设施。回顾信息技术跨世纪的发展历程,由此可见,云计算的发展需要电子、通信计算机与网络技术作为重要基础,使得计算模式从图灵计算向着网络计算不断发展。在图灵奠定的理论基础上,美国计算机科学家冯·诺依曼确立了计算机的基本结构和工作方式。冯·诺依曼结构的最大特点是以中央处理器为中心的一维计算模型和一维存储模型。这种本质的串行性,一方面使它在像数值计算或逻辑运算这类顺序性信息处理中表现出远非人力所及的运算速度;另一方面,在涉及人类日常的非线性、非数值处理应用领域又成为制约运算性能提高的瓶颈。

微电子技术的进步,使作为"图灵机+冯·诺依曼结构"基础的CPU技术获得了极大的成功。1965年Intel公司创始人之一的戈登·摩尔提出著名的"摩尔定律":18～24个月内每单位面积芯片上的晶体管数量会翻倍。在其后40多年里,摩尔定律一直代表着信息技术进步的速度,也带来了一场个人计算机(personal computer,PC)的革命,目前全球个人计算机保有量超过20亿台,2018年第一季度全球PC出货量为6038.3万台。智能手机的数量更多,全球近78亿人中,约有2/3的人拥有手机,且超过半数为智能手机,仅2017年全球智能手机出货量就达到14.62亿部。现在,计算机的处理速度越来越快,存储器容量越来越大,但是价格却越来越低。

摩尔速度带来了微电子产业的快速发展,而信息带宽的增长更快。在光纤通信行业,密集波分复用技术(dense wavelength division multiplexing,DWDM)可在一根光纤内传送多路平行的光信号,使带宽成本大幅降低,从而让宽带互联网得以普及,目前全球光纤总长可绕地球2.5万圈。据预测,5G基站是4G基站的2～3倍,这些基站之间需要光纤互联,光纤用量将比4G时代多16倍。美国未来学家与经济学家乔治·吉尔德曾在20世纪90年代初提出著名的吉尔德定律:在未来25年,主干网的带宽将每6个月增加一倍,而且认为每比特的费用将会趋向于零。吉尔德的预言在一些先进国家也已实现,总体传输能力10年增长千倍。

因此，当通信带宽大大超过摩尔速度，充足的网络带宽就会成为最廉价的资源，通信业务必然从单一的话音业务网络向多媒体数据的互联网演进，信息服务也将从为少数人服务的专业市场向为多数人服务的大众市场转变。人际沟通也将不成问题，人们将习惯于在不同地理区域通过网络来进行分工和协作。软件应用也将越来越多地通过网络实现，而不是购买套装光盘来实现。数据显示，截至2017年年底，全球互联网用户已突破40亿，2017年新增网民2.5亿。

对于网络通信而言，其本质就是进行交互。对于图灵机来说，计算中的交互功能在设计机器时并没有考虑进出。对于网络中的交换和路由设备而言，计算的过程是必不可少的。世界上最早的鼠标诞生于1964年，它是由美国科学家道格·恩格尔巴特发明的。鼠标的发明为交互式计算奠定了基础，被美国电气和电子工程师协会(IEEE)列为计算机诞生5年来最重大的事件之一。实际上，恩格尔巴特的贡献远大于小小的鼠标，他曾积极推动和参与了美国国防部的ARPANET计划。他认为，比交互式技术更为重要的是“建立一种方式，使我们可以从不同的终端共同研究同一个问题”。英国计算机科学家唐纳德·戴维与美国科学家保罗·巴兰在1964年开发的分组交换技术奠定了数据通信的基础。1969年，美国ARPANET计划开始启动，这是现代互联网的雏形。1972年ARPANET开始走向世界，拉开了互联网革命的序幕。20世纪80年代开始，TCP/IP(transmission protocol/ Internet protocol，TCP/IP)逐渐在互联网上得到广泛应用。2004年TCP/IP和互联网架构的联合设计者文登·瑟夫与罗伯特·卡恩共同获得当年的图灵奖。2005年11月，乔治·布什总统向他们颁发了总统自由勋章，这是美国政府授予其公民的最高民事荣誉。1984年，互联网上有1000多台主机运行，目前连接在互联网上的计算机数以亿计。互联网的用户大约每半年翻1番，而互联网的通信量大约每100天翻1番。

从20世纪60年代大型机到70年代的小型机、80年代的个人计算机，计算机开始从象牙塔中走进千家万户，交互技术的进步使计算机成为大众生活中的寻常事物，而互联网进一步将这些分散的计算能力连接起来。1989年，万维网这一协议为超文本传输与超链接的网络，在普通大众中也开始实行互联网的应用。1993年，伊利诺伊大学美国国家超级计算机应用中心的学生马克、安德里森等人开发出了第一款浏览器Mosaie，此后互联网开始得以爆炸性普及。人们可以从网上了解当天最新的天气信息、新闻动态和旅游信息，可看到当天的报纸和最新杂志，可足不出户在家里聊天、炒股、购物，享受远程医疗和远程教育等。其后，Web 2.0则是信息社会发展的一个历史性阶段，即由单向的信息传递发展成一个多向沟通的社会网络体系，交互、分享、参与、群体智能、分众分类、长尾效应等是这一阶段的特点，代表了互联网社会化和个性化趋向。2009年9月，美国网络科学与工程委员会发表的《网络科学与工程研究纲要》显示：在过去的40多年里，计算机网络(尤其是互联网)的研究已发生了改变，科学家越来越关注网络的基础设施。网络不仅改变了我们的生活、工作、娱乐方式，也改变了我们关于政治、教育、医疗、商业等方方面面的思想观念。互联网巨大的技术价值与应用价值日益显现，已经成为技术革新和社会发展强有力的推动力。

对于计算机长久的发展历史而言，很多里程碑式的技术都曾经出现过。这些技术有不同的产生时间，对于云计算的出现与发展具有巨大的推动力。云计算包括并行计算、网格计算等，其中并行计算也就是集群计算。集群计算是将一个大的科学问题分解成多个计算小任务，在计算机上这些小任务可以同时进行，这对于复杂问题的快速运算与解决有着重要意义。对于集群计算而言，在很多领域中都有应用，尤其是对计算要求较高的场合，比如军事、能源勘探、生物、医疗等。集群计算也被称为高性能计算（high performance computing, HPC）。要处理集群计算中的并行程序，不仅要利用高性能算法，同时要对并行程序本身之外的很多问题进行考虑，比如如何协调运行各个进程上的任务，同时怎样分配任务才能达到最高效率。

根据组成集群系统的计算机之间体系结构是否相同，集群计算系统可分为同构与异构两种。集群内的同构处理单元通过通信和协作来快速地解决大规模计算问题。异构的集群系统将一组松散的计算机软件或硬件连接起来协作完成计算工作，如办公室中的桌面工作站、普通PC等。由于这些节点通常白天都会被正常占用，它们的计算能力只能在晚上和周末的时间被共享出来。为了适应这种环境，在提高整个系统计算能力的同时需提高节点的使用效率，因此网格计算技术就产生了。网格计算是分布式的，它能把网络中的服务器和存储系统进行连接，使之成为一个完整系统。要处理特定任务，则可用计算和存储方面的能力。无论是终端用户还是应用系统用户，在使用网格的过程中，他们都觉得用的是一台虚拟计算机，并且这一计算机的性能很强。对于在这一分布式系统中存在的异构松耦合资源，网格计算对其进行高效管理。由此可见，通过网络连接起来的异购资源是网格计算需要管理的，同时要保证计算任务有资源的保驾护航。通常来说，网格系统的构建基础是框架构建，同时还要保证其中计算任务的执行与管理。

（二）从网格计算到云计算

亚当·斯密在其《国富论》中对生产资源的社会化配置曾有过如下定义：在生产资源配置的初期，由于运输能力的限制，资源配置的方式是“沿河流”。随后的工业革命的财富传递则是建立在铁路、公路连接的物流中。而现在和未来，“计算力”作为最重要的生产力，必然是“沿互联网”进行配置与实现。因此，依托互联网的计算模式将成为计算技术的主流发展方向。计算环境经历了大型主机的集中模式、个人计算机的分散模式、服务器联网模式、移动互联网随机在线模式、云平台+智能终端/物联网模式，计算变得无处不在。用户从买计算机到买计算，从买服务器到买服务，人机交互方式变得更加自然、快捷、高效。从人围着计算机转，变为计算机满足人的需求。同时，软件形态从硬件的附庸变为独立产品，更密切地同网络结合而形成网络化与平台化的服务，且更易于获得与使用，因此更好地满足个性化需求，并向生态化、智能化方向发展。这些变迁更有力地支持了机器对人的行为感知与意图理解，帮助人们更好地享受计算力进步的成果。因此，云计算模式意味着用户可以随时随地获得计算力的支持，并且不需要自己购买硬件设施，同时对于软件的配置与维护也不需要有太多顾虑，不需要进行预先投资来保证服务的获取，甚至连服务的提供方也不需要担心，只要对自己可能获得的服务和资源进行关注即可。20世纪90年代，亚马逊、IBM等都是早期进入云计算领域的企业，它们在云计算的发展方向上各自的利益取向不同，有的强调企业用户，有的强调终端用户，但综合起来，就是云计算发展到目前的最为普遍的几种服务模式。

与网格计算不同，云计算的用户所使用的资源在“云”中，对于系统资源的整体管理是不需要关注的。“云”的提供者会对其进行管理，从用户的视角就会发现这一系统在逻辑上是单一的。所以,对于资源来说,在其所属关系上,差异是较大的,我们也可以认为单个任务在运行环境中的资源提供是由零散资源做的。对于云计算而言,只需要对资源进行整合,并在多方面向用户提供服务即可。打个形象的比喻,在集群、网格和云计算三者之间,集群计算类似于集中制,采用的是统一模式化管理;而网格计算的资源可能因过于分散而难以控制和管理,属于无政府状态的完全民主;只有云计算充分兼顾了分布和控制这两个方面,实现了民主集中制,完成了在实用性上的技术革新和跨越。

三、云计算在中国的发展

中国云计算产业发展可分为起步期、快速发展期和成熟期三个阶段。2007—2010年是其起步的重要阶段,在这一阶段中,云计算的概念逐渐变得明确,同时在硬件支撑上,其技术更加完善。对于多种云计算而言,其商业模式和解决方案还在不断地探索与尝试,其广度和深度还有一定的欠缺,政府对项目的推动是主要方式。

2010—2015年为云计算的快速发展阶段。2010年10月18日,国家发展和改革委员会与工业和信息化部联合下发《关于做好云计算服务创新发展试点示范工作的通知》,在五个城市中对云计算的服务创新发展试点示范工作进行确定,其中包括北京、杭州、上海、深圳、无锡,这对于我国在云计算试点应用和产业发展上有重要意义。

2015年至今,云计算市场进入成熟期。国有企业逐渐掌握了云计算核心技术以及超型云平台的工程化与交付能力,云服务模式迅速发展,用户对云计算的接受程度显著提升,云计算产业链基本形成。

国内云计算的应用正在从游戏、电商、社交在内的个人消费领域向制造、农业、政务、金融、交通、教育、健康等国民经济重要领域发展,特别是政务和金融领域的发展尤为迅速。

为了对国内外与云计算技术发展相关的信息进行追踪,要对云计算领域汇总的合作和交流进行加强,同时推动云计算技术在应用和开发上的研究。2008年11月,来自国内行业、高校、研究单位、用户以及管理部门的院士、专家、学者倡议成立中国电子学会云计算专家委员会,以达到推动促进国内云计算技术发展与应用的目的。中国电子学会云计算专家委员会成立以来,通过会议媒体宣传、技术培训与技能大赛等多种活动方式,引导和宣传云计算相关技术知识,培养计算人才,为相关政府部门提交决策咨询报告,参与制定云计算技术产业规范,组织撰写并出版了《云计算技术发展报告》等多部云计算相关技术著作,促进了国内外云计算领域的交流合作,有力地推动了我国云计算事业的发展。

第二节　云计算的内涵与特性

对于云计算而言,这种计算模式的基础就是互联网,大众可按需、随时地获取计算资源与能力。云计算在能力与计算资源上是可伸缩的,也是动态的,其中包括计算能力、存储能力、交互能力等多方面能力,同时它被虚拟化。

一、云计算的内涵

随着计算技术的不断进步,云计算还产生了一种新的进行经济共享的模式,即通过互联网的分享,它实现了对云盘、云杀、云视频、云游戏、云社区等很多信息资源进行随时获取的一种服务,这就是云服务。其中与这一过程密切相关的还有云计算平台,这一平台对于云计算中心中的一个或是多个软硬件资源进行整合,从而形成了虚拟的计算资源池,这对动态调配和平滑扩展存储、计算和通信上的能力十分重要,对于更多地利用云计算来实现创新式功能有着重要的支撑作用。

在"互联网+"新业态背景下,用户希望通过云计算分享的资源,正从以计算资源为重点,向以领域资源为重点快速演进,如云制造、云商贸、云物流、云健康、云金融、云政务等。例如,云计算助力医疗信息化,需要提升全方位的业务支撑,包括预约挂号、远程医疗、医疗档案、健康咨询、健康管理、医保支付等服务。云计算涵盖了服务和平台两个方面,这二者既相互独立,又结合紧密。云服务是以创新服务模式为主要的推动力,底层技术平台的选择可以起到辅助和提升的作用,它仍然可以运行在传统的底层架构(非云计算平台)之上;云计算平台强调的是通过先进的技术手段构建全新的基础平台或是改造旧有的底层架构,它可以为所有的应用或计算服务提供底层支撑而不局限于云计算服务。云计算技术服务分类如图4-2所示。

图4-2　云计算技术服务分类

云计算平台支撑的云计算服务不仅可以提高服务的效率,还可以充分发挥平台的能力和优势。只有二者完美结合,才能实现在大规模用户聚集的情况下以较低的服务成本提供高可用性的服务,从而保持业务的持续发展和在商业竞争中的优势。

二、云计算的特性

作为一种新兴的计算模式与商业模式,云计算有虚拟化、服务化、柔性化、个性化和社会化等特性。

(一) 虚拟化

1959年,英国计算机科学家克里斯托弗·斯特奇发表了一篇名为《大型高速计算机中的时间共享》(*time sharing large fast*)的学术报告,他在文中首次提出了虚拟化的基本概念,被认为是虚拟化技术的最早论述。云计算运用虚拟化技术对信息技术系统中所具有的不同层面进行解耦,其中包括硬件、软件、数据、网络、存储等。打破了物理设备中的障碍,其中包括数据中心、服务器、存储、网络、数据和应用等。对于计算资源,要将其组成统一的资源池——CPU池、内存池、存储池等,这些物理资源可以通过分解或整合成为用户需要的粒度,以逻辑可管理资源的形式提供给用户使用。虚拟化技术实质是实现软件应用与底层硬件相隔离,从不同的角度解决系统在性能上所具有的问题,是虚拟化技术在不同类别上所致力解决的问题。

实现了对服务与资源的统一管理后,对于用户在系统查询、感知和使用上提供了极大的便利。一方面,对于用户而言,怎么对这些资源进行利用才是他们需要关注的问题,对于资源在现实上所具有的细节,比如升级、扩展和故障修复等方面的问题不需要关心。对于云盘,用户在使用时可将其看作文件,对于这些文件所存储的物理位置不需要进行过多的关心与了解。另一方面,提供资源的硬件,在地理上分布时具有任意性,用户所需要的服务放在哪一台服务器上是不需要关心的。在用户使用服务器的过程中,系统所提供的使用形式和信息组织是透明的,这就保证用户不需了解复杂过程而直接使用相关服务,比如系统软件、中间件和应用软件。同时,虚拟化在提升系统灵活性的同时,也会降低管理成本方面的风险。

(二) 服务化

人们喜欢将云计算与电力系统进行对比,这是因为电力行业的发展也经历了从小型化和区域化向集约化和服务化转变的过程,这一过程是漫长的,其间包括从原本的对电力系统设备的出售到后来的对中央电厂的经营,也包括所提供的电力服务的转变。实际上,无论是银行还是城市供水等社会服务系统,其发展历程大体上是相似的。信息资源与其他资源有着相似的发展历程,其提供的是服务。对于这种服务而言,是以集约化和公用化为基础。在实现基础设施的公用化后,信息基础设施所产生云服务的载体就是“云”,可以实现信息资源功能的集中供给。云服务与水、电等服务相比,有着更丰富和复杂的内涵。

(三) 柔性化

云计算为用户提供了极大的灵活性,用户可以随时使用云中的资源。例如,云盘采用存储虚拟化技术实现按需分配,用户可以随时上传资源而不必担心空间不够。又如,“双十一”必须在十分钟内实现万台服务器的快速部署。所以,对于云计算的中心而言,在用户需求发生变化时,对资源进行自动管理与分配是至关重要的,在这一过程中的“适应性”和“柔性”就相应地体现了出来。在用户自身出现变化和服务本身发生变化时,扩展和释放资源的功能也会自动提供。与此同时,对于云计算中心而言,对于组件所需要的分布式的组合、部署与使用过程对于网络对松散耦合上进行利用,根据需求的不同提供相应的服务。

（四）个性化

“我现在想买10.5台服务器，而下个月可能只用4.3台。”在云计算之前，这种需求无异痴人说梦。用户要进行信息化建设，需要购买服务器，需要搭建计算环境，需要招聘专人负责系统的运维工作。而一个云计算中心在对资源和服务进行统一调配的基础上，会对用户的状态与资源使用过程中出现的具体情况进行记录与跟踪，同时这一记录在前端运营系统中也会体现，这就说明可以实现用户的个性化需求。在云中，用户可以根据需要对资源进行选择和配置，这一过程会根据用户本身的计算环境决定，并根据用户所需要资源的实际量对相关服务进行计费，这就保证用户不需要进行大额投入，只需要相应的资金投入就可以建立支撑体系和数据中心，同时用户不用关心运行时的IT技术问题和服务，对于数据管理所产生的高额成本也不用考虑，这会节省很多资金，同时后期运维管理的费用也会相应地减少，但资源整体上的利用率会得到提升。

（五）社会化

云计算是基于互联网的，云计算下的网络是一片透明的“云”。网络资源形成了一个个虚拟的、丰富的、按需即取的数据存储池、软件下载和维护池、计算能力池、多媒体信息资源池、客户服务池。根据服务目的的不同，这些计算资源形成了大规模、高效能且社会分工明确的云服务中心，如数据中心、存储中心、软件中心、计算中心、媒体中心、娱乐中心、安全中心等。与主要服务于特定科学计算问题的高性计算中心相比，云服务中心主要是为互联网上的广大用户提供相关服务，并且会与用户的需求形成良性互动。对于整个互联网生态系统而言，可通过云数据中心实现服务的发布，同时实现资源的演化和柔性汇聚式合作，最后保证用户能快速地应用和感知资源。

云计算让全社会的计算资源得到最有效的利用。在云计算中心，所有计算资源都是通用的、可共享的，用户不需要关心服务的最终实现环节，比如应用程序所运行的服务器在哪里，又有多少用户在使用这个服务。同时，根据业务应用的需求特点，云计算中心组织专业团队来提升系统的整体性能上和优化安全性，应用高可用性、数据冗余、负载均衡、备份和容灾以及严格的权限管理策略等多种手段来保证系统的安全可靠运行和用户数据的安全性。用户不必担心数据丢失、病毒入侵等麻烦，可放心地与他人共享数据。

第三节　云计算的发展目标、任务与价值

一、云计算的发展目标

对于信息技术发展和服务模式的创新而言，云计算是对其在创新上的集中体现，这是信息化发展的必然趋势，同时也是推动经济发展的重要动力。软件开发部署模式上的创新也被云计算所引发，这就使得各类应用对于基础设施的建设而言至关重要，并为很多新兴产业的出现与发展奠定了重要基础。对于云计算而言，它能实现对多种设计的整合和对市

场资源以及生产的整合，赋予产业链在其上下游的对接与创新并成为重要的基础平台，奠定了“大众创业、万众创新”的发展基础，同时对互联网融合和制造业的推动也有着重要意义，对于强国战略也是必不可少的重要推动力。

正是因为云计算的出现，很多对知识和信息获取的方式和方法在发生变换。美国的微软、亚马逊、IBM等大牌厂商都将云计算列为自己的核心战略，国内的百度、阿里巴巴、腾讯、华为、浪潮等主流IT企业也都已经在云计算领域各显神通。据统计，2020年，我国的云计算产业在规模上已近2000亿元。据预测，到2025年，80%的企业应用将运行在云中，100%的应用程序将在云中开发，软件的开发、测试、部署、运维都在云中进行，软件研发工具本身也将云化，并将和企业云平台进行集成，从而简化了软件的部署、发布和运维。

因此，云计算的未来发展目标将以云计算平台为基础，灵活运用云模式，引导行业信息化应用向云上迁移，持续提升云计算服务能力，开展创新创业，积极培育新业态、新模式，并成为新一代信息产业发展的核心引擎。

二、云计算的任务与价值

云计算作为信息基础设施，需要面对大规模应用、大数据处理、个性化服务等一系列挑战性问题，以应用需求为牵引，融合现有高效计算、大数据处理、新一代网络、物联网、人工智能等热点/新兴信息技术，建立技术创新、应用创新和商业模式创新的高度互动机制，为用户提供可随时快速选取、按需使用、安全可靠、质优价廉的智慧云服务。

（一）发展新技术，提升处理能力

云计算技术创新性的本质是“计算力”的集约化与大规模应用。一方面，因为用户需求的不同，在对云计算的服务模式上和对云计算平台的技术实现上的考虑和侧重也不同，因此用户的需求不可能统一解决。另一方面，应用问题的解决推动了云计算技术的创新与进步，技术对云计算发展的影响如图4-3所示。

云计算的能力常常与大数据联系在一起，PB级的大数据已无法用单台计算机进行处理，必须采用分布式架构进行处理，因此大数据的处理、分析与管理必须依靠云计算提供计算环境和能力。比如，《纽约时报》用云计算技术转换了1851—1922年的超过40万张扫描的图片，并把任务分配给几百台计算机处理，这项工作用了36小时就完成了。以搜索引擎为例，采用云计算是为了解决如何让其搜索引擎根据用户的搜索历史和搜索偏好对每一次新发起的搜索进行整合计算，在毫秒级的时间延迟内从分布在全球几十万台服务器上的海量数据中筛选并呈现出用户希望得到的信息。为此，提出一整套基于分布式并行集群方式的云计算技术。亚马逊的简单存储服务存储着超过1万亿个文件，每秒需要处理150万个请求。亚马逊采用虚化技术将其计算资源出租给用户，用户可以通过其EC2的网络界面去操作这些资源并自行应用，同时为自己所使用的计算资源付费，运行结束后计费也随之结束。

随着云计算资源规模日益庞大及云计算应用的极大丰富，大量服务器分布在不同的地点，同时运行着数百种应用，容器、微内核、超融合等新型虚拟化技术也不断涌现。如何有效管理这些服务器,保证整个系统提供不间断服务,持续提升管理效率和能效管理水平,也对云计算平台管理技术提出了巨大挑战。

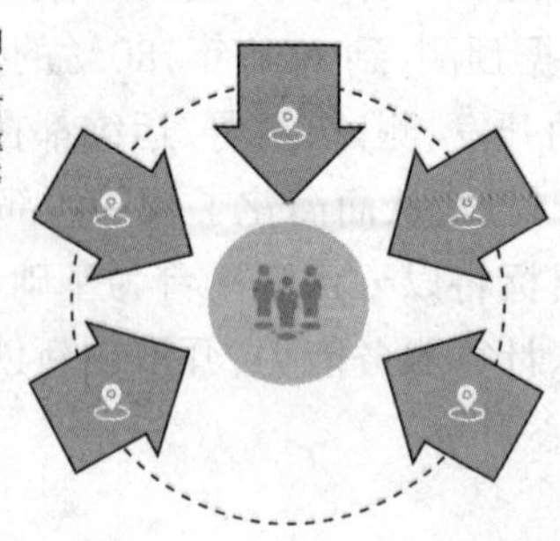

图4-3　技术对云计算发展的影响

(二)提供新模式,实现按需服务

云计算模式创新的本质是服务创新,云计算的首要任务是实现服务计算,亚马逊通过互联网,以租用的方式提供软件/硬件资源,标志着云计算服务这种新商业模式的诞生。在云计算之前,做机房建设的几乎都是通信运营商或传统互联网数据中心(data center,DC)厂商。而进入云计算时代,参与方开始大规模建设自己的数据中心,实现了数据资源的物理集中,同时实施数据和业务的整合。而最早接受并使用公共云计算服务的行业用户主要来自网络游戏和网站建设运营商,因为主机托管及租用、虚拟专用服务器、租用空间等模式曾经是这些行业的主要运营方式。随着云计算技术的提升与推广,企业将逐步采取租用第三方资源的方式来实现业务要求。在云计算服务的支持下,将传统服务业进一步改造为现代服务业。

随着云计算的兴起,服务计算被赋予更多的内涵。服务的核心理念将拟分享的资源以服务的方式提供,持续地满足用户需求与服务价值最大化。云计算服务面对的是泛在网络环境下规模庞大的大众用户,需求呈现出极强的个性化和多元化的趋势,具有突发性、不确定性和偏好依附性等特点。被服务的潜在用户往往是特定和能够预先精确知晓的,因此,各类云服务要求以一种更为柔性、便于重组的方法来满足用户需求。这些可归结为信息资源的服务化和服务的按需即取这两个核心问题,要求一方面快捷、高效地利用IT资源构造具有竞争力的服务和应用,另一方面强调以用户为中心,使得用户以更自然的交互方式表达需求,得到个性化服务。优秀的服务让用户不用关注具体技术实现细节,只需关注业务的体验。比如,当前被广泛使用的搜狗拼音输入法,它实际就是一种云服务:输入法能够以快速简单的方式为使用者提供需要的语境、备选的语素,在云端为用户存储个性化词库和语言模型库,便于用户在不同终端上分享。但是用户并不需关注在后台运行的数千台服务器的工作。云计算服务模式不仅给全球信息产业创造了深刻的变革机会，也给传统制造和服务等产业带来了新的发展机遇，将带来工作方式、生活方式和商业模式的根本性改变。

（三）形成新业态，拓宽应用范畴

云计算是全球新一轮革命最重要的标志性创新，已经成为引领未来信息产业乃至整个经济社会创新发展的战略性关键技术和基础创新平台，推动互联网应用由消费领域向生产领域拓展，促进形成“泛在互联、数据驱动、共享服务、跨界融合、自主智慧、万众创新”的新业态。

目前各地政务上云、企业上云十分活跃。在我国，超过65％的省市对政务云平台进行建设，对社会的服务模式进行创新，利用数据可为群众办理业务。比如，在浙江，“最多跑一次”的改革出现了，省级部门间实现了数据共享，从原本的不到4％到后来的共享数据比例为83％。群众所要办理的100多个高频事项中，需要的材料减少了近70％。

如果云计算对于大企业的部门来说有价值，那么，对于中小企业用户来说则会带来更直接的好处。在预算有限及IT人才紧缺的情况下，通过云计算，小企业也可以用到大企业级的先进技术，而且前期成本较低。企业上云的关键是对业务的改变和适应，做到“知所云为所用”，最终还是要“落地在用”，而云产品也需要建立在对用户的理解上，并真正理解企业的业务需求，如解决供应链问题、信息流问题、安全问题等，都有相应的云服务实现方式。

在云平台支持下，各大电商企业当前均主推新零售作为电商新业态。新零售是以消费者为核心，以提升效率及降低成本为目的，以科技创新为驱动要素，全面革新商品交易方式。2015年，阿里零售平台产生直接就业岗位110万个，带动相关就业岗位1900万个，直接和间接带动的就业总计近3000万个。基于阿里的云平台运营能力，“零售通”将品牌商、经销商和小零售商在平台上组织起来进行交易，帮助经销商和小零售商掌握互联网工具，省去了传统商品流通渠道中层层交易的中间环节，降低品牌商布局垂直网络渠道的高额成本，同时为小型零售商提供了更好的品牌供应渠道。传统便利店、“夫妻店”通过阿里零售通等平台改造升级后，经营品类更丰富、场所更整洁、商品更安全、成本更低、人气更火爆。阿里巴巴和银泰商业集团的合作也是另一种传统零售型新零售的典型尝试，基于阿里巴巴的云服务体系，银泰实现了商品数字化、卖场数字化、会员数字化、供应链数字化以及组织管理数字化的全面数字化转型。云物流也是新零售的重要支撑。对比历年天猫“双十一”物流效率可以看到，发送1亿件包裹的时间，2013年用了两天，2014年只用了24小时，到2015年提速到16小时。可以说，新零售通过“双十一”这样的压力测试，找准了症结，找到了痛点，打通了物流环节中的梗阻，为我国整体物流业流通效率提升起到了巨大推进作用。

物联网是互联网应用的拓展，实现人类社会、信息系统与物理系统三元世界的整合。“万物互联”“人、物互联”，智能可穿戴设备、智能家电、智能网联汽车、智能机器人等数以万亿计的新设备将接入网络，一方面在工业、农业、能源、物流、智慧城市等行业领域，以及家居、健康、养生、娱乐等民生应用上形成发展新动能；另一方面呈现爆发性增长的海量数据，需要云计算提供强大的计算能力。云平台整合互联网、物联网的人员、机器、设备和基础设施，处理产生的大数据，实现实时的管理与控制，更好地管理生产和生活，达到“智慧”状态，提高资源利用率和生产力水平，改善人与自然间的关系。例如，智慧城市建设要求云计算、物联网、大数据、人工智能等新一代信息技术应用实现全面感知、互联及融合应用，其中医疗、交通、物流、安保等产业均需要云计算中心的支持，产生云健康、云交管、云物流、云安防等新业态。由此衍生出的一种技术是边缘计算，也被称为“雾计算”。由于传感器终端的数据庞大，所以将一部分数据分析和计算在物联网设备和传感器上完成，而不是上传到云服务器，这样可以减少网上数据流动，提高网络性能，节省云计算成本，加快分析过程，使决策者能够更快地洞察情况并采取行动。

新业态的兴起与发展离不开生态系统的建立及完善。一个全方位的云生态系统包括技术提供商、解决方案提供商、渠道合作伙伴、平台运营商和客户等。云生态需要建立一套规范和标准，既确保生态系统能为客户提供有品质保障的服务，也能确保平台的开放性，并能推进生态圈健康、快速地发展。

我们正站在波澜壮阔的云计算时代前沿，云计算与新信息通信技术、大数据技术、人工智能技术等深度融合，正引发国民经济、国计民生、国家安全等领域技术、模式与业态的重大变革，将支持各个领域构成新的数字化、网络化、云化、智能化的技术手段，构成一种“基于泛在网络，以用户为中心，将人、机物、环境、信息相融合，实现互联化、服务化、协同化、个性化、定制化、柔性化、智能化的新模式”，形成“泛在互联、数据驱动、共享服务、跨界融合、自主智慧、万众创新”的新业态，最终实现“创新、协调、绿色、开放、共享”理念，为正在全面进入信息社会的人类文明书写新的绚烂篇章。

第四节　云计算技术的应用

本节通过对云计算应用领域进行分析，阐述云计算如何在这些应用领域中落地与拓展，并通过典型案例来展示云计算的创新应用，加深读者对前面概念和内容的理解。

一、工业云与智能制造

新技术革命和新产业变革正在全球进行，特别是新互联网技术（物联网、车联网、移动互联网、卫星网、天地一体化网、未来互联网等）、新信息通信技术（云计算、大数据、5G、高性能计算、建模/仿真、量子计算技术）、新人工智能技术（基于大数据智能、群体智能、人机混合智能、跨媒体推理、自主智能等技术）的飞速发展，使国家的多个领域产生重大变革，其中包括国民经济、国家安全领域和计划民生等。制造业是国民经济和国家安全的基础，它同样面临全新技术革命和产业变革的挑战，特别是通过制造技术、新一代智能科学技术、新信息通信技术、产品相关专业技术的深度融合，正引发制造模式、制造手段和生态系统产生重大变革。各国纷纷推出振兴制造业的国家战略与计划，如美国2012年提出了“国家制造业创新网络计划”，着力推进工业互联网、协同制造、人工智能、增材制造、云计算与大数据等方面的技术与产业发展。德国在2013年4月的汉诺威工业博览会上正式提出“工业4.0”，以信息通信技术和网络空间虚拟系统相结合的信息物理系统为手段，推动制造业向智能化转型。欧盟重点打造"欧洲数字经济和数字社会",提出了智能工厂、标准、大数据、云计算和数字化技能五个优先行动领域,实质是推动制造业与包括云计算在内的新一代信息技术的融合发展。对于以上国家发展战略规划而言,其核心就是对智能制造所需要的技术进行积极发展,同时在产业上加以利用,并通过新模式、新业态和新手段实现智能制造。工业云系统控制如图4-4所示。

图4-4　工业云系统控制

我国正处于从制造大国向制造强国转变的过程中,同时也在从中国制造向中国创造转变。中国工程院相关研究指出,这一时期"五个转型"是我国制造业所面临的主要问题:从要素驱动向创新驱动转型升级;从传统制造向智能化和数字化制造转变;从粗放型制造向质量效益型制造发展;从资源消耗型和环境污染型制造向绿色制造转变;从生产型制造向服务型和生产型相结合的模式转变。在面对挑战时,我国采取了很多对策。2015年,"中国制造2025战略规划"中提出了中国要走特色新型工业化道路,其中心就是制造业的发展提升和质量的提升,主线为使新一代信息技术和制造业深度融合,主攻方向为智能制造,并提出9大任务、5大工程、10个领域、8项措施。同时指出要深化互联网在制造领域的应用,发展包括云制造在内的新型制造模式,建设工业云服务平台。2017年,国务院《关于深化"互联网+先进制造业"发展工业互联网的指导意见》中要求面向中小企业智能化发展的需求,开展云制造创新型应用。

可见,基于新型云制造模式,建设和应用工业云/工业互联网平台,已成为推动制造业与包括云计算在内的新一代信息技术融合发展的抓手和推动制造业的转型升级的重要载体。

随着新一轮产业革命的兴起,互联网的融合进一步延伸至企业和全产业链条、全生命周期,产业互联网时代已经到来,各种新的概念和解决方案层出不穷,其中物联网、信息物理系统、工业4.0和工业互联网等是其中的热点,但有必要明确它们的边界和联系。

(一) 物联网

互联网和传统电信网络这样的信息承载体是物联网的基础,其实质是将原本独立存在的物理对象实现网络上的互联互通并可以被独立寻址。对于物联网世界而言,每一个个体都会实现寻址,同时每一个个体都可以实现通信与控制。物联网是关注智能化识别定位、跟踪、监控和管理的一种物物相连的网络，是信息物理系统、云制造、工业4.0和工业互联网的重要支撑。

（二）信息物理系统

信息物理系统是通过先进的传感、通信、计算控制技术，基于数据与模型，驱动信息世界与物理世界的双向交互与反馈闭环，使得信息物理二元世界中涉及的人、机、物、环境、信息等要素，能自主、智能地感知、连接、分析、决策、控制、执行，进而在给定的目标及时空约束下实现集成、优化、运行的一类系统。CPS（cyper-physical system，物联信息系统）本质上是具备内嵌计算能力的网络化物理执行设备，能实现感知与控制的交互和闭环。对于CPS而言，它的目标就是保证物理系统具有更多的能力，比如计算、通信、精确控制、远程协作和自治等，通过互联网，实现物理空间和虚拟空间的协调一致。这一系统要求在对物理世界进行感知后，还可以利用通信和计算的方法对物理世界进行作用与反馈，这使得CPS成为云制造、工业4.0和工业互联网的重要使能系统之一。

（三）工业4.0

为了提高德国工业的竞争力，在新一轮工业革命中获得发展先机，德国在学术界和产业界的推动与建议下，在2013年4月的汉诺威工业博览会上正式得出了“工业4.0”。

“工业4.0”包括了多方面内容，比如制造业、服务业等，所以它被看作第四次工业革命。第一次工业革命的标志为蒸汽机的广泛应用，第二次工业革命的标志为电气化，第三次工业革命的标志为自动化，第四次工业革命的标志为智能制造。通过对网络空间虚拟系统和信息通信技术的利用，“工业4.0”使制造业向着智能化方向转变。准确地说，“工业4.0”具有两个重要的主题，即智能生产和智能工厂；同时具有三种集成，即制造系统横向、纵向的集成，以及工程端到端的集成，其基础就是物联网技术和信息物理系统。

（四）工业互联网

2012年年底，美国通用电气公司（GE）发布《工业互联网：突破智慧与机器的界限》白皮书，首次提出工业互联网的概念。工业互联网倡导将传感器、智能设备/系统、智能网络和智能决策/分析与传统的工业机器、机组，深度融合软件和大数据分析，重构全球制造工业，优化工业系统运行效率，极大地提升生产力，让世界处于更快速、更安全、更清洁且更经济的状态下。利用智能设备产生的海量数据支持系统优化和智能决策，是工业互联网的一个重要功能。

（五）制造云、工业4.0和工业互联网的区别和联系

制造云、工业4.0和工业互联网是世界三大制造业主体（中国、美国和德国）为应对新一轮技术变革，推动本国制造业转型升级所做出的三大战略，其本质是促进包括云计算在内的新一代信息技术和工业生产力深度融合，标志是使人、机器、信息这三类要素在一个共同的平台上合理组合、转化，形成新的生产力；不同之处在于各国各自结合了自身的特点，选择了不同的技术路线和方案。

二、农业云与智慧农业

近年来，由于气候变化、农业资源消耗、生态系统退化，使得全球农业生产竞争强度提升，世界各国在农业资源高效利用、农业生态环境保护、农业生产效率提升、农业人力成本控制等方面存在巨大的技术需求缺口。以云计算技术为服务承载，以物联网、大数据、人工智能、移动互联等技术为服务组件，通过农业云服务全面提升农业生产、经营、管理水平，实现农业现代化转型和跨越式发展，已成为世界各国的重要议题和战略高地。目前，各农业信息化程度较高的国家相继出台了一系列促进计算与农业领域深度融合发展的引导政策和战略规划，落实了一批基于云计算的农业智慧工程，促进了农业整体水平的快速提高。

山东是农业大省，素有“全国农业看山东”之说。改革开放以来，山东创造了不少农村改革发展新模式，农工贸一体化、农业产业化经营就出自潍坊，形成了“诸城模式”“潍坊模式”“寿光模式”，为全国农业、农村发展做出了突出贡献。近年来，山东“三农”改革发展站在了新的历史起点上，具备了全面实施乡村振兴战略的坚实基础和充足条件。山东省寿光蔬菜产业集团打造的“蔬菜小镇智慧物联移动云平台”，通过平台的云化部署，可以实时监测温室大棚内各项环境指标，结合农作物生长模型及智慧化决策，可以自动调控卷帘、风机、灯光等设施，实现水肥一体化灌溉……为农作物提供最优生长环境，保障蔬菜小镇种植全流程管理，使蔬菜种植更安全、更绿色、更健康且变得可视化，实现了科学化的精准种植。同时，通过平台云化部署，解决智慧农业平台搭建、数据融合的难题，利用云计算弹性、高效、稳定的特性，实现未来2～3年的数据存储，解决自建机房高能耗、高投入、难维护及保养的问题，形成了应用系统的智能化管理。通过智慧农业云平台，实现了光照、温度等农作物生长全要素实时管控，有效提高了产出效益。通过智慧农业与云计算技术深度融合，直接新增就业岗位100余个，农民平均年增收3.2万元。最后实现了服务大众的目标，为消费者提供了线上服务平台，以移动云为涉云业务主入口，不断加强云产品研发创新，加大云服务、云解决方案的有效供给，助力实现数字山东的宏大愿景。智慧农业云平台如图4-5所示。

美国的农业云采取政府投资与市场运营相结合的建设模式，从云计算、移动互联网、大数据等技术应用、信息网络建设和信息资源开发利用等方面全方位推进。目前农田定位系统、农田环境监测系统、水肥药决策系统、育种平台等技术产品均以云服务的形式提供服务，帮助农业生产者实现农场生产智能管理及细化耕作，可显著提高农业生产效率。英国的农业云由英国环境、食品和农村事务部牵头建设，侧重基于云计算、大数据等信息技术实现精准种养作业和农产品供需对接，并在2013年专门启动了“农业技术战略”，以期建立以“农业信息技术和可持续发展指标中心”为基础的一系列农业创新中心，通过信息技术提升农业生产效率。法国作为欧盟最大农业生产国和世界第二大农业食品出口国，在农业专业化、科技化、前瞻性方面均处于世界领先地位，其2014年通过的《未来农业法》明确了未来的农业形态是以生态农业为基本框架，通过政府主导，以及企业和农业合作组织共同参与的“三位一体”建设机制建设农业云，综合运用云计算、物联网、大数据等信息技术促进农业废弃物资源利用和土地修复，提高农业资源利用率、农业生产效率和农民收益，解决农业耕地面积日渐减少、农民数量锐减、农村贫困度加重等问题。德国不遗余力地发展更高水平的“数字农业”，仅2017年一年在农业技术方面的投入就超过54亿欧元。德国的“数字农业”

基本理念与“工业4.0”一脉相承，通过云计算和大数据的应用，实现田间环境监测、数据云端汇聚、大数据处理分析、农机智能作业等精细化服务，帮助农民优化生产，实现增产增收。日本的“21世纪农林水产领域信息化战略”提出要建立发达的通信网络，向农村提供农业技术指导、成果速递、供求对接、价格指导等实用云服务，对农村地区在交通便利程度上的提升加大了，同时对电子商务的发展进行促进，对农业资源在其管理水平上也进行提升。

图4-5　智慧农业云平台

当前我国农业正处于由传统农业向现代农业转型的关键期，农业生产、经营、管理等各个环节都迫切需要智能化、精准化的农业云服务支撑。鉴于云计算能够最大限度地利用计算、交互、存储乃至应用等IT资源，以最少投资获得最优产出，让最终用户更方便地获取各类信息，实现普惠、绿色、高效、专业的信息服务的巨大优势，我国从顶层设计、战略布局、财政支持、人才培养等多方面持续发力，大力推进农业云平台关键技术研发、成果应用示范和服务模式探索。2017年中央一号文件提出“实施智慧农业工程”；2018年中央一号文件提出“大力发展数字农业”。农业农村部《关于推进农业农村大数据发展的实施意见》中提出“推进国家农业数据中心云升级，建设国家农业数据云平台”。农业农村部《“十三五”农业科技发展规划》中指出：“新一轮科技革命和产业变革蓄势待发，大数据、云计算和互联网等技术进步对提高土地产出率、劳动生产率和资源利用率的驱动作用更加直接，正在引领现代农业发展方式发生深刻变革。”

与其他行业相比，农业云平台具有更复杂的应用场景、更广泛的大数据需求、更大规模的在线人数、更长的产业环节以及更加细分的用户需求，需要云计算、物联网、大数据、图像识别、语音识别、自动问答、软件定义等技术的深度融合和集成化应用。目前农业领域云服务存在三大迫切需要解决的问题。

(1) 传统农业应用系统对用户个性化需求的响应不够,缺乏智能识别匹配。

(2) 用户终端、网络、IT技能水平参差不齐,需要便捷灵活的服务手段。

(3) 百万级大规模用户高频次访问对系统要求严苛,需要科学的资源调度和自主响应。

随着云计算技术的发展,我国已经把农业云计算作为推进我国云计算产业发展的重要组成部分,瞄准世界农业科技前沿,围绕产业兴旺、生态宜居、乡风文明、治理有效、生活富裕的总要求,加大云计算技术在农业农村领域的研究、应用、推进力度,通过农业海量异构数据整合管理,用户需求动态发现与更新,基于人机协作的决策、语音智能交互、视图特征分析等关键技术,实现农情快速监测预警、生产精细管理、市场对接、农技推广、体系管理等专业云服务,探索基于云计算的农业信息化的绿色低碳服务模式,达到合理使用农业资源,降低生产成本,改善生态环境,提高农产业效益的目的,使"农业云"成为加快转变农业发展方式的"转换器"、农村经济增长的"倍增器"和农业产业结构升级的"助推器"。

(一) 智慧农业云的内涵

(1) 智慧农业云模式:多途径、广覆盖、低门槛、低投入、零运维、高可用的服务新模式。

(2) 智慧农业云技术手段:以虚拟化、分布技术为支撑,以物联网、大数据、人工智能、移动互联、软件定义等信息技术为辅助手段。

(3) 智慧农业云特征:基于虚拟化平台部署性能计算、分布式存储、物联网安全环境、虚拟专网、专业数据库联机系统、定制化业务系统(贴合农业的地域性、季节性、多样性、周期性等特点)等服务资源,通过分布式数据分析中心提供统一注册的农业数据、基础平台软件、服务共享软件、专业化应用软件等服务包。

(4) 智慧农业云的实施内容:借助上述技术手段,面向农业管理部门、农业科研院所、农业企业、新型农业生产经营主体、农技推广人员、农民等用户主体提供农情快速监测预警、生产精细管理、智能决策分析、市场对接、农技推广、体系管理等专业云服务。

(5) 智慧农业云目标:显著降低农业信息服务使用门槛,提高农业资源利用率和农业信息服务质量,提升应用主体生产经营综合能力和核心竞争力,为农业供给侧结构性改革和乡村振兴战略实施提供更加有力的支撑保障,助力农业现代化实现弯道超车。

"智慧农业云"的"智慧"体现在更安全的信息化软硬件基础支撑、更科学的服务资源调度、更实时的农业信息感知、更及时的农业数据分析、更智能的农业决策控制、更广泛的信息服务网络、更丰富的信息交互手段、更便捷的信息服务终端、更贴心的信息服务内容、更精准的用户需求响应。"智慧农业云"在智慧特征主要体现在服务模式、手段和支撑技术等方面,其中,支撑技术包括智慧化的信息技术和智慧化的服务手段两方面。

(二) 智慧农业云的概念模型

智慧农业云以服务主体为中心,以满足用户需求为最终目标,基于用户需求发现和更新模型实现服务资源的定制与发布,并基于语音智能等技术实现主动交互式服务。智慧农业云服务范围涵盖农业生产、经营、管理等全产业链环节,可根据用户需求快速定制个性化云服务系统。

智慧农业云的概念模型可以抽象为“服务基础”“服务资源”“服务通道”和“服务主体”。

习　题

一、选择题

1. 云计算的部署模型有(　　)。

A. 公有云　　B. 私有云　　C. 社区云　　D. 混合云

2. 下列属于云计算核心技术的是(　　)。

A. 虚拟化技术　　B. 分布式存储技术

C. 超大规模资源管理技术　　D. 大数据技术

3. 下列不属于OpenStack核心组件的是(　　)。

A.Nova　　B.Glance　　C.MySQL　　D.Cinder

4. 云计算平台一般需要部署(　　)。

A. 计算节点　　B. 控制节点　　C. 网络节点　　D. 存储节点

二、简答题

1. 简要说明云计算的基本特征。

2. 列举云计算平台的日常维护内容。

第五章　5G技术及应用

5G商用前景广阔，潜力巨大，加快5G商用步伐意义重大。5G时代将会更广泛地重塑传统产业，产生一系列新生事物，催生很多新产业、新业态、新模式，这种趋势是必然方向。5G时代要培养5G思维，不断适应技术发展，贴近技术需求，才能赢得更好的发展机遇。

2018年12月19日至21日，在北京召开的中央经济工作会议确定2019年重点工作任务时，提出“加快5G商用步伐”。2019年4月24日，国资委党委书记郝鹏到中国移动调研时强调，“抢抓5G发展机遇，助力网络强国建设”。

中国农业银行智慧网点品牌“5G+场景”在第六届世界互联网大会上正式亮相。中国农业银行副行长崔勇认为，在数字化时代，对于商业银行而言，其转型与发展和新兴技术是紧密联系的，作为新一代信息通信技术发展方向，5G对于国家而言也是重要的战略制高点，对于银行向数字化的转型而言提供了重要驱动力。

第一节　移动通信技术发展史

现代通信的标志为1986年第一代通信技术（1G）的发明。经过三十多年的发展，其增长趋势是爆炸式的，使人们的生活方式产生巨大改变，同时给社会发展提供重要动力。接下来回顾一下移动通信技术的发展历程，如图5-1所示。

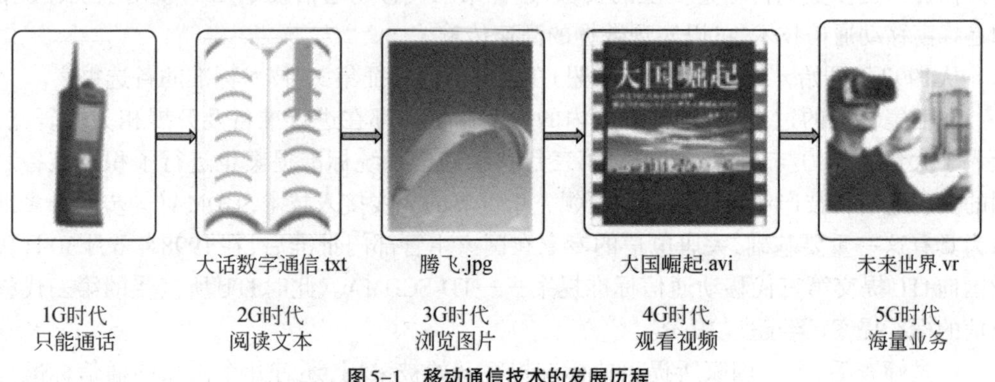

图5-1　移动通信技术的发展历程

一、1G时代

1G时代最具代表性的是大哥大,即手提式电话。大哥大是20世纪90年代美国摩托罗拉公司推出的产品,该产品一经推出,就在全球范围内刮起购买热潮。在那个年代,大哥大和墨镜、风衣一样,都是财富和身份的象征。大哥大的推出,代表了第一代移动通信系统(1G)在技术上的应用与成熟。

1986年,第一代移动通信技术(1G)在美国芝加哥诞生,其传输使用模拟信号。在对电磁波进行调制后,从语音信号向电磁波转化。对其发布后,接收设备会进行接收,并进行语音还原,完成一次通话过程。

不同的国家在通信标准上并不完全相同,这就限制了1G实现"全球漫游"。因为1G时代信号传输过程采用的是模拟方式,这就代表其容量是受到限制的,当时只能进行语音信号的传输,同时信号品质很低,信号不够稳定,覆盖面不够广泛,安全性和抗干扰能力较低。

二、2G时代

原邮电部部长吴基传在1994年用诺基亚2110打通了中国移动在其通信历史上的第一个GSM电话,这预示着中国进入了第二代移动通信技术(2G)时代。

不同于1G时代,2G时代所使用的技术是数字调制技术。2G采用TDMA(时分多址)代替FDMA(频分多址)以增加网络容量,同时从这一代开始手机可以上网了,虽然数据传输速度较慢,每秒为9.6~14.4kbit。对于现在的互联网的发展而言,这是重要基础。

2G时代,美国采用CDMA标准,欧洲采用GSM标准,这导致双方开始争夺全球移动通信标准,其中美国代表企业为摩托罗拉,欧洲代表企业为诺基亚,最终欧洲的GSM标准在全球范围内得到广泛使用。同时摩托罗拉也被诺基亚所击败,使诺基亚成为全球范围内手机行业中的霸主,直到乔布斯的iPhone诞生才改变了这一局面。

三、3G时代

在2G时代,手机所能实现的功能局限在对文字信息的传输和打电话,后来随着经济的发展和科技的进步我们面临着要进行视频和图片传输的问题,2G时代无法解决该问题,同时人们提出更多数据传输速度上的要求,这样第三代移动通信技术(3G)就出现了,3G采用的是蜂窝移动通信技术,可以实现数据的高速传输。

从1997年开始,ITU(国际电信联盟)在全球范围内征集3G技术标准的备选提案。

在征集标准的过程中,世界范围内的电信制造商都在进行准备及开展相关的研究,并投入了大量的物力与人力。我国对第三代移动通信系统标准提案也进行了积极准备。我国的大唐电信科技产业集团拥有一项领先于世界的无线接入技术SCDMA(同步码分多址),因为具有这一重要基础,大唐电信的专家在国家主管部门批准后,在1998年6月30日代表我国向ITU提交第三代移动通信标准提案——TD-SCDMA。此时ITU所接受的第三代移动通信的标准提案已经超过10份。

经过筛查后,一些国家所提出的标准提案开始被采用,还有几个国家的通信标准提案在论证,包括日本与欧洲所支持的WCDMA标准,美国支持的CDMA 2000标准,以及我国大唐集团提出的TD-SCDMA标准等。

我国所提出的TD-SCDMA标准经受住了考验。在技术上,我国的TD-SCDMA有很大的优势。首先,在频谱利用率上,TD-SCDMA是最高的,这是因为我国的标准移动通信系统采用时分双工(TDD)方式,也就是说,只需要一段频率就可以完成数据的收发,但是WCDMA和CDMA 2000所采用的移动通信系统都采用频分双工(FDD)方式,该方式要实现数据的收发,至少需要两段不同的频率。其次,我们使用的是世界领先的智能天线技术,利用基站天线,可以对用户的手机位置追踪,这就保证有更高的通信效率和更少的干扰,也使成本极大地降低。最后,我国无论是政府还是运营商,对于TD-SCDMA标准都是大力支持的,因此支持率很高。

经过努力争取,2000年5月5日TD-SCDMA被正式批准为国际标准,其与日本和欧洲所提出的WCDMA,以及与美国提出的CDMA 2000共同成为移动通信的三大标准。在这之后,3GPP(第三代合作伙伴)正式接纳TD-SCDMA,并使之成为全球范围内第三代移动通信网络建设的选择方案之一。

比起2G,3G采用的传输方式依旧是数字数据传输,但是因为采用了新的通信标准和电磁波频谱,3G的数据传输速度高达每秒384kbit,在周边环境稳定的情况下,其传输速度能达到每秒2Mbit,是2G时的140倍。因为所采用的频带更宽,因此传输的稳定性也大幅度增加。

2007年,乔布斯发布了iPhone,随之而来的就是席卷全球的智能手机热潮。从某种角度看,终端功能的大幅度提升对于移动通信系统的提升有巨大的推动作用。2008年,对3G网支持的iPhone手机发布,人们可以通过手机浏览网页,收发邮件和进行视频通话等,这就标志着人类进入了多媒体时代。

四、4G时代

4G的叫法很多,其中国际电信联盟称其为IMT-Advanced技术,还有B3G、BeyondIMT-2000等多种叫法。

2009年年初,ITU在全球范围内对IMT-Advanced候选技术进行征集。2009年10月,ITU征集到的候选技术达到6种,基本上可以分为两大类,一类是基于3GPP的LTE的技术,另外一类是基于IEEE 802.16m的技术。

2012年1月,LTE-Advanced技术规范和无线MAN-Advanced(802.16m)技术规范正式通过审议,确立为IMT-Advanced国际标准,也就是我们常说的4G,其中IMT-Advanced国际标准包括了我国主导定制的TD-LTE-Advanced技术。

2013年12月,工信部在官网上公布中国联通、中国移动和中国电信拥有"LTE第四代数字蜂窝移动通信业务(TD-LTE)"的经营许可权限,也就是颁发4G牌照。从此,移动互联网进入了一个全新的时代。

4G的基础是3G,同时其所采用的通信协议是第四代移动通信网络。2G、3G和4G的不同,对于用户而言主要体现在传输速度不同。4G作为当时最新的技术,数据传输速度是非常快的,在理论上其传输速度是3G的50倍,实际使用时是3G的10倍左右,相当于20Mbps

的家庭宽带。由此可见,4G的上网速度是相当快的,无论是进行电影观赏还是数据传输,都有着较好的体验。

五、5G时代

在移动通信系统的能力和带宽不断增加的同时,移动网络中的数据传输速度增速也是飞快的,从2G时代的每秒10kbit,发展到4G的每秒1Gbit,其增长约为10万倍。

与过去的移动通信不同,5G不是根据其业务能力和典型技术所定义的,除了在技术上具有更强、更快、带宽更大的特点以外,也对网络中的技术和业务进行融合,这一智能网络的目标就是用户体验与业务应用,其最终目的就是打造信息生态系统,系统的中心就是用户。

虽然技术还没有完全定型,但是5G的以下特征已经有所体现,即高速率、低时延、海量设备连接和低功耗。

第二节　5G技术需求

相比于前几代移动网络,5G网络功能更加强大。5G将结合大数据、云计算、人工智能等诸多新技术,一起迎接信息通信黄金时代的到来。

之前在全球范围内对4GLTE进行部署时,对于业界而言,5G已经是一个热点话题。欧洲的METIS计划中提出很多关键技术,其中包括支撑移动宽带、超可靠机器通信、大规模机器通信等,其所使用的技术分别是高效系统控制层、动态无线接入网络、本地内容/业务分流和频谱工具箱①。诺基亚认为,对于网络架构而言,5G所扮演的角色是相当重要的,因为5G网络的出现可能会使程序化、软件驱动以及全面管理、多样化服务的实现成为可能②。对于5G的出现,爱立信曾经说过其应用方式是“网络即服务”,用户的实际需求涉及资源的分配与再分配,5G使网络传输“一刀切”的形式慢慢转变为具有一定抽象性的网络切片③。在这一过程中,华为也提出了很多新技术,包括组网架构、频谱使用、空口技术等。华为还与中国移动进行联合场外测试,并开通了大规模多天线基站。中兴通讯在原本的4G 4cloud radio基础之上,发布了基于动态网格的全新5G接入网上架构,同时同步推出多址接入技术④。

① TULLBERG H,POPOVSKI P,GOZALVEZ-SERRANO D, et al. METIS system concept: the shape of 5G to come[J]. IEEE Communi-cations Magazine, 2015.

② Nokia. 5G masterplan [EB/OL].http://networks.nokia.com/innova-tion/5g.

③ Ericsson 5G systems-enabling industry and society transformation[EB/OL]. http://www.ericsson.com/res/docs/whitepapers/what-is-a-5g-system.pdf.

④ 华为.华为4.5G荣获两项GTI年度大奖:杰出贡献推动TDD+全速发展[EB/OL]. http://www.huawei.com/cn/news/2016/2/rong-huo-2xiang-GTI-2015niandu-da-jiang, 2016.

一、网络切片技术

5G网络所面向的应用场景与1G~4G时代是不同的，比如有超高清视频、大规模物联网、车联网等。场景不同，导致对网络使用的要求也不同，其中包括网络的移动性、安全性、时延、可靠性等，这就需要将原本作为一个整体的物理网络分割成多个虚拟网络，并针对不同的应用需求，建立虚拟网络。对于虚拟网络而言，它在逻辑上是独立的，相互不会产生影响。

只有实现了NFV/SDN后，网络切片(network slicing)才会实现，不同的切片通过共享物理/虚拟资源池的方式进行创建。对于网络切片而言，MEC功能与资源也包含在内。网络切片如图5-2所示。

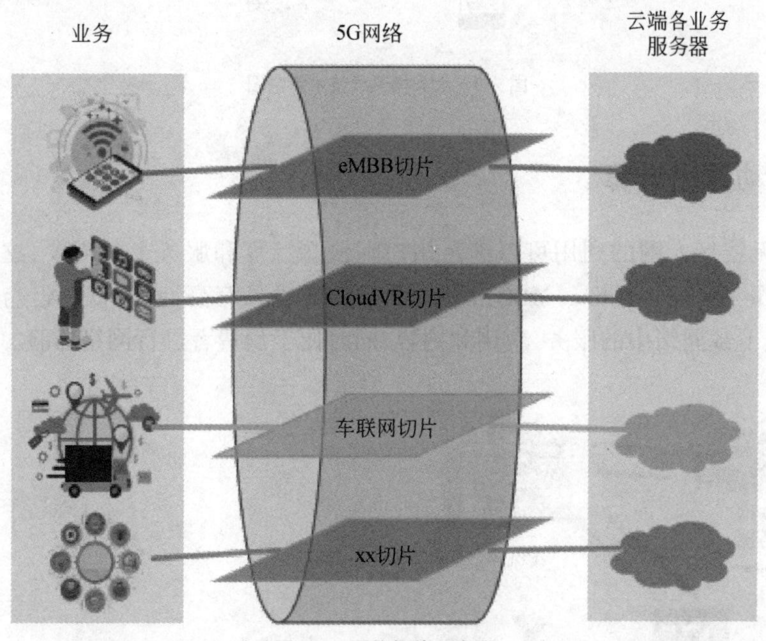

图5-2 网络切片示意图

二、大规模天线

要想提升无线网速，用多天线技术是重要途径，也就是将多个天线建设在基站和终端的部位，这样就形成了MIMO系统。MIMO系统也被称为MN，其中M代表发射天线的数量；而N指接收天线的数量。

对于MIMO系统来说，其只是增加一个用户的速率，占有相同时频资源的数据流会发送给同一个用户，这也就是单用户MIMO(SU-MIMO)；这一系统，如果是针对多用户的，传输数据是多个终端同时进行的，此时称为多用户MIMO(MU-MIMO)。MU-MIMO对于频谱效率的提升具有重要作用。

多天线还用在波束赋形技术中，也就是通过调整天线的相位和幅度，以及调整天线辐射的方向与形状，可以保证在更窄的波束上能聚集无线信号的能量，并实现天线方向的控制，保证增大覆盖范围并减少干扰。

天线规模更大的是大规模天线(massive MIMO),massive MIMO提升了无线容量和覆盖范围,但是在细节上还需要进一步调整,比如信道估计准确性(尤其是高速移动场景)、多终端同步、功耗和信号处理的计算复杂性等。大规模天线技术示意图如图5-3所示。

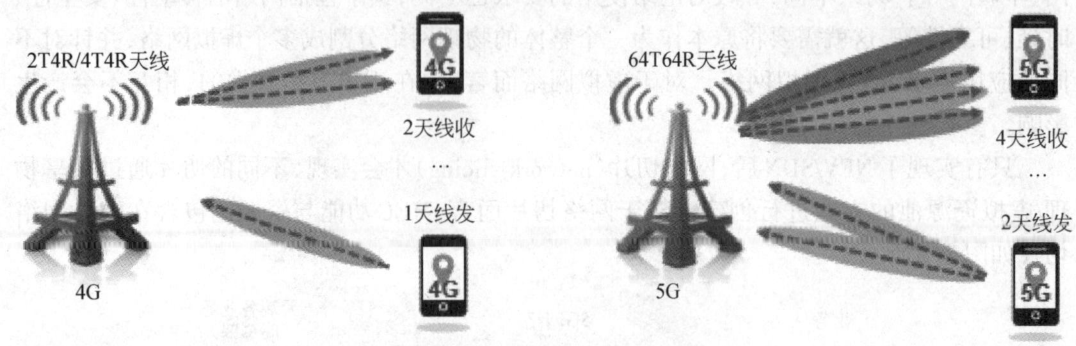

图5-3 大规模天线技术示意图

三、移动边缘计算

通过对无线接入网的利用可以满足用户在云端计算和服务上的需要,这就是移动边缘计算(mobile edge computing, MEC),其所创造的环境具有高性能、低延迟与高带宽的特点,可以加速下载网络中的服务、应用和内容,同时便于消费者进行网络体验。MEC技术如图5-4所示。

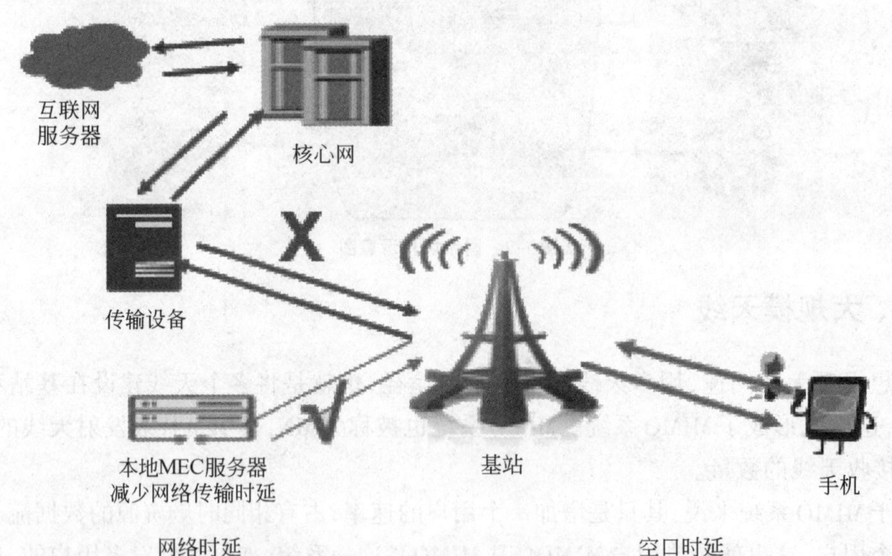

图5-4 MEC技术示意图

对于5G网络,其与物联网和互联网在业务上有融合问题,电信标准组织和运营商正在研究。移动边缘计算是由欧洲电信标准协会ETSI提出的,其架构基础是为了5G的发展。对于MEC而言,一方面可使用户的体验得到改善,节省带宽资源;另一方面,使其计算能力得以下沉,直到移动边缘节点,提供第三方应用的集成,使移动边缘入口在创新服务上有巨大变化。同时结合了移动应用和移动网络，这对于OTT(over the top)应用有着重要意义。

无论5G网络采用C-RAN(centralized/cloudRadio access network)还是D-RAN(distributed radio access network)，都将引入移动边缘计算来引领新的应用创新机制。再把云存储和云计算进行网络边缘化后，一个全新的网络服务环境就产生了，其特点是高性能、低延迟与高带宽。移动边缘计算设备具备的特性包括网络功能虚拟化(network function virtualization，NFV)、软件定义网络(software defined network，SDN)、边缘计算存储、高带宽、绿色节能等，它们源于数据中心技术，但在某些方面的要求，如可靠性和通信带宽等，又高于数据中心。

无线网络和互联网的融合，移动边缘计算起着重要作用，在无线网络方面增加了多种功能，比如计算、存储、处理等；同时在应用方面也加强了开放性平台的构建，保证无线网络和业务服务器中的信息交互在无线API中实现，保证将传统的无线基站升级为智能化基站。在业务层面，其可提供差异化和定制化服务，这对网络价值的增加和利用效率的提升有重要意义，其业务包括物联网、视频、医疗、零售等。

四、5G关键技术

北大科技园创新研究院编制的《5G产业发展现状及趋势浅析》中认为，5G关键技术主要包括无线技术和网络技术。①在无线技术领域，主要包括大规模天线阵列、超密集组网(UDN)、新型多址、全频谱接入等创新技术。在4G基础上，无线传输技术的基础就是大规模的天线阵列，这会保证其在功率效率和频谱效率上得以提升。对于5G容量的提升，超密集组网有着重要意义。②5G网络技术领域技术的创新则主要在软件定义网络(SDN)、网络功能虚拟化(NFV)等方面，应综合运用大规模多天线技术、新型多址、新型信息编码、毫米波通信超密集组网、D2D(设备到设备，两个对等的用户节点间直接通信的一种通信方式)等关键技术，并引入全新的构架解决方案——允许在物理基础设施上创建逻辑独立的网络，即“网络切片”。网络切片可根据垂直行业业务需求量身定制，使5G能真正成为全社会共用的新一代信息基础设施。

5G网络作为通信基础，开启了万物互联的新篇章，极大促进了产业向数字化、网络化、智能化转型。中国科学院院士、中国工程院院士李德仁认为，5G有三个典型技术特点：①5G能增强移动带宽；②海量机器类通信；③超高的可靠性及低时延通信。借助这些优势，高清视频、VR(虚拟现实技术)、AR(增强现实技术)或交互现实等都能实现，可实现智慧物流、环境智能监管、智慧城市或智能城市的计算，可应用于自动驾驶、机器人无人操作、工业互联网、远程医疗、智能电网等领域。

5G使网络新技术得以集中体现，它的开放性和互联网化为人们带来了无限机遇。根据中国信通院研究数据显示，随着5G的广泛应用，预计2025年5G接入点数将超过4亿个。

中国科学院院士梅宏认为，不同于消费互联“赢者通吃”，5G的泛在化特点让接入的设备更多，商业模式更加多元。

中国工程院院士邬贺铨说，5G对于中国经济和科技发展而言是至关重要的。对于创新而言，5G提供了重要平台，保证新技术不断地出现；同时5G也是近十年中用于移动通信的重要技术，对于新时代技术起着重要的支撑作用。5G为社会治理、经济发展和民生服务提供新动能，将催生新业态，并成为数字经济新引擎。

第三节　5G技术的应用场景

5G网络具有大带宽、低时延、高可靠、广覆盖等“天然”特性，结合人工智能、移动边缘计算、端到端网络切片、无人机等技术，在VR/AR超高清视频、车联网、无人机及智能制造、智慧电力、医疗、智慧城市等领域有着广阔的应用前景，5G与垂直行业的“无缝”融合应用将给个人及行业客户带来具有巨大变化的通信手段。

一、医疗应用

5G医疗应用涉及领域越来越广，已成为医疗发展的新趋势、新方向。5G在医疗领域的应用将会改变未来的医疗生态，加速相关医院转型。

赵杰是我国互联网医疗系统与应用国家工程实验室主任，他认为5G对未来医疗生态的改变主要表现在以下四个方面：①运行方式为线上和线下的一体化联动运行。利用云医院实现跨界医疗、无国界医院，保证就医过程不再受到地域和时间的限制。②建立重构大型公立医院的临床教育体系。因为5G技术的投入使用，4K高清带宽对于各个医疗单位在医疗资源的供应都有一定提升，基层医疗人员的水平也会相应提升。③公立医院在临床科研的走向上可以聚集。④公立医院的管理得以集成。因为大数据的出现，为医院管理提供了巨大便利。

医疗设备和用户要建立网络的连接需要物联网技术和5G才能实现，这对于多种数据的监测和采集也是必不可少的，比如无线监护、移动护理和患者的实时位置信息等，可以在医院的服务器上直接进行处理，从而提高医护效率。新技术方面，只利用视频和图像，医生就可以完成医疗诊断的过程，人工智能和云计算在这一过程中贡献巨大，同时为患者实时会诊和应急救援等。利用便携式5G云端医疗服务器或是医疗终端，患者可以与家人随时进行沟通，同时能随时进行疾病的治疗。

有专家认为，小设备高速移动技术的发展和无线通信技术的出现，对于医疗过程中的多个环节具有重要意义，比如外科手术操作，无线远程会诊，患者监护和实时随访，突发救援事件的指挥和决策等，都离不开5G通信。除了远程医疗利用了大量5G通信的技术之外，在多媒体医疗数据中，对于大量数据的高速传输和安全传输，无线通信技术也起到了巨大的作用，这对高端医疗资源的深度共享有着重要意义。

（一）远程视频会诊

利用视频传感器，可对现场视频进行采集，医生可以看到清晰的画面，根据画面中的身体特征和患者的状态，对患者状况进行远程评估及诊断，并制订后期的医疗计划，并对后期的康复进行指导。

(二)远程医疗健康监护

许多欧美发达国家在社区卫生指挥中心已经使用便携式可穿戴检测仪器。患者如果安装了心脏起搏器,往往会因为电池电量过低导致起搏器发出信号,这一信号可以被心电图捕捉到,同时发出警报;对于糖尿病患者而言,自行监测血糖是很有必要的,将穿戴设备所具有的血糖监测系统与5G网络进行结合,就可对患者的血糖进行监控。利用5G技术,可以在预警方面进行有针对性的应用,可将身体中的各项数据在第一时间传送到医疗保健中心,即可进行医疗干预和诊断。

(三)突发应急事件指挥

在有事故、战场救援和重大自然灾害发生时,高质量和具有实时性的视频沟通无论是对患者的救助还是对医务人员紧急展开工作都具有重要意义,利用好这一技术,可以在更短的时间内挽救患者的生命,减少死亡率。

1. 全国首例5G远程心脏手术

中国移动、华为公司协助海南总医院通过操控接入5G网络的远程机械臂,成功完成在北京患者的远程人体手术。这是我国首例5G网络下实施的远程手术。

2. 5G智慧医疗联合创新中心

上海市第一医院正在打造5G智慧医疗联合创新中心,将涵盖远程查房、区域医学影像中心远程会诊、远程手术教学、远程操作机械臂诊疗等服务。

3. 中日友好医院5G室内数字化系统

中国移动携手华为公司,完成中日友好医院5G室内数字化系统的部署,为移动查房、移动护理、移动检测、移动会诊应用提供5G网络环境。

国家卫生健康委员会的卫生发展研究中心主任傅卫表示,对于5G来说,它的发展前景是十分广阔的,不仅可以应用于临床,在未来还对医疗系统的高效综合管理具有重要意义。在数据高速传输和多元数据处理上,5G技术是关键,且有着较好的前景。

王新哲是工业和信息化部总经济师,他认为5G技术作为最新的移动通信技术,对于医疗领域而言,其应用不应该只局限在远程手术上,因为其具有超高速率、超低时延、超大链轨等特点,这就使新技术的集成应用与创新能够提速,比如大数据、云计算、人工智能等,同时,也意味着医疗发展新时代的到来。

二、超高清产业

超高清是国际电信联盟批准的信息显示“4K分辨率”(3840像素×2160像素)的正式名称。随着显像技术水平的不断提高,分辨率更高的8K技术也被视为未来超高清化的发展方向。数据显示,2017年中国超高清视频产业总产值为76148亿元,2018年中国超高清视频产业达到万亿元级。

中国电子视像行业协会会长刘棠枝表示,5G速度非常快,非常适合4K超高清传播,用户在享受4K超高清视频内容时无卡顿,很流畅。随着5G商用化时代的到来,4K超高清必定有更大的发展,5G将使4K超高清视频的传输及播放更流畅。此外,超高清视频也能弥补

5G面临的应用场景缺乏的问题，与通信行业形成互补。温晓君是中国超高清视频产业联盟秘书长，他认为在尝试商用的所有技术中，超高清视频可能是最先出现在大众视野中的，对于运营商而言，相应基站的建设也会较早实现投资上的回报。

在2019年2月28日，由工业和信息化部、国家广播电视总局、中央广播电视总台联合印发的《超高清视频产业发展行动计划（2019—2022年）》出台了，其中要求：到2022年，我国在超高清视频产业上的总体规模不少于4万亿元。会对网络设备与软件系统的发展进行提速，比如光纤传输与接收、大容量路由交换、5G通信、SDN/NFV（软件定义网络/网络功能虚拟化）等。对通信网络的服务质量和接入速率也会进行提升，在结构上对其进行网络云化和智能化，加强IP网络所具有的承载能力。对4K和8K视频进行传输时，要保证其是低时延、高宽带、高可靠、高安全的。高清机顶盒的应用也逐步普及。全国范围内的有线电视网络在平台建设上的互联互通进一步加快，建设好相关的检测系统。在高清视频传输上对5G应用进行探索，保证5G与高清视频共同发展与进步。

超高清视频的出现会使产业链中的多个环节产生相应的变革，比如视频采集、制作、传输、呈现、应用等。对超高清视频产业发展进行加速，核心是视频的产业所进行的智能化方向的转型，这种转型能够有效支撑我国全面小康社会建设和现代化经济体系构建。

作为在全国范围内进行5G试点开设的首批城市中的一个，成都对5G网络的建成谋划在全国范围内是领先的，同时能实现对多个行业的融合与生态的聚合性，对于中国5G创新城市具有一定的产业聚集效应。对于成都来说，其具有一定的5G产业发展的重要基础，一方面，因为成都的电信运营商在其网络规模上是较大的，同时具有较强的运营能力，则5G用户的转换基数较大；另一方面，成都有着较好的电子信息产业基础，同时在区域中有着较大影响力，5G市场的应用前景较好，成都的社会经济对西部的35亿人口都具有一定影响，无论是专利申请和授权的数量上，还是在国家的连续鼓励上，成都在中西部总是较为领先的。成都对于国家而言，也是相对重要的科研和人才培养基地，其中包括软件企业2000多家，具有超过20万从业人员，这对于超高清视频产业发展而言具有重要意义。

（1）成都具有引领性的基础性工程——5G+超高清视频。在成都市发布的《成都市5G产业发展规划》中，十大重点工程之一就是5G大视频应用试点示范工程。同时，针对用户也提供了大带宽VR+业务体验，比如超清视频、虚拟现实、增强现实等；沉浸式云VR+互动业务体验也在很多领域中得以体现，其中包括游戏、建模、虚拟社交等。对于企业级视频的应用也进行了推动，这对于5G智慧城市视频的高可靠性提升和大带宽解决方案的研究具有重要意义。同时在多个领域开展创新应用，包括通信、环保、安全防护等。

（2）成都市在5G网络建设上的推进已经取得阶段性成效，示范项目随处可见。同时与重大项目和重大活动等相结合，比如智慧城市、春节和世警会等，策划并实施了很多具有较大影响力的示范应用项目和5G技术展示活动。在5G飞速发展之下，成都市高清视频产业也迸发出生机和活力。2019年元宵节，为了助力打造“夜游锦江”旅游区域，成都电信与多家单位联手，把“夜游锦江”线路打造成了全国范围内的第一个5G文化旅游示范街区，并保证了在该区域附近实现5G网络的全面覆盖，同时组建专家团队，对多种技术难题进行攻关，保证“5G+8K”远程直播视频连线的实现。“5G+8K”在全国范围内是首创的，这对于城市文化与“5G+8K”的发展有着重要意义。

（3）成都市超高清食品产业协会成立。这一产业协会的成立也促进了成都超高清视频产业的快速发展，这使产业链上游及下游的企业都有了新的发展机遇。在5G网络的大力发展与建设方面，成都的5G+超高清商用业务起着引领作用，在保持5G+超高清示范效应方面取得了一定成效。进一步加强对重点企业的培训，同时打造5G+超高清企业聚集发展的新优势。另外，5G+超高清产业发展环境适当进行优化，保证成都的5G网络视听产业生态圈的良性发展。

（4）平台创造良好发展环境。2019年6月15日，超高清视频（四川）制作技术协同中心在成都正式揭牌。这一协同中心的牵头单位是成都索贝数码科技股份有限公司，这一单位也是超高清视频行业领军企业，与其联合的单位包括华为、富士康、我国三大电信运营商等。这一协同中心的主要任务是保证超高清视频前端设备和内容生产行业的顺利发展。在实际应用中，要对很多技术进行融合，其中包括超高清5G、人工智能、大数据物联网网络安全等。对于其他相关领域，可以对其进行超高清示范应用工程及创新产品的打造，这些领域包括文教娱乐、安防监控、医疗健康、工业制造、广播电视、检验检测等。

在2022年北京—张家口冬奥会上，在比赛过程中将会应用5G技术，对重大活动及重要体育赛事直播，发展方向为"5G+8K"超高清视频。对于整个产业而言，这也是重要的发展契机，将会大力推动8K超高清的转播/直播落地，可以为我国8K超高清视频产业的发展增添一分力量。

三、应急领域

5G的宽连接、低延时、高可靠特征，融合人工智能、大数据、云计算等新一代信息技术，在应急领域有着广阔应用前景。下面列举一些应用案例。

兰州加快推进5G在应急管理领域的应用。据《兰州晚报》2019年9月11日消息，兰州大方电子有限公司基于5G物联网感知的防灾减灾应急指挥系统研发取得实质性进展。

据了解，该防灾减灾应急指挥系统利用5G网络和射频识别、视频图像、激光雷达、航空遥感等技术，在整合、改造气象、自然资源、水利、地震、农牧、林草等领域已建监测设备的基础上，进一步针对暴雨、山洪、干旱、滑坡、泥石流、崩塌、林火等自然灾害重点区域分批次进行监测站点设置，通过后端云计算，实现对灾害处置现场视频、语音、文本、图片、身份、定位等数据的高效处理，从而大幅提升自然灾害监测预警、分析研判、指挥调度、评估分析、信息发布等方面的能力。

四、车联网应用

中国科学院院士、中国互联网协会理事长邬铨认为，5G出现会带动车联网发展。林凌在《浅谈5G技术及应用前景》中提到，对于车联网而言，其发展过程中5G技术是必不可少的。对于车联网的网络层而言，其主要功能就是进行数据的收集和整理，并且主要针对传感层的数据，同时将结果向应用层传输，实现三级数据交互。网络层由两部分组成，分别是接入网和承载网，其中，接入网多数是无线通信网，5G无线网络就是其应用之一，而承载网的主要作用是作为运营商网络和广播网络，无人驾驶汽车就是其典型应用。要想实现汽车的无人驾驶，就要保证对汽车数据做到实时传输，比如汽车导航信息、位置以及各个传感器数据，5G应用到车联网就能在瞬间处理大量数据并及时做出响应。

5G+车联网可以实现"人—车—路—云"一体化协同，将5G元素融入车联网体系，可以保证车内、车际、车载网之间的互通性，对于很多应用场景都有着低时延和高可靠性的特征，包括远控驾驶、编队行驶、自动驾驶等。①对于运控驾驶而言，控制中心的司机对车辆进行远程控制，对于往返时延应小于10ms的要求，5G会负责解决；②编队行驶的主要应用对象是卡车或是客车，5G对于3辆以上的编队，可满足网络高可靠性与低时延的要求；③自动驾驶在很多场景中要保持其通信是同步的，比如紧急刹车等情况，对数据的处理量和采集时效有较高要求，比如，满足5G网络中的大带宽、低时延、高连接数、高可靠性和精准定位的要求。

（一）北京房山国内首个5G自动驾驶示范区

在北京高端制造业基地，房山区政府与中国移动打造了国内第一个5G自动驾驶示范区，这也是中国的第一条5G自动驾驶车辆的道路测试，对5G智能化汽车试验提供了重要环境。

（二）厦门全国首个商用级5G智能网联驾驶平台

大唐移动通信设备有限公司与厦门市交通运输局、公交集团合作，在全国范围内率先在厦门的BRT上建设商用级5G智能网联驾驶平台，这对于厦门BRT无人驾驶的实现有重要的推动作用。

五、智能工厂

在工业互联网领域，企业在多用户和多业务的保护和隔离方面，5G独立切片发挥了重要作用，工厂内部的信息采集与机器间的大规模通信需求也得到满足。对于远程定位，跨工厂和地域进行远程遥控与设备维护，都是5G红外通信可以实现的。在进行智能制造时，工厂内的高带宽通信与精准定位，需要高频和多天线技术来保证其实现。

（一）5G三维扫描建模检测系统

通过与杭州汽轮集团合作，中国移动浙江分公司建立了三位扫描建模检测系统。这一系统使检测时间从23天变为35分钟，这就保证了对产品进行全面的检测的效率，同时对质量信息建立相应的数据库，这对于后期问题的分析与追溯有着重要作用。

（二）5G航天云网接入试验

对航天云网的平台接入，在5G创新实验室已经实现，这就是贵阳市5G实验网综合应用示范项目。大量的工业设计信息通过5G网络可以上传到云端，这一过程的时延是很低的，这对于生产制造和设备监控在实时性方面都提供了重要保证。

（三）大众5G微缩汽车流水线

用5G技术对微缩汽车进行组装的流水线由德国大众公司研发，相比于现存的监测技术，这一种方式准确性更高，并且极大地提升了可靠性。

六、智慧农场

利用5G搭建智慧农场。对于5G生态智慧农场而言，这一生产场景可以根据农业智能设备对其进行控制并且实现监控视频的传输，利用手机跟踪每一株植物的生长情况，农场主可以不到农场，只需要手机就可以远程了解农场情况。再根据农场大数据，对其中的环境因素进行判断，比如土壤元素含量、温湿度等，这使农作物在种植和管理上更具有科学性。

乌镇携手中国移动打造的5G智慧农场，项目总用地约1024亩。董永泽是浙江道济农业科技发展有限公司董事长，他表示通过对5G技术的应用，在园区内的5G管理已经全部实现，比如温控、补光、水肥等；很多过程也已经实现5G控制，比如遮阳、降温、施肥浇灌、数据采集、补光系统等。

正因为有了5G技术的支持，对于环境产生的变化，可以根据需要及时调整，实现多种工作，比如自动消毒、灭菌、杀虫等，保证全程都受到管控。对于5G物联网技术而言，远程控制水肥机也是其重要应用，这使得灌溉工作更加简单。精量混肥桶是基地采购5G施肥机时采用的，不仅保证灌溉与施肥可以同时进行，也保证水肥能直接应用到植物根部，不仅节省了人力，也保证了植物营养的均衡性。

对于5G新技术的很多应用，园区进行了积极探索，比如5G自动采摘、5G无人机遥感平台等，其重点是通过“互联网”的搭建，可以有针对性地融合一、二、三产业，目标是对产业链和价值链进行提升与完善。这就是一个现代的农业发展平台。

七、智慧园区

对于城市核心系统中的多项关键信息，智慧园区可以在信息和通信技术上实现检测、分析、整合，无论是对于公共安全城市服务还是工商业活动，都可根据其需求的不同而相应地做出一定响应。根据5G所具有的特性，可以在多种场景中将其融入其中，常见的有智能工厂、智慧出行、智慧医疗、智慧家居、智慧金融等，这对于工作环境与生活环境的改善及与园区的融合提供了重要途径。

2019年4月7日，传化智联携手中国电信、华为科技、河南省工业和信息化厅，在河南建设首个5G智慧物流园区。

习　题

一、选择题

1. 5G的峰值速率相当于4G的(　　)倍。

A.10　　B.15　　C.20　　D.25

2. 下列不是5G技术特点的是(　　)。

A.5G能增强移动带宽　　B.海量机器类通信

C.超高可靠低时延通信　　D.机器学习

二、简答题

1. 请简单概述5G的特点。

2. 请描述从1G到5G的发展变化过程。

第六章　人工智能技术及应用

对于新一轮产业变革和科技革命而言，人工智能是具有“头雁效应”的战略性技术，具有较强的带动性。人工智能新理论和新技术的快速发展，以及在移动互联网、大数据、超级计算、传感网、脑科学、人机协同、群智开放等方向的应用，对世界经济发展、社会进步、国际政治经济格局等多个方面产生了深远的影响。对于我们国家来说，加快人工智能技术在国民经济各行各业的发展与应用，对产业优化升级，生产力整体跃升，以及在全球科技博弈中更好地把握主动权，都具有十分重要的意义。

第一节　人工智能概述

人工智能的概念自20世纪50年代出现以来，经历了60多年的演进，尤其是移动互联网、大数据、超级计算、传感网、脑科学等新兴技术的高速发展，促进了人工智能的加速发展。随之出现了一些新的技术与应用，其中包括深度学习、跨界融合、人机协同、群智开放、自主操控等。对于互联网而言，这就是生产关系，而生产力就是人工智能，并且人工智能是“生产力中的核心”。知识学习、跨媒体协同处理、人机协同增强智能、群体集成智能、自主智能系统是人工智能由大数据进行驱动的发展重点，其中类脑智能是最受关注的，它是脑科学研究的重要成果之一，在芯片化、硬件化、平台化方面有着更明显的优势，可以帮助人工智能进入下一发展阶段。就目前而言，新一代人工智能在整体上是持续推进的，包括学科发展、理论建模、技术创新、软硬件升级等，出现了链式突破，在多个领域对网络化和数字化向智能化发展起着重要的推动作用。

一、人工智能概念

对于人工智能这一活动而言，其所实现的是高密集度的创新，“强调智能就是强调创新，创新就是智能”[①]。美国心理学家、心理计量学家斯腾伯格（Robert Jeffrey Sternberg）认

① 张炜，等.“智能科学和技术”引领工程教育发展新动向——中国工程院李德毅院士访谈录[J]. 高等工程教育研究，2017(1)：129-132.

为，智能是个人从经验中学习、理性思考、记忆重要信息，以及应付日常生活需求的认知能力。《人工智能辞典》将人工智能定义为“使计算机系统模拟人类的智能活动，完成人用智能才能完成的任务”。

作为一门交叉性学科，人工智能的定义有很多不同的观点。在百度百科中，对人工智能的定义就是“研究、开发用于模拟、延伸和扩展人的智能的理论、方法、技术及应用系统的一门新的技术科学”，对其定位是计算机科学的分支，其中所研究的内容与方向包括机器人、语言识别、图像识别、自然语言处理和专家系统等。但在维基百科中，对其进行的定义是“人工智能就是机器展现出的智能”，也就是将其定义为一种机器，若是存在“智能特征或表现”，其就是“人工智能”。在大英百科全书中将人工智能定义为机器人在对智能物体进行执行时所具有的任务能力，前提是该机器人是由数字计算机或数字计算机控制的。

《人工智能标准化白皮书(2018版)》是由中国电子技术标准化研究院等编写的，其中提到关于人工智能，其就是对于数字计算机或是其所控制的机器所进行的扩展、模拟与延伸，是一种人的智能，对于知识获取、环境感知与知识的使用而言是具有最好的理论、方法、技术及应用系统。对于人工智能学科的基本思想与内容而言，人工智能的定义对其做出了相应解释，也就是说人工系统的中心就是智能活动。对于人工智能而言，其是知识性的，也是机器对于人们进行模仿，并利用知识对一定行为进行完成的整个过程。

中国科学院院士、清华大学人工智能研究院院长张钱在中国教育和科研计算机网(CERNET)第二十五届学术年会开幕式上，对于人工智能的定义是“人工智能在定义汇总的最直接方式就是对其的研究和对其智能体技术的设计上，对于人工智能的设计而言，不仅要重视其理论，也要重视其时间”。在智能体中，有三部分主要内容，首先就是对于物理空间的感知，比如触觉和听觉等；其次就是在信息空间所进行的思考与决策，其中甚至包括推理决策，这是一种需要进行思考的行为；最后就是在物理空间中的动作，其中主要有飞行与移动等。据相关消息，2019年10月，中国工程院院士谭建荣在2019年创响中国做主题分享时表示，人工智能是多学科交叉的，不是单一学科。人工智能关键技术主要有深度学习算法、模式识别算法、数据搜索方法、自然语言理解、增强学习算法、机械视觉算法、知识工程方法和类脑交互决策。其中对于人工智能而言，知识是最宝贵的，将各个行业中的知识进行总结就是其产业化的过程。根据所服务的行业的不同，进行不同的知识研发、知识凝练，设计知识、制造知识、管理知识、服务知识，对于人工智能而言，其本质就是对知识的应用、知识的发现、知识的建模。

人工智能作为一门交叉学科，涉及计算机科学、信息论、控制论、自动化、仿生学、生物学、心理学、数理逻辑、语言学、医学和哲学等多门学科，是自然科学和社会科学的融合。在20世纪70年代，人工智能就被列入世界三大尖端技术中，另外两个分别是空间技术和能源技术人工智能；同时也是21世纪三大尖端技术中的一个，另外两个分别是基因工程和纳米科学。对于人工智能而言，其可能引发在全行业和全领域中创新活动的变化①。

① 吕文晶，陈劲，刘进.第四次工业革命与人工智能创新[J].高教文摘，2019(3)：4-7.

可用一个公式形象地表述人工智能:人工智能=大数据+机器深度学习。大数据作为人工智能基础,大数据通过收集分析信息,为人工智能提供丰富素材;机器基于素材的积累实现深度学习,即以人的思维方式思考、分析问题和解决问题。算力、算法、数据是人工智能核心三要素,如把人工智能比作一艘远航巨轮,算力是发动机,算法是舵手,数据是燃料,彼此缺一不可。其中,算法是核心,把数据训练算法称作“喂数据”,数据也可称作“奶妈”。

从思维观点上看,人工智能是逻辑思维、形象思维、灵感思维的融合发展。人工智能最终目标是让机器代替人类去辅助或完成人类能完成的事情。

二、人工智能分类

人工智能大致可分为弱人工智能、强人工智能和超人工智能,发展顺序是自前向后。

(一) 弱人工智能

弱人工智能是仅依靠计算速度和数据来完成某个单方面任务;这些智能机器对于推理无法实现,也不能将问题解决,所以尽管看起来智能,但是其本身是不智能的,自主意识也未体现。直到今天,人工智能系统所实现的还是对于特定功能的专门智能。在主流上,目前所研究的只是弱人工智能,已经在一定程度上取得了进步,其中包括语音识别、图像处理和物体分割、机器翻译等,在有些方面已经超过人类本身具有的水平。

一个典型的弱人工智能案例就是Google旗下DeepMind公司开发的智能围棋机器人AlphaGo(阿尔法狗)和AlphaGo Zero,围棋界公认阿尔法围棋的棋技已经超过人类职业围棋顶尖水平。在GoRatings网站公布的世界职业围棋排名中,其等级分已超过排名人类第一的棋手柯洁。李世石与AlphaGo对战现场如图6-1所示。

图6-1　与李世石对战的AlphaGo

（二）强人工智能

对于智能机器而言，要想具有真正的思维，这就需要机器本身是具有自我意识和知觉的。一般情况下，对于那些达到人类水平的、能自适应地应对外界环境挑战、具有自我意识的人工智能，我们可以称其为"通用人工智能""强人工智能"或"类人工智能"。可思考、推理，做计划，理解复杂理念，并在实践中不断学习，甚至具备意识和情感，一句话，它能干人脑所做的所有事。

（三）超人工智能

牛津大学人工智能伦理学家尼可·博斯特伦（Nick Bostrom）认为，"超人工智能在几乎所有领域都比最聪明的人类大脑聪明很多，包括科学创新，以及通识和社交技能"。在超人工智能阶段，人工智能已经跨过"奇点"，其计算和思维能力已经远超人脑。《复仇者联盟》中的奥创、《神盾特工局》中的黑化后的艾达，或许可以理解为超人工智能。

三、人工智能主要驱动因素

据《中国科学报》消息，在2019年中国人工智能计算大会上，中国工程院王恩东院士表示，智慧时代，计算力就是生产力，是人工智能发展的根本推动力。

中国电子学会编写的《新一代人工智能发展白皮书（2017）》认为，在新一代信息技术发展加速的同时，比如互联网、大数据、云计算等，人类社会与物理世界从原本的二元结构向着三元结构发展着，其中包括人类社会、信息空间和物理世界，同时无论是人与人、机器与机器还是人与机器的交流都会更加频繁。算料数据的增加对于算力能力的提升有着重要意义，同时对算法进行不断优化，在很多场景中将其具体应用形成一个闭环，组成了对人工智能发展至关重要的四大要素。人工智能创新的健康运行不仅需要"工程精神"①，还需要"规矩准绳"②。

（一）人机物互联互通成趋势，算料数据呈现爆炸性增长

出现这一状况主要是因为大量普及的互联网、社交媒体、移动设备和传感器等，其数量在全球范围内是急速增加的，这对于人工智能的训练而言，提供了重要环境。在全球范围内的数据总量，每年的增加形式都是迅猛的，仅是中国的数据量占据全球的将近20%。人工智能的发展与变化从原本的对学习的监督向着不再监督学习所发展着，从多个行业中所积累的经验、发现规律、持续提升进行应用。

（二）数据处理技术加速演进，能力实现大幅提升

正是因为人工智能芯片的出现导致深层神经网络训练，同时对于数据的大规模处理具有重要意义。与此同时，很多专用芯片也相继产生，比如GPU、NPU、FPGA等。对于这些芯

① 王宝玺.我们需要什么样的工程精神[J].高校教育管理，2018（1）：41-47.

② 张勇.文化·融合·多元：新工科建设的三重向度[J].重庆高教研究，2018，6（4）：90-99.

片而言，其架构方式就是“数据驱动并行计算”，对于图像视频这样的有着大量数据的多媒体的处理有着重要意义。同时对线性代数的算法效率进行提升，其所产生的功耗比CPU的功耗更低。

（三）深度学习研究成果卓著，带动算法持续优化

百度首席技术官王海峰在接受《科技日报》记者采访时表示，开源开放是人工智能发展的全球趋势之一。深度学习是新一代人工智能的核心支撑，在人工智能的技术体系中，深度学习框架处于硬件层和应用层之间，其作用相当于个人计算机时代的Windows和移动时代的Android，堪称智能时代的操作系统。深度学习平台的核心就是深度学习框架，对于人工智能在其技术研发和产业化上是至关重要的基础设施。

在算法重要性不断显现的同时，对于算法的布局投入与力度在全球范围内的科技巨头都加大了力度，通过多种方式对创新算法和方式优化进行实现，比如成立实验室，开源算法框架，打造生态体系等。这些算法对于多个领域已经得到广泛应用，其中包括自然语言处理、语音处理以及计算机视觉等，同时在一些特殊领域中具有一定的突破性进展。

（四）资本与技术深度耦合，助推多场景应用快速兴起

现如今的应用需求与技术突破是受到双重驱使的，同时在各个产业中人工智能技术在更快速地进行渗透，其产业化的水平是在不断提升的。所谓产业发展的加速器，资本发挥着重要作用，以各个跨国科技巨头杠杆为资本，进行资本的展开与并购，对产业链布局进行进一步完善，初创型企业受到多类资本的支持，保证其中的技术型公司出现在人们的事业中。在很大范围内，人工智能已经投入使用，比如智能机器人、无人机、金融、医疗、安防、驾驶、搜索、教育等。

四、人工智能主要发展特征

中国工程院院士高文认为，积极的政策、海量的数据、丰富的应用场景、大量的青年人才储备是中国在人工智能的“大航海”时代所具备的“四大优势”。

（一）技术特征

在多方面的驱使之下，包括算料、能力、算法、多元应用等，从原本的对人工智能进行模拟慢慢演变到对人类行为进行协助的人工智能，这对于帮助多方工具在人们生活中的广泛应用具有重要意义，比如机器、人与网络，从原本的辅助地位慢慢变为对伙伴能进行协作的重要助手。

1. 大数据成为人工智能持续快速发展的基石

大数据驱动着新一代人工智能，利用学习框架的给定，对现在环境与设置中的参数与信息进行修改，保证其具有较高的自主性。比如，在将30万份人类对弈棋谱进行输入，同时经过3千万次的自我对弈后，人工智能AlphaGo的下棋能力就是全国顶尖的。在数量进行海量累计后，人工智能有了大数据的基础就可以进行快速发展。

2. 文本、图像、语音等信息实现跨媒体交互

在智能终端与互联网的发展过程中,多媒体数据的发展是爆炸式的,对于多种信息中局限的突破在网络载体和用户中实现,其中包括实时、动态传播,文本、图像、语音、视频等,这对于智能化搜索、跨媒体交互和个性化需求上进行释放。保证人工智能向着人类智能不断发展与靠近,对于感知信息在人类模拟上具有重要意义,其中包括视觉、语言、听觉等,在其他多种功能上也做出重大贡献,比如识别、推理、设计、预测等。

3. 基于网络的群体智能技术开始萌芽

人工智能的研究焦点已从计算机对人类智能的模拟,逐渐转变为具有感知和认知特点的智能化,并正向着智能体协同、群体智能的方向发展。群体智能的特点是"通盘考虑、统筹优化",其优点是信息共享高效化、自愈性强和去中心化等,这也代表群体智能在其技术上已经萌芽。比如,对固定翼无人机智能集群系统方向的研究,已在2017年6月实现了119架无人机的集群飞行。

4. 自主智能系统成为新兴发展方向

现如今生产制造在其智能化上的需求越来越多,这就利用了嵌入式系统对现存的机械设备进行改造与升级。自主智能系统对于人工智能而言是重要的发展方向。比如,采用核心为i5的智能机床,实现了智能制造模式,也就是"设备互联、数据互换、过程互动、产业互融"。

5. 人机协同正催生新型混合智能形态

在感知、推理、归纳和学习等多个方面,人类智能的优势是机器智能无法比拟的,而在搜索、计算、存储、优化等方面,机器智能是远强于人类智能的。可以说人类智能和机器智能是互补的。另外,人本身与计算机也是协同的,其取长补短的形式产生了一种信任的类型,也就是混合智能,这种智能是双向闭环系统。也就是说,其中不仅包括人,还包括相关组件。除了可以实现人对机器信息的接收,还能实现机器对与人相关信息的读取,两者是相互作用并相互促进的。人工智能的根本目标已经变为对人类智力活动能力的提示,这就保证其能与人相互陪伴,从而实现更多任务。

(二) 时代新特征

2018年9月,科技部原副部长刘燕华在2018世界人工智能大会依图科技"看见、智能分论坛"致辞中表示,人工智能新时代具备四个新特征。

(1) 在社会生活的各个领域中实行资源配置,比如人流、物流、信息流、金融流、科技流等多种方式。从多个角度对利益相关方进行重组,这对于资源配置效率的提升具有重要意义,比如需求方、供给方、投资方以及利益相关方等。

(2) 从原本的土地、劳力资本、货币资本等产业核心要素逐渐变为价值链高端被智力资本化占领。

(3) 社会组织形式的新构成就是共享经济,因为出现特别资源使用权的转让,这就导致在社会传导中出现大量闲置资源。

(4) 平台成为社会水平的标志,为提供共同解决方案,降低交易成本,多元化参与,提高效率等搭建新型的通道。

五、走向"智能+"时代

在"智能"的社会发展水平上，我国所处的阶段在网络化和数字化上还是初级的，其发展速度很快，同时实现初步应用智能化。在未来，数字化网络化与智能化长期并存，中国互联网协会等编制的《中国"智能+"社会发展指数报告(2019)》认为，"智能+"接棒"互联网+"成为赋能传统行业新动力。从"互联网+"走向"智能+"是中国社会生产和生活方式的又一次升级迭代，对于技术发展而言具有必然性；对于社会生产与生活而言，新兴科技的出现也是对其能力上的全新赋予，比如人工智能、大数据、云计算、物联网、5G等。

对于人工智能的应用，"智能"是在深度利用，这对一些特别任务的实现具有重要意义，比如简单性、重复性、危险性任务，同时在进行生产、生活、治理智能化过程中，其在社会形态上也具有重要意义。①根据发展愿景，我们会发现，因为"智能"的出现，社会的智能化环境呈现的趋势是无时不有、无处不在的，在全方位、多层次、全新赋能等方面对社会生产生活进行实现，这对于信息社会而言是至关重要的一个阶段。②从发展阶段的不同，我们可以确定"智能"所处的阶段是社会的初级阶段，在这一阶段中网络化和数字化的发展是不断加快的，同时，对于智能化初步应用，未来数字化、网络化与智能化而言，其长久的存在方式是并存的。③根据技术特点，我们可以发现，在"智能"社会上对技术进行利用的基础上，还对人工智能技术进行利用，比如智能语音、自然语言处理、计算机视觉、知识图谱等，这对于在全社会范围内的智能化水平的提升具有重要意义。

在智能化技术发展与普及的同时，科技水平因为"智能"的出现而不断提升，同时对社会在其治理模式、生产与生活中的变革具有重要意义。

(1) 对于"智能"社会基准线的提升，智能公共治理对其具有重要意义。因为智能管理的存在导致出现多方面公共治理相互协同，同时还形成了全程在线、高效便捷，精准监测、高效处置，这对于智能管理体系的智能处理和主动发现具有重要意义；对于政务大厅虚拟的一站式零等待服务，智慧政府对其进行提供，并且利用深度学习等对市民在政务上的需求进行了解，同时对于线上推送服务进行主动提供。

(2) 对于"智能"社会发展的先导而言，就是智能生活消费。在智能社会对个体进行全面赋能的过程中，从原本的消费者、个人向着产销一体发展着，这对于服务分享型社会的网络化形成具有重要作用。在技术体系进行不断发展与完善的同时，在技术上还在进行创新，这就可能导致每个人在其行为轨迹、消费偏好、生活习惯、价值取向等多个方面都会被观察，实现多种形式，比如智能人机交互、智能服务推送等，同时会保证在更多购物休闲、家居生活、交通出行等领域的快速响应、个性定制和按需服务等个性化服务上得到相应保证，这就形成了数字孪生服务体系。

(3) "智慧"社会的主阵地由智能生产所提供。从原本的单个部门和单个企业，智能生产向着全产业链、全产业不断发展着。从原本的信息通信领域、平台化趋势，向着全产业方向发展，这对于小团体与个体在赋能上，其组织结构转变为"小前端+大后端"，其网络化协作是大规模的，其生产模式是灵活高效的。多项智能技术和实体经济在进行进一步融合后，对于重点领域在应用场景上的发展起到加速作用；对于传统行业在其高质量发展和智能化提升上，"智能"起到重要指导作用。

第二节 人工智能技术探索

近年来，人工智能在语音识别、图像处理等诸多领域都获得了重要进展，在人脸识别、机器翻译等任务中已经达到甚至超越了人类的能力，尤其在举世瞩目的围棋“人机大战”中，AlphaGo以绝对优势先后战胜过去10年中最强的人类棋手世界围棋冠军李世石九段和柯洁九段，让人类领略到了人工智能技术的巨大潜力。

一、概念表示

对人工智能来说，知识是最重要的部分。知识由概念组成，概念是构成人类知识世界的基本单元。人们借助概念才能正确地理解世界，与他人交流、传递信息。如果缺少对应的概念，将自己的想法表达出来会非常困难。因此，要想表达知识，能够准确表达概念是先决条件。

要想表示概念，必须将概念准确定义。1953年以前，一般认为概念可以准确定义，而有些缺少确定的概念仅仅是由于人们研究不够深入或没有发现而已。遵循这样理念的概念定义可以称为概念的经典理论。在经典概念定义不一定存在的情况下，概念的原型理论、样例理论和知识理论先后被提出。

所谓概念的精确定义，就是可以给出一个命题(即概念)的经典定义方法。在这种概念定义中，对象属于或不属于一个概念是一个二值问题，即要么属于这个概念，要么不属于这个概念，二者必居其一。一个经典概念由三部分组成，即概念名、概念的内涵表示、概念的外延表示。概念名由一个词语来表示，属于符号世界或者认知世界。概念的内涵表示用命题来表示，反映和揭示概念的本质属性，是人类主观世界对概念的认知，属于心智世界。每个人的经验不同，对概念内涵的理解也就不尽相同。概念的外延表示由概念指称的具体实例组成，是一个由满足概念的内涵表示的对象构成的经典集合。概念的外延表示外部可观可测。经典概念大多隶属于科学概念，其在科学研究、日常生活中具有极其重要的意义。如果限定概念都是经典概念，则既可以使用其内涵表示进行计算(即所谓的数理逻辑)，又可以使用其外延表示进行计算(对应着集合论)。

当需要定义或使用一个概念时，常常需要明确概念指称的对象。一个概念指称的所有对象组成的整体称为该概念的集合，这些对象就是集合的元素或该概念名为集合的名称。集合有两种表示方法：枚举表示法和谓词表示法。所谓枚举表示法，是指列出集合中的所有元素，元素之间用逗号隔开，并将它们用花括号括起来，如$\mathbf{A}=\{1,2,3,4,5,6,7,8,9,0\}$、$\mathbf{N}=\{0,1,2,3,4\}$是合法的表示；谓词表示法是用谓词来概括集合中元素的属性，该谓词是与集合对应的概念内涵表示，即其命题表示的是谓词符号化中的谓词。

知识是人们在长期的生活及社会实践中、在科学研究及实验中积累起来的对客观世界的认识与经验，是人们将实践中获得的信息关联在一起而形成的。一般来说，把有关信息关联在一起所形成的信息结构称为知识。

信息之间有多种关联形式,其中用得最多的一种是用“如果……则……”表示的关联形式。在人工智能中,这种知识被称为“规则”,它反映了信息间的某种因果关系。我国北方人经过多年的观察发现,每当冬天即将来临时,就会看到成群的大雁向南方飞去,于是将“大雁向南飞”与“冬天就要来临了”这两个信息关联在一起,得到了如下知识:如果大雁向南飞,则冬天就要来临了。“雪是白色的”也是知识,它反映了“雪”与“白色”之间的一种关系。在人工智能中,这种知识被称为“事实”。

知识是人类对客观世界认识的结晶,并且受到长期实践的检验。因此,在一定的条件及环境下,知识是正确的。很多规律、定理的正确是需要一定的条件和情况的,如1+1=2的前提条件是在十进制的情况下,如果是二进制,则1+1=10。在人工智能中,知识的相对正确性更加突出。除了人类知识本身的相对正确性外,在建造专家系统时,为了减少知识库的规模,通常将知识限制在所求解题范围内,也就是说,只要这些知识对所求解的问题是正确的即可。

因为现实世界本身就是复杂的,同时其信息有可能是精准的,也有可能是模糊的、不精准的。根据以往的经验推断,冬天不可能刮东南风,但实际天气变化的随机性引起了不确定性,竟然在冬天刮起东南风,这场东南风使一些行业损失惨重。因为知识本身具有一定的模糊性,这就导致其具有不确定性。又由于很多客观事物的模糊性,导致人们无法将知识和客观事物两者完全分开,对于相关对象的概念是模糊的;但是因为有一些事物本身的关系是模糊的,就使它们之间关系的“真”与“假”是无法评判的。这样由模糊概念、模糊关系所形成的知识显然是不确定的。例如,“他长得比较高、比较帅”,这里的“比较高、比较帅”都是模糊的,没有确定的定义,不同的人理解不同。知识的不确定性也会由经验引起不确定性。知识一般是由领域专家提供,这种知识大都是领域专家在长期的实践及研究中积累起来的经验性知识。尽管领域专家以前多次运用这些知识都是成功的,但并不能保证每次都是正确的。实际上,这种不确定性和模糊性在经验性本身就进行体现,这就导致其在知识上的不确定,也就是说是因为其所具有的不完全性才导致不确定性。对于客观世界的认知,人们的水平也在逐步提高,这就导致在进行大量知识积累后,人们的认识才实现从感性到理性的转变,这样,知识就形成了。所以,对于知识而言,其发展过程是需要逐步完善的。对于这一过程,如果因为客观事物在其表达中是不够充分并且具体的,就会导致人们在对它的认识上是不充分、不全面的,无法理解其本质,从而使得在认识上是不准确的。正是因为这样的不准确性和不完全性,导致其所产生的知识是不确定、不准确的。

通过适当的形式对知识进行表达就是知识的可表示性,比如利用语言、文字、图形、神经网络等方式进行表达,这才能保证知识的传播与存储。知识在其可利用性上指的是知识是可以进行利用的。对于概念而言,指的就是将知识进行模式化或是形式化。知识表示的目的是能够让计算机存储和运用人类的知识。已有知识表示方法大都是在进行某项具体研究时提出来的,有一定的针对性和局限性。目前已经提出了许多知识表示方法,常用的有产生式、框架、状态空间等知识表示法。

二、机器学习

人工智能技术所取得的成就,在很大程度上得益于目前机器学习(machine learning)理论和技术的进步。在可以预见的未来,以机器学习为代表的人工智能技术将给人类生活带来深刻的变革。作为人工智能的核心研究领域之一,"机器学习"是人工智能发展到一定阶段的产物,其最初的研究动机是使计算机系统具有人的学习能力以便实现人工智能。

什么是机器学习?至今还没有统一的定义,也很难给出一个公认的、准确的定义。简单地按照字面理解,机器学习的目的是让机器能像人一样具有学习能力。机器学习领域奠基人之一、美国工程院院士汤姆·米歇尔教授认为机器学习是计算机科学和统计学的交叉,同时是人工智能和数据科学的核心,他撰写的经典教材《机器学习》中给出的机器学习经典定义为"利用经验来改善计算机系统自身的性能"。

人类学习的目的是什么?是掌握知识、掌握能力、掌握技巧,最终能够进行比较复杂或者高要求的工作。同样,机器学习不管学习什么,最终目的都是让它能够独立或至少半独立地进行相对复杂或者高要求的工作。机器学习更多的是让机器做一些大规模的数据识别、分拣、规律总结等人类做起来比较花时间的事情,这就是机器学习的本质性目的。

在近现代,尤其是第一次和第二次工业革命之后,化石能源驱动的高能量的机器再一次在更多的领域取代人力、畜力,大大改善了人类的生产效率。在信息革命之后,随着计算机计算能力的增强,以及计算机算法领域新理论、新技术的逐渐发展,机器也逐渐代替人,参与到更多的带有"一定的智能性"的信息分拣与识别的工作中来。机器模仿人的学习过程,如同模仿一个婴儿认识一些动物的过程。一个婴儿要认识猫、老虎、狮子、豹子、猞猁等动物,需要将不同的动物图片给婴儿看,并告诉婴儿这些图片分别是哪些动物。当婴儿学习了一段时间后,凭借已有的经验就能够较为准确地区分出不同的动物,即使提供了婴儿没有学习过的动物的图片,婴儿凭借已有的学习经验也能够判断出来是哪种动物;但由于学习的图片数量有限,因此还是会出错,如将猞猁的照片给婴儿看,婴儿可能会错误地认定为猫的图片,这主要是由于学习的经验还不够,当婴儿学习了足够多的动物图片,积累了足够的学习经验后,判断的结果将更加准确,婴儿识别动物图片的学习过程可以归纳为学习已有的图片,根据图片的特征积累了丰富的学习经验,根据学习经验对其他图片进行判断识别。学习的图片越多,积累的经验越丰富,对未知图片的识别准确率就越高。

通过机器学习来识别这些动物图片的过程与婴儿的学习过程十分相似。首先,将图片处理为计算机能够读懂的数据,要求图片的大小相同,每张照片转换为一组数据,并对数据进行标注,如猫类图片编号为0,狮子类图片编号为1,豹子类图片编号为2,猞猁类图片编号为3,老虎类图片编号为4。

机器学习的过程是计算机通过对输入的动物照片进行学习的过程,即在计算机内部建立一个识别模型,学习每张图片的同时指出对应图片的编号,计算机根据学习图片数据和图片的编号来完善它的识别模型,持续进行学习训练。每训练一定次数后对识别模型的结果进行测试,如果测试的结果不能满足要求,则继续对动物图片数据进行学习,直到训练出来的识别模型识别结果符合识别要求后再保存识别模型;然后使用识别模型来识别未知动物的图片。如果训练出来的识别模型能够有效识别各类动物图片,则该识别模型有效。训练过程包括图片的预处理。每张图片都要预先进行数字化处理,将图片信息转换为计算机能够识别的数据,如果图片为320像素×320像素,每个像素用一个数据来描述像素的信息,则一张图片需要用102400个数据大小的存储空间来保存图片的信息,如果有10000张图片用来作为训练数据,则需要1024000000个数据大小的存储空间保存全部图片信息。因此,计算机需要提供很大的存储设备来保存图片信息，而当前的计算机存储容量较大，能够满足存储要求。

计算机训练识别模型的过程是每次读取若干张图片的信息，并通过设定的模型进行计算，将计算结果与图片对应的结果进行比较，如输入的照片为猫，而运算的结果为猫的概率为0.6，实际结果为1，则训练实际结果与计算结果偏差为0.4，以这个偏差作为调整训练模型的依据来修正训练模型，调整的目标是降低运算结果与实际结果之间的偏差，如果偏差为0，则模型为最优，通过对训练模型反复训练，提高模型对每类动物图片的识别率。通过使用足够多的训练样本和训练次数，以及合理的训练模型结构，能够训练出识别率较高的识别模型。

在使用训练好的识别模型识别图片数据时，输入图片信息，通过识别模型计算后将得到属于每类识别动物的概率，最小概率为0，最大概率为1。如输入一种猫的图片，通过识别模型计算后识别出图片是猫的概率为0.8、老虎的概率为0.1、狮子的概率为0.03、豹子的概率为0.05、猞猁的概率为0.02，则概率最大的结果为0.8，从而推断出输入的是猫的图片。在实际使用模型计算时，将直接输出识别结果和识别的概率。对用户而言，识别模型就如同一个黑盒子，用户不需要了解黑盒子的结构，但并不代表识别模型识别的结果一定准确，由于样本的数量有限，在某些特例情况下仍会出错。当输入的信息不够完整时，识别的准确率将大大降低，如将正常的一张猫的图片覆盖掉一半，如果所覆盖掉的内容是图片的重要特征信息，识别正确的概率就会大大降低。

机器学习可以分为以下五大类。

(1) 监督学习(supervised learning)：对于已经给定的训练数据集中对一个函数进行学习，在新数据到来的同时，可以对这一函数进行结果上的预测。监督学习的训练数据集要求是输入和输出，也可以说是特征和目标。训练数据集中的目标是由人标注的。常见的监督学习算法包括回归与分类。上述识别动物图片的案例即为监督学习。

(2) 无监督学习(unsupervised learning)：相比于监督学习，无监督学习中的训练数据集中，人为标记的结果是不存在的。聚类等是我们常见的无监督学习算法。

(3) 半监督学习(semi-Supervised learning)：这是一种介于监督学习与无监督学习之间的方法。

(4) 迁移学习(transfer learning)：将已经训练好的模型参数迁移到新的模型以帮助新模型训练数据集。

(5) 增强学习(reinforcement learning)：学习的方式利用好对周围环境的观察，其中所存在的动作对于环境都会产生影响，根据所观察到的周围环境的不同，学习对象对其进行反馈与判断。

三、人工神经网络与深度学习

深度学习(deep learning)中的重要分支神经网络也称人工神经网络(artificial neural network，ANN)，是一种由人类的生物神经细胞结构启发而研究出的算法体系。

1957年，罗森·布拉特提出了感知器模型，这种模型和现在最新应用框架中的神经网络单元形式上是非常接近的。要想了解神经网络，首先需要了解它最基本的组成单元神经元。

对于神经元的研究是很久远的事情。在1904年,生物学家们就已经了解神经元的组成结构,也就是在一个神经元中,通常具有多个树突,这些树突可以实现对传入信息的接收;对于轴突而言,其本身只具有一条,同时在轴突的尾端有很多轴突末梢,可以实现对其他多个神经元在信息上的传递,使其产生链接,实现信号的传递。这一位置也就是神经元形状,通常被称为是“突触”。神经细胞在信号的传递中采用化学信号进行传递,即靠一些有机化学分子的传输来传递信息,但是有机化学分子太复杂了,到目前为止人类对于这些化学分子所具体承载的信息仍然一知半解,还没有形成完整的体系性解释。而人类从这种通过神经细胞之间的刺激来传递信息的方式中获得了启迪,设计了一种网络状连接的处理单元,让它们彼此之间通过某种方式互相刺激、协同完成信息处理。

1943年,心理学家沃伦·麦卡洛克和数学家沃尔特·皮茨参考了生物神经元的结构,发表了抽象的神经元模型MP。一旦多个神经元首尾连接形成一个类似网络的结构来协同工作,就可以被称为神经网络。神经网络没有被硬性规定必须有多少层,每层有多少个神经元节点,完全是在各个场景中根据经验和一些相关理论进行尝试,最后得到一个适应当前场景的网络设计。

神经网络对于人脑来说是一种模拟,这对于类人工智能在其机器学习上的实现有着重要意义。对于神经网络而言,其在人脑中的组织是相对复杂的,在成人的大脑中,具有超过100亿个神经元。

一个比较简单的神经网络结构通常会分以下几层:输入层(input layer)隐藏层(hidden layer,也称为隐含层或中间层)、输出层(output layer)。神经网络包含3个层次,左侧是输入层、右侧是输出层、中间是隐藏层。其中,输入层有3个单元、隐藏层有4个单元、输出层有2个单元。

神经元就是以首尾相接的方式进行数据信息传递的,前一个神经元接收数据,数据经过处理后会输出给后面一层相应的多个神经元进行神经网络的设计,对于输入层和输出层来说,其节数是固定的,但是在隐藏层中所具有的节点数可以进行自由设定;在神经网络结构图中所具有的拓扑结构与箭头说明了在进行预测时,其数据的流通方向,这一方向与进行训练时的数据流向是大不相同的;对于神经网络结构而言,其中的关键不是“神经元”,而是连接线,也就是各个神经元之间的连接。对于每个连接线而言,其权重也是大不相同的,我们也可以称其为权值,这一数值通过学习就可以获得。

随着Google的AlphaGo以4:1的悬殊比分战胜韩国的李世石九段,围棋这一人类一直认为可以在长时间内轻松碾压AI的竞技领域已然无法固守,而深度学习这一象征着未来人工智能领域最重要、最核心的科技也越来越多地受到人们的关注。对于机器学习而言,深度学习是其中一种对于数据在其表征性上进行学习的重要方法,对于人脑中的神经结构可以进行模拟的重要机器学习方法。对于机器学习而言,深度学习也是其中一个全新的领域,它是为了实现利用人脑本身具有的机制来对数据进行解释,比如声音、图像和文本等。深度学习的存在能让计算机具有人们的智慧,由此可见,其发展前景是广阔的。在其学习方法上也是大有不同的,其中包括有监督学习和无监督学习。在不同的学习框架下所建立的学习模型是大不相同的,比如卷积神经网络(convolutional neural network,CNN),这就是一种有监督学习下的具有一定深度的机器学习模型,深度置信网(deep belief network,DBN)这种机器学习模型则是无监督学习下的。

深度学习实际上指的是基于深度神经网络(deep neural network,DNN)的学习,即是深度人工神经网络所进行的学习过程。业界没有特别定义具体有多少层的神经网络才是深度神经网络,因此通常将超过2层的神经网络,即1个隐藏层和1个输出层以上的神经网络都称为深度神经网络。深度学习的概念具有另一层次的含义,一个深度学习网络能够学到深层次的内容,能够提取到基于统计学指标、传统机器学习或显式的特征与内容描述所无法表述的内容。

深度学习的概念源于人工神经网络的研究。所以,对于人脑中神经元的处理,是人工神经网络从信息处理的角度切入进行抽象的,这对于某种简单模型根据不同连接方式的建立所组成的不同网络具有重要意义,这也被称为类神经网络或是神经网络。所以,我们又常称深度学习为深度神经网络,是由传统的人工神经网络模型发展而来的。

深度神经网络之所以如此具有吸引力,主要是因为它能够通过大量的线性分类器和非线性关系的组合来完成平时难以处理的问题,这是一种非常新颖并且非常具有吸引力的解决方式,人类对机器学习中的环节干预越少,意味着距离人工智能真正实现的方向越近。

深度学习涉及很多数学理论,包括线性代数、概率论和信息论、最大似然估计和贝叶斯统计等,其实质就是构建隐藏层中的机器学习模型,并利用海量的数据对机器进行训练,来保证其对特征的学习,实现对分类效果和准确性相关内容的识别能力提升。所以,有效的学习手段就是“深度模型”,而最终目的就是进行“特征学习”。对于模型结构深度上的强调是深度学习的特点,同时也突出体现了特征学习本身的重要性。在逐层特征变换的过程中,会将原空间样本的特征转换为新空间样本的特征,这就保证了预测和分类更加简便。相比于人工规则构造特征,在数据信息丰富性的刻画上,大数据的学习特征更具有代表性。

对于计算机实现自动学习,并且从中将其模式特征进行方法上的总结就是深度学习所提出的,在进行建模的过程中,特征学习也融入其中,这对于特征在人为设计过程中所存在的不完备性进行减少。就目前而言,对于一些核心是深度学习的机器学习应用而言,为了对特定条件下的应用场景进行满足,对于现有的算法上的识别和性能上的分类已经大大提升。为了保证其高精度,还需要大数据对其进行支撑。对于深度学习而言,其模式特征本身具有一定的复杂性,这就导致其算法所需要的时间及复杂度更高,为了对其实时性进行保证,就要求采用更高的编程技巧,同时具有更好的硬件条件上的支持。所以,对于一些经济实力更强大的企业和机构而言,以及对于进行前沿应用的开发商来说,深度学习是一个好的选择。

神经网络和深度学习目前提供了针对图像识别、语音识别和自然语言处理领域诸多问题的最佳解决方案。传统的编程方法是告诉计算机如何去做,将大问题划分为许多小问题,精确地定义了计算机很容易执行的任务。而神经网络不需要告诉计算机如何处理问题,而是通过从观测的数据中学习,计算出它自己的解决方案,目前,对于深度神经网络和深度学习而言,其在很多问题的处理上所取得的成果已经非常出色,比如计算机视觉、语音识别和自然语言处理等。

四、卷积神经网络

随着神经网络技术的进化与发展,人们开始尝试设计一些新的神经元逻辑结构,卷积神经网络就是一种很有益的尝试。到目前为止,绝大多数在模式识别应用中表现好的网络在一定程度上对卷积神经网络中的关键组件进行借鉴,在其本质上,卷积神经网络就是一种映射,其方向是从输入到输出的,同时对于这一方向上的映射关系,其也能够进行学习,同时在这一过程中不需要过于精确的数学表达式,只需要加强训练和模拟就能实现对卷积神经网络的利用。对于网络来说,其中的映射能力就会存在。

卷积神经网络通常应用于图像识别和语音识别等领域,并能给出更优秀的结果,也可以应用于视频分析、机器翻译、自然语言处理、药物发现等领域。著名的人工智能程序AlphaGo让计算机看懂围棋就基于卷积神经网络。

五、人工智能技术实现数字识别过程

人工智能是当今科技领域的一个热点,那么到底什么是人工智能,人工智能到底是如何实现的呢?下面将通过一个相对简单、容易掌握、有效的数字识别人工智能案例识别图片中的数字过程,来介绍人工智能在社会中的应用。如今深度学习在许多应用中都取得了非常好的效果,最新的研究结果证明了深度学习在机器学习和人工智能领域的有效性,特别是图像和语音识别领域。因此,深度学习在手写数字识别中的应用研究有着重大的现实意义。手写数字识别如图6-2所示。

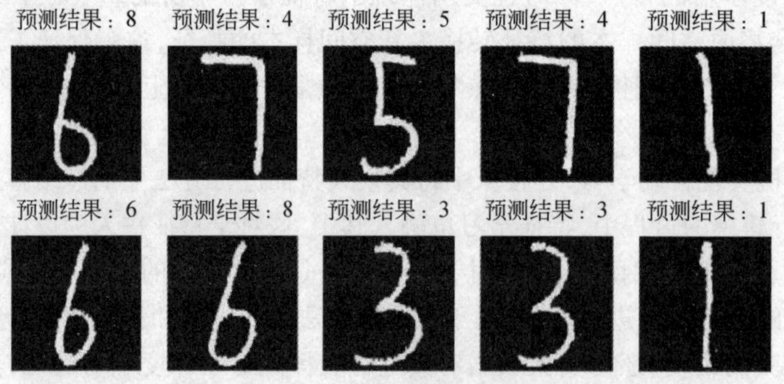

图6-2 手写数字识别

光学字符识别(optical character recognition,OCR)指的是利用电子设备对纸上所打印的字符进行检查,比如扫描仪或数码相机等,对于其形状的确定利用亮和暗两种模式调整,对形状翻译用字符识别的方式向着计算机文字的方式进行转变;也就是说,它所针对的是印刷体字符,对于纸质文档中的文字用光学的方式向着黑白点阵中的图像文件进行转换。对于图像中所存在的文字,利用软件对其进行识别,并转化为文本格式,方便文字处理软件的下一步加工与编辑。

OCR系统的目的是对影像进行转换,使影像内的文字能够被计算机识别,并使影像资料的储存量减少,识别出的文字可再使用及分析从影像到结果输出,须经过影像输入、影像前处理、文字特征抽取、比对识别、人工校正等步骤,最后才将结果输出。

六、人工智能技术实现人脸识别

大规模神经网络的应用可以在人脸识别领域得到实现，其在安防监控领域的监测应用、网上银行的无人值守窗口、活体检测和娱乐性的应用方面都有着非常好的落地实例大量代替人类烦琐劳动的工程，在现实业务中获取了极大的剩余价值，也吸引着一批又一批的工程技术人员不断深入研究。人脸识别也是现在非常热门的一个领域，除了测颜值、测年龄软件等“玩具”以外，其在安防监控、金融等多个领域都有应用。通过机器视觉手段可以找出图库中所有的人脸图像，如识别出多幅图中相同的人；输入一个人的照片，让机器在数据库中查找他究竟是谁，这些都是人脸识别这个大范畴下的不同应用方向。

(一) 人脸识别应用

人脸识别技术的实现主要分为三大步骤：一是建立一个包含大批量人脸图像的数据库；二是通过各种方式来获得当前要进行识别的目标人脸图像；三是将目标人脸图像与数据库中存在的人脸图像进行比对和筛选。根据人脸识别技术的原理，具体的实施流程主要包含以下4个部分，即人脸图像的采集与预处理、人脸检测、人脸特征提取、人脸识别。人脸检测是对人脸进行识别和处理的第一步，主要用于检测并定位图片中的人脸，返回高精度的人脸框坐标及人脸特征点坐标。人脸识别会进一步提取每个人脸中所含有的身份特征，并将其与已知的人脸进行对比，从而识别每个人脸的身份。目前，人脸检测/识别的应用场景逐渐从室内演变到室外，从单一限定场景发展到广场、车站、地铁口等场景，人脸检测/识别面临的要求也越来越高，如人脸尺度多变、数量庞大、姿势多样(包括俯拍人脸、戴帽子或口罩等进行遮挡、表情夸张、化妆伪装、光照条件恶劣、分辨率低到肉眼都较难区分)等一个完整的视频流。人脸识别系统的主要工作流程如下。

(1) 通过OpenCV抓取摄像头的视频流。

(2) 通过多任务卷积神经网络(MTCNN)对每帧图片进行人脸检测和对齐，设置每n个间隔帧进行一次检测。

(3) 通过FaceNet预训练模型对步骤(2)得到的人脸进行512维的特征值提取。FaceNet的主要思想是将人脸图像映射到一个多维空间，通过空间距离表示人脸的相似度。同一个人脸图像的空间距离比较小，不同人脸图像的空间距离比较大。这样通过人脸图像的空间映射就可以实现人脸识别。

(4) 收集目标数据集来训练自己的分类模型。

(5) 将步骤(3)得到的512维的特征值作为步骤(4)的输入，输出即为人脸识别结果。

苹果手机的人脸识别模块如图6-3所示。

(二) 身份识别应用

利用百度深度学习能力所发展出的人脸识别技术对于多种能力的发展上具有重要意义，其中包括人脸检查与属性分析、人脸1:1对比、人脸搜索、活体检测等，就目前而言，其所应用的行业场景包括金融、泛安防、零售等，对于很多业务需求进行满足，比如身份核验、人脸考勤、闸机通行等。不论是哪种应用,几乎都离不开如下几个步骤的工作。

图6-3 苹果手机的人脸识别模块

1. 人脸检测

在输入的图片中查找有没有人脸并找到人脸所在的位置,并用方框标出人脸,计算其数量,这些工作很容易实现。

2. 人脸跟踪

此步骤主要是“跟踪”人脸,通常是在一个视频流中实时捕捉到某个人脸上主要特征点的位置,这样就能得到一个内容比较丰富、立体的人脸信息,也能够从中识别出表情上的细腻变化。

3. 人脸识别

对于人脸识别而言,这种技术的基础就是人脸部信息特征,是一种生物识别技术,也就是利用摄像头或是摄像机对含有人脸的视频流或是图像进行采集,同时在进行采集的过程中对人脸进行跟踪,实现对人脸检测和识别的相关技术,这一技术通常也被称为是面部识别与人像识别。其应用场景最多的是身份认证,无论人脸图像是什么表情、戴不戴眼镜、是不是侧脸、光线昏暗与否,甚至即使年龄有了变化也能够正确识别。这也是3个步骤中最难的一步。因为人脸识别技术加速发展、市场应用在其需求上不断增大和资本的宣扬,导致近几年中的人脸识别极为火热。对于人脸识别技术而言,其在应用场景上的突破也是巨大的,不再仅局限于门禁和考勤这样简单的应用,而在对技术进行提升的同时,其社会认可度也在不断增加,在多个领域中都被广泛应用,比如金融、司法、军队、公安、边检、政府、航天、电力、工厂、医疗等。

在深度学习加速发展的同时,人脸识别这一以深度学习为基础的学科也发生了一定的突破。我们都知道,更多的样本和数据是深度学习所必不可少的,同时更多的样本和数据加上更多的训练次数,这就保证其所能捕捉到的结果是更准确的,同时其答案也是更具有参考性的。也就是说,根据深度学习这一算法的引入,原本的人脸识别系统对于之前存在的长期性问题多可以进行解决。在应用活体检测、证件识别、人脸对比等多种技术能力上面,其能够捕获当前用户照片并与公民身份照片进行比对,实现身份验证,以帮助识别业务场景中的用户是否为“人”且为“本人”,从而更加快捷地完成身份核实工作,提高业务处理效率,减少人工成本。

第三节　人工智能技术的应用

围绕人工智能领域,我国陆续出台了相关政策,对于新一代人工智能在其整体推进上具有指导意义,其中包括学科发展、理论建模、技术创新、软硬件升级等,对于链式突破进行引发,同时对于经济社会中从原本的网络化和数字化向着现在的智能化发展不断改进,实现飞跃。人工神经网络在热门的人工智能领域有着很多很好的应用。

一、智能助理

人工智能其实很早就在手机上使用了,如大家经常使用的Siri、Google Now和Cortana等虚拟个人助理就是人工智能的典型应用。大家可以询问"今天天气怎么样?""定一个9点钟的闹钟"等,这时虚拟的个人助理就会进行信息的查询,并且利用手机中的App实现信息的发送。天猫精灵、方糖智能音箱、小米AI音箱等人工智能产品深受老人和儿童的喜爱。智能音箱支持语音交互,内容包括在线音乐、网络电台、有声读物、广播电台等,提供新闻、天气、闹钟、倒计时、备忘录、提醒、时间、汇率、股票、限行、算数、百科/问答、闲聊、笑话、菜谱和翻译等各类功能。与人工智能进行交互这一过程看似简单,但是在实际实现的过程中人工智能占据重要的地位,同时在其中扮演着重要角色。对于用户所提供的指令,人工智能会对其进行收集,并分别对用户的语音进行进一步的识别,实现更个性化服务的提供,这就保证用户在使用时其使用感更好,也就有了更好的效果。

二、图像处理

在拍照方面,人工智能的应用也相当广泛,其中引领着美颜界的风格发展的就是"美图秀秀"在PC端的出现。在还没有"实时美颜功能"出现在自拍软件中时,年轻的女性们对于很多字眼已经非常熟悉了,比如"瘦脸""大眼""磨皮""美白"等,就像是现在自带美颜功能的相机一样,使用AI技术对场景进行光源的模拟预设,同时进行前景虚化和自动美颜。在进行拍照时,利用深度学习算法和数据库分析等技术,AI进行对人脸的智能识别与对拍照场景的识别,保证其最佳的拍照时机,并且实现完美虚化,其效果是迷人的,不需要大师拍照,也能拍出好看的照片。

人工智能在图像处理方面也被广泛应用。通过使用低光拍摄的照片和曝光强度足够的照片训练人工智能,获得模型后来处理低光拍摄的照片,使处理后的照片与使用传统处理方式得到的照片效果更好。

三、机器视觉

人脸识别几乎是目前应用最广泛的一种机器视觉技术,随着深度学习技术的发展,人脸识别准确率已经超过了人类的平均水平，基于卷积神经网络技术应用的图像识别技术进一步提高了图像的识别率。通过人脸识别能够快速识别身份，所以被广泛应用在安保、支付等诸多领域，"刷脸支付"已经成为一种成熟的支付方式。

广义的机器视觉包括人脸识别、图像识别、视频中的图像识别、场地识别、地点识别等。人工智能技术能够辅助医生对肿瘤患者的病灶扫描图片进行识别，帮助医生识别出病灶的情况。

谷歌发布的CloudVisionAPI公测版可以帮助第三方开发者在自己的应用中集成图像识别和分类功能。用户通过调用谷歌的API程序，能够有效识别图像中的对象。谷歌Photos程序能够识别花、食品、动物及本地地标等对象。谷歌表示，Photos经过训练，能识别数千种不同对象。这一功能也可以用于过滤不适当的图片内容。

对于直播和短视频软件中所使用的人工智能技术所开发拍照软件已经比较成熟，在其中使用人工智能技术主要体现在直播、短视频软件的美颜、贴纸等方面。除此之外，人工智能还能帮助人们过滤掉直播、短视频软件中的不良内容。

四、新闻、电影、音乐、购物推荐

通过对用户喜欢的音乐进行分析，可以对其中所存在的共性进行找出，并且在庞大的数据库中对用户所喜欢的部分进行筛选，比起资深音乐人，这一方式更科学更高效。电影推荐也是同样的，利用对用户所喜欢的影片进行分析，从而对用户的喜好进行了解，了解得越详细，就能保证其所推荐出的电影是用户更喜欢的。相似的还有新闻软件，这一软件在文章更新上对读者的爱好越来越了解，这也是因为在新闻软件中使用了人工智能技术来对特定用户所喜爱的内容进行分析后的推荐。其中今日头条就是一个重点的例子，对于这一引擎来说，其基础就是机器学习，在用户所使用的频率更频繁的情况下，其所产生的动作就越多，比如用户的互动、阅读内容的数量、阅读速度及场景等。收集好这些动作后，根据数据能够为用户进行画像，这一场景类似于看医生时，医生需要对病人进行全方位观察一样，需要病人对其情况进行详细描述。在进行描述后，其相应的表格便形成了，这样，今日头条就实现了用同样的方式"认识"每一个人，同时在对每个文章和用户的关键词进行确定后，根据其在向量上位置的不同，系统对其进行匹配。在超过一定程度后，系统便默认这一信息就是用户最想得到的，同时向用户进行推送。

平时就有上网购物习惯的用户会发现，对于很多购物网站，好像对用户的喜好都有一定了解，比如淘宝、京东、亚马逊等，它们所推荐的商品总是用户需要的。显然，这就是人工智能进行分析后的结果。对于每一位用户的购买记录、浏览记录和愿望清单等进行分析，同时根据这些数据对该用户的偏好进行进一步分析，从而实现利用这一技术对不同用户推荐不同商品的精准营销方式，其中甚至包括优惠券、打折、商品推荐与广告等。

五、客服服务

很多网站会提供一个进行人工服务的窗口，但是对于一些网站来说，这些窗口的服务人员并不是真人。在很多情况下，这只是一个AI，而这些AI仅仅具有简单问答的功能，也就是一个自动应答器,有一些可以从网站中实现知识的学习对用户的问题进行回答。对于这些聊天机器人而言,对自然语言的理解是它们首先要具备的能力,其次就是因为在与人沟通和在与计算机沟通时的方式是大不相同的。也就是说,对于这项技术而言,对于自然语言的处理是重中之重,对于不同语言中所表达的其所具有的实际目的就是其可以代替人工服务的重要证明。同时,人工智能技术在客服端的成功应用也带了负面影响,当前人工智能机器人骚扰电话问题引发了热议,信用卡办理推销业务骚扰电话层出不穷。用户有时无法辨别出与之对话的是人还是机器,对此,国家将加大查处力度,从根源抓起,避免人工智能电话骚扰大众。

六、游戏应用

在很多游戏中也具有AI上的应用,自从第一款大型游戏的研制直到现在,AI在游戏中应用时间很长。在早期,AI在严格意义上不是AI,而是可以根据程序的设定从而实现一定行为的方式,对于玩家的反应不予考虑。近年来,AI在游戏上的应用是更加有效并且复杂的,同时其发展也是很快的,实现在大型游戏中对玩家的行为进行揣摩,做出一些相应的反应,就AI技术本身而言,其在游戏中的应用可能是大材小用,但是因为游戏市场本身就是巨大的,这就导致在其中投资的人和相应的资金很多,促进其发展。

七、安全防护

现在人们对安全问题越来越重视,同时监控摄像头的设置也越来越多。普通摄像头主要应用在对场景的记录和重现上,但是新的挑战出现了,就是要对已拍摄的画面进行人工监测。对多个摄像头画面的监控需要很多人力,也会导致工作人员产生疲倦感,进而不能及时发现新出现的一些状况或出现工作上的失误。所以,监控摄像头引入人工智能技术是非常必要的,同时人工智能也是24小时持续监控的重要保证,这样一旦画面中出现异常人员或者特殊状况,可以在第一时间通知保安。目前很多场所都开始使用人工智能技术进行安全监控,比如车站、景区和商场等,这是群众生命安全的重要保证。

对欺诈行为的监控也能通过人工智能来实现。一般情况下,可以将含有欺诈的样本数据传输至计算机中,计算机根据指令对其进行分析,从而发现交易中的不同情况。经过一定的训练后,机器通过学习并掌握人们的多种特定行为,就能在实际应用上辨别出交易欺诈等行为。如果某个用户的账户存在被诈骗的风险,银行会通过短信或是电话等方式提醒该用户,并会询问用户的支付行为是否出于自愿。另外,银行还会保证在用户交易汇款前经过本人的确认。

八、AI艺术

在照片中利用多种滤镜来进行暖光感和复古感上的赋予,这已经是一件习以为常的事情。但是,最近"艺术滤镜"的出现改变了这一情况:对于很多知名优化作品进行人工智能上的将风格融入照片中,其中包括文森特·凡·高的《星空》或爱德华·蒙克的《呐喊》等作品,这对于帮助一个原本普通的照片变为具有更高艺术价值的照片的转变具有重要意义。通过对神经网络的学习，计算机不仅实现对这些油画在其艺术风格上的学习，同时还实现了将其在视频与照片中的完美融合，并且具有"滤镜"变换的功能。准确地说，对于这些"滤镜"而言，其变换不是只存在于颜色中的不同，而是具有更深程度和意义的，这也被称为是风格上的改变。简单地说就是根据软件来对照片进行扫描，同时对于照片中的内容进行确定，对另一张照片的风格也要确定，从而实现利用风格迁移将其内容和风格的融合。这种画风迁移功能不仅可以帮助普通人进行艺术创作，还可以帮助女生装扮成动漫或梦境中才能出现的美少女形象，用以在社交网络中展示自己迷人的自拍照。

九、新一代的搜索引擎

搜索引擎是诞生于20世纪的一项互联网核心技术，百度是当前国内最大的搜索引擎服务公司。对于人工智能技术在其新一代搜索引擎上，智能搜索引擎对其进行结合，除了传统的多种功能之外，比如快速检索、相关度排序等，很多全新的功能也能实现，包括用户角色登记、用户兴趣自动识别、内容的语义理解、智能信息化过滤和推送等。在对智能搜索引擎进行设计时，所具有的目标包括：对于用户所提出的请求，从网络资源中对相关信息进行检索，提供给用户的一定是用户最需要的信息。

对于智能搜索引擎来说，它具有信息服务的特点和智能化、人性化的特征，从而实现用自然进行进一步搜索，这对于搜索服务更人性化上是一种重要表现。搜索引擎的代表有百度、搜狗、搜搜和必应等。智能搜索引擎能一站式搜索网页、音乐、游戏、图片、电影、购物等目前互联网上所能查询到的所有主流资源。与普通搜索引擎有所不同，其能够集各个搜索引擎的搜索结果于一体，使用户在使用时更加方便。

近年来，利用人工智能技术在语音识别、自然语言理解、知识图谱、个性化推荐、网页排序等领域的长足进步，百度、谷歌等主流搜索引擎正从单纯的网页搜索和网页导航工具转变为世界上最大的知识引擎和个人助理。

十、机器翻译

提到机器翻译时，很多人心中会感到疑惑，其实早在十几年前，将一句简单的英文句子放到金山词霸或百度翻译中，就能够直接对其进行翻译。但相对较长较为复杂的英文句子，翻译的结果就很难满足要求了，基于句法规则的机器翻译也很快遇到了新问题，在面对多样句法的句子中，并没有比它的字词前任优秀多少，机器翻译一直被公认为是人工智能领域最难的课题之一。对于机器翻译而言，其技术发展和计算机的发展一直都是相当紧密的，从早期在词典匹配上的应用，到后来根据更专业的语言学专家所提供的翻译规则进行翻译，再到后来的根据语料库来进行系统机器的翻译。现如今计算机在其计算能力上飞速提升，同时其多语言信息是呈现爆炸式增长的，在近10年中开始为普通用户提供实时便捷的翻译服务。

在基于神经机器翻译（neural machine translation）的算法横空出世之前，谷歌翻译也经历了超过十年的蛰伏。神经机器翻译最主要的特点是整体处理，即将整个句子视为一个翻译单元,对句子中的每一部分进行带有逻辑的关联翻译,翻译每个字词时都包含着整句话的逻辑。结合神经网络的人工智能技术的应用,机器翻译的效果已经达到了较高的水平。由微软亚洲研究院与雷德蒙研究院的研究人员组成的团队宣布,其研发的机器翻译系统在通用新闻报道的中译英测试集上,已达到了人类专业译者水平。这也是首个在新闻报道的翻译质量和准确率上媲美人类专业译者的翻译系统。

十一、自动驾驶

汽车领域正在开启一场智能化革命。近年来,新能源汽车的发展及自动驾驶技术不断取得突破,人工智能技术与汽车领域的研究结合越来越紧密。在现有的驾驶环境中,所有汽车的内部空间都具有一个特性,即转向盘是控制汽车不可或缺的部分。随着科学技术的发展,越来越多的以前只能存在人们脑海中的设想逐渐因为科学技术的进步而变成现实。在传统的"车—路—人"闭环控制方式中,92%的交通事故是由人为因素造成的,交通堵塞也与驾驶员违反交通规则有关,自动驾驶通过给车辆装备智能软件和多种感应设备,包括车载传感器、雷达、GPS及摄像头等,根据感知所获得的道路、车辆位置和障碍物信息,控制车辆的转向和速度,实现车辆的自主安全驾驶,达成安全高效到达目的地的目标。自动驾驶的成功实现将会从根本上改变传统的"车—路—人"闭环控制方式,形成"车—路"的闭环,从而增强高速公路的安全性、缓解交通的拥堵,大幅提高交通系统的效率和安全性。

2017年,通用汽车成为第一家在美国纽约市测试无人驾驶汽车的公司,正式确立其在无人驾驶领域的领导地位。近年来,Google、Tesla和Uber等科技公司一直不遗余力地开发无人驾驶技术。Google公司研发的无人汽车在道路上累积行驶已经超过4.8×10千米,其模拟行驶的里程数也超过1.6×10千米,受这些科技公司的影响,传统汽车公司纷纷加入无人驾驶的研发大潮中。谷歌无人驾驶车如图6-4所示。

人工智能在汽车领域的运用是人工智能技术的重要组成部分,海内外各大企业争相加大人工智能在汽车领域应用的研发投入自动驾驶系统的总体安全概率要高于人类驾驶员,在众多科技巨头、汽车厂家和服务机构的参与和努力下,自动驾驶的商业化和大范围普及只是时间问题。

图6-4 谷歌无人驾驶车

十二、机器人

机器人已经成为当下科技发展的重要领域之一。从诞生之日起，其就对人类的生产生活产生了巨大的影响。可以说，在未来的世界，机器人将更深入地渗透到人们日常生产生活当中。而随着机器学习应用的范围越来越广、程度越来越深，机器人也在迎来一个划时代的变革。与之前主要用于提高工业生产效率不同，如今的机器人变得更加智能，也更能理解和帮助实现人类的各种需求。表现之一就是，服务型机器人越来越多。京东和国美采用仓储机器人自动托运货物架，快速运送货物到指定的位置，这些机器人比人类仓库管理员工作更快、更高效，且占用比人类更少的空间，运营成本也更低。早期工业机器人的出现是为了代替人工完成部分劳动。随着技术的改进与发展，工业机器人由于具有可靠性高以及使用寿命长的优势而逐渐被用于工业制造。在面对类似流水线这种重复性很强的工作时，工业机器人相比人工劳动力更高效，工作时长可达七年之久，在使用期内几乎不需要保养和维护，满足了自动化生产制造需求。工业机器人可编程设计，满足了生产制造定制化需求。随着人工智能等新技术的引入，工业机器人将变得更加智能化及自主化，极大地拓展了工业制造的模式及范畴。

在发达国家中，工业机器人自动化生产线已成为自动化装备的主流及未来的发展方向。国外的汽车、电子电器、工程机械等行业已经大量使用工业机器人自动化生产线，以保证产品质量并提高生产效率，同时避免了大量的工伤事故的发生。全球诸多国家近半个世纪的工业机器人使用实践表明，工业机器人的普及将实现自动化生产，提高社会生产效率，是推动企业和社会生产力发展的有效手段。当下，工业机器人技术的前沿应用仍基本集中在日本和欧洲。工业机器人的应用相对来说主要集中在诸如汽车领域等高端产业，目前几乎遍布制造业各个领域。在国内，随着人口红利的逐渐下降，企业用工成本不断上涨，工业机器人正逐步走进公众的视野，中国制造业面临着向高端转变、承接国际先进制造和参与国际分工的巨大挑战。

习　题

一、选择题

1. 图灵测试旨在给予令人满意的操作定义是(　　)。

A. 机器动作　　B. 人类思考　　C. 人工智能　　D. 机器智能

2. (　　)学科是人工智能的基础。

A. 哲学　　B. 数学　　C. 心理学　　D. 历史

二、简答题

1. 人工智能技术在生活中有哪些应用?

2. 什么是机器学习？其常用于哪些领域?

第七章　虚拟现实技术及应用

虚拟现实融合了多媒体、传感器、新型显示、互联网和人工智能等众多技术，正成为引领全球新一轮产业变革的重要力量。虚拟现实作为新一代信息通信技术的关键领域，应用空间大、产业潜力大、技术跨度大，有助于带动核心元器件、泛智能终端、网络传输设备、云设备、电信服务、软件与行业领域信息服务的转型升级。

第一节　虚拟现实概述

2018年10月19日，习近平总书记向在南昌召开的2018世界VR产业大会致贺信中指出，当前，新一轮科技革命和产业变革正在蓬勃发展，虚拟现实技术逐步走向成熟，拓展了人类感知能力，改变了产品形态和服务模式。中国正致力于实现高质量发展，推动新技术、新产品、新业态、新模式在各领域广泛应用，中国愿加强虚拟现实等领域国际交流合作，共享发展机遇，共享创新成果，努力开创人类社会更加智慧、更加美好的未来。

2016年9月3日，习近平总书记在杭州二十国集团工商峰会开幕式上的主旨演讲中指出，以互联网为核心的新一轮科技和产业革命蓄势待发，人工智能、虚拟现实等新技术日新月异，虚拟经济与实体经济的结合，将给人们的生产方式和生活方式带来革命性变化。

2019年10月19日，工业和信息化部时任部长苗圩在2019世界VR产业大会开幕式致辞中指出，当前，新一轮科技革命和产业变革孕育兴起，以5G、人工智能、虚拟现实等为代表的新一代信息技术与制造业深度融合，成为推动我国经济高质量发展的重要动力。

一、虚拟现实概念

虚拟现实（virtual reality，VR）是在1987年由计算机学家杰伦·拉尼尔创造的，他认为VR为通过技术创造的另一种现实，这种现实既可以是对真实世界的模拟，也可以是人类梦想的投射。现有的影视媒介技术极限催生VR发展。一方面，2D屏幕始终外在于观看对象，3D技术让人难以完全拥有身临其境的感觉；另一方面，观众始终是被动观看者，缺乏互动，无法与影视观赏对象进行互动。对于显示面积过小的移动设备，交互方式受人机工效限制导致了很多可用性问题[①]。人们越来越不满足于做信息被动接受者,拥有更多主体意识,对参与感、操控感有更高诉求。

虚拟现实整合视、听、触、嗅、味等多种信息渠道,具有沉浸性、交互性、自主性特点,能使用户忘记所处现实环境而融合到虚拟世界中,并可通过交互设备直接控制虚拟世界对象。虚拟现实是一种新技术,也是一种新媒介,改变了人们感知世界的方式,拓展了人们想象的空间,并酝酿新的艺术手法和观念。

作为新一代人机交互平台,虚拟现实聚焦身临其境的沉浸式体验,强调用户连接交互深度而非连接广度(数量)。钱学森院士称虚拟现实为“灵境技术”。虚拟现实采用以计算机技术为核心的现代信息技术生成逼真的视、听、触觉一体化的一定范围的虚拟环境,用户可借助必要装备以自然方式与虚拟环境物体进行交互,获得身临其境感受和体验。

中国信息通信研究院等编制的《虚拟(增强)现实白皮书(2017年)》认为,业界对虚拟现实的界定认知由终端设备向沉浸体验演变。随着技术和产业生态的持续发展,虚拟现实概念不断演进。对虚拟现实的研讨不再拘泥于特定终端形态与实现方式,而聚焦体验效果,强调关键技术、产业生态与应用领域的融合创新。虚拟现实借助近眼显示、感知交互、渲染处理、网络传输和内容制作等新一代信息通信技术,构建跨越端管云的新业态,满足用户在身临其境等方面的体验需求,促进信息消费扩大升级与传统行业的融合创新。

二、虚拟现实意义

虚拟现实融合应用多媒体、传感器、新型显示、互联网和人工智能等多领域技术,能拓展人类感知能力,改变产品形态和服务模式,给经济、科技、文化、军事、生活等领域带来深刻影响。随着计算机图像处理、移动计算、空间定位和人机交互等技术的快速发展,虚拟现实开始全面进入人们的生活,这一轮虚拟现实热潮涵盖工业生产、医疗、教育、娱乐等多个领域,也进一步向艺术领域渗透。

中国信息通信研究院等编制的《中国虚拟现实应用状况白皮书(2018年)》认为,“虚拟现实+”释放传统行业创新活力。虚拟现实业务形态丰富、产业潜力大、社会效益强,以虚拟现实为代表的新一轮科技和产业革命蓄势待发,虚拟经济与实体经济的结合,将给人们生产方式和生活方式带来革命性变化。虚拟现实与各行各业的融合创新应用主要集中在文化娱乐、医疗健康、工业生产、教育培训、商贸创意等领域,虚拟现实正加速向生产与生活领域渗透,“虚拟现实+”时代已开启。

三、虚拟现实特性

虚拟现实具有多感知性。根据美国国家科学院院士JJ. Gibson提出的概念模型,人的感知系统可划分为视觉、听觉、触觉、嗅/味觉和方向感五部分,虚拟现实应当在视觉、听觉、触觉、运动、嗅觉、味觉向用户提供全方位体验。中国通信标准化协会编制的《云化虚拟现实总体技术研究白皮书(2018)》指出,虚拟现实体验具有3个特征,分别是沉浸感(immersion)、交

① Jakob Nielsen.可用性工程[M].刘正捷,等译.北京:机械工业出版社,2004.

互性(interaction)、想象性(imagination)。①沉浸感。是利用计算机产生的三维立体图像,让人置身于一种虚拟环境中,就像在真实客观世界中一样,给人一种身临其境的感觉。②交互性。在计算机生成的虚拟环境中,可利用一些传感设备进行交互,感觉像在真实客观世界中互动一样。③想象性。虚拟环境可使用户沉浸其中并萌发联想。

四、虚拟现实技术架构

中国信息通信研究院等编制的《虚拟(增强)现实白皮书(2017年)》以及《虚拟(增强)现实白皮书(2018年)》提出虚拟现实的“五横两纵”技术架构。“五横”是近眼显示、感知交互、网络传输、渲染处理与内容制作;“两纵”是VR与AR,两者技术体系趋同且技术实现难度均高于手机等传统智能终端。总体上看,VR通过对现有手机技术体系的“微创新”实现产业化;AR更侧重从无到有的技术储备与重大突破,其技术实现难度高于VR,这一差异主要反映在近眼显示与感知交互领域。对VR而言,近眼显示聚焦高画质的视觉沉浸体验;感知交互侧重于多通道交互。由于虚拟信息覆盖与外界隔绝的整个用户视野,因此发展VR的重点在于交互信息的虚拟化。对AR而言,由于用户大部分视野呈现真实场景,如何识别和理解现实场景和物体,并将虚拟物体更为真实可信地叠加到现实场景中,成为AR感知交互的首要任务。

五、虚拟现实核心技术

工业和信息化部2018年12月发布的《关于加快推进虚拟现实产业发展的指导意见》要求,围绕虚拟现实建模、显示、传感、交互等重点环节,加强动态环境建模、实时三维图形生成、多元数据处理、实时动作捕捉、实时定位跟踪、快速渲染处理等关键技术攻关,加快虚拟现实视觉图形处理器(GPU)、物理运算处理器(PPU)、高性能传感处理器、新型近眼显示器件等方面的研发和产业化。虚拟现实的核心技术包括以下几种。

(一)近眼显示技术

实现30PPD(每度像素数)单眼角分辨率、100Hz以上刷新率、毫秒级响应时间的新型显示器件及配套驱动芯片的规模量产。发展适于人性的光学系统,解决画面质量过低等因素引发的眩晕感。加速硅基有机发光二极管、微发光二极管、光场显示等微显示技术的产业化储备,推动近眼显示向高分辨率、低时延、低功耗、广视角、可变景深、轻薄小型化等方向发展。

(二)感知交互技术

加快六轴及以上惯性传感器、3D摄像头等的研发与产业化。发展鲁棒性强、毫米级精度的自内向外追踪定位设备及动作捕捉设备。加快浸式声场、语音交互、眼球追踪、触觉反馈、表情识别、脑电交互等技术的创新研发,优化传感融合算法,推动感知交互向高精度、自然化、移动化、多通道、低功耗等方向发展。

（三）渲染处理技术

基于视觉特性、头动交互的渲染优化算法高性能GPU配套时延优化算法的研发与产业化。新一代图形接口、渲染专用硬加速芯片、云端渲染、光场渲染、视网膜渲染等关键技术，推动渲染处理技术向高画质、低时延、低功耗方向发展。

（四）内容制作技术

全视角12K分辨率、60帧/秒帧率、高动态范围（HDR）多摄像机同步与单独曝光、无线实时预览等影像捕捉技术高质量全景三维实时拼接算法，实现开发引擎、软件、外设与头显平台间的通用性和一致性。

六、VR与AR

随着技术和产业生态持续发展，虚拟现实概念不断演进。对虚拟现实研讨不再拘泥于特定终端形态，而强调关键技术、产业生态与应用落地的融合创新。虚拟（增强）现实借助近眼显示、手势交互、感知交互、渲染处理、网络传输和内容制作等新一代信息通信技术，构建身临其境与虚实融合沉浸体验所涉及的产品和服务。

早期学界通常在VR研讨框架下设AR主题，随着产业界在AR领域持续发力，部分业者从VR概念框架抽离出AR，两者在关键器件、终端形态上相似性较大，在关键技术和应用领域上有所差异。VR通过隔绝式音视频内容带来沉浸感体验，对显示画质要求较高，AR强调虚拟信息与现实环境的“无缝”融合，手势交互，有一定的显示技术[①]，对感知交互要求较高。VR侧重于游戏、视频、直播与社交等大众市场，AR侧重于工业、军事等垂直应用。广义上虚拟现实（VR）包含增强现实（AR），狭义上彼此独立。

七、虚拟现实产业链框架

赛迪智库电子信息研究所等在《虚拟现实产业发展白皮书（2019年）》一文中认为，虚拟现实产业链包含硬件、软件、内容制作与分发、应用和服务等环节。①硬件环节包括虚拟现实技术使用的整机和元器件，按照功能可分为核心器件、终端设备和配套外设三部分。核心器件方面，包括芯片（CPU、GPU等）、传感器（图像、声音、动作捕捉传感器等）、显示屏（LCD、OLED、微显示器等显示屏及其驱动模组）、光学器件（光学镜头、衍射光学元件、影像模组、三维建模模组等）、通信模块（射频芯片、Wi-Fi芯片、蓝牙芯片、NFC芯片等）；终端设备方面，包括PC端设备（主机+输出式头显）、移动端设备（通过USB与手机连接）和一体机（具备独立处理器的VR头显）；配套外设方面，包括手柄、摄像头（全景摄像头）、体感设备（数据衣、指环、触控板、触/力觉反馈装置等）。②软件环节是虚拟现实技术使用的软件，包括支撑软件和软件开发工具包。支撑软件方面包括UI、OS（安卓、Windows等）和中间件；软件开发工具包方面包括SDK和3D引擎。③内容制作与分发环节是虚拟现实技术场景的数

① 哈涌刚，周雅，王涌天，等.用于增强现实的头盔显示器的设计[J].光学技术，2000(4)：350-354.

字表达，包括虚拟现实内容表示、内容生成与制作、内容编码、实时交互、内容存储、内容分发等。内容生成与制作方面，包括虚拟现实游戏、视频、直播和社交内容的制作；分发方面包括应用程序。④应用和服务环节是使用虚拟现实技术提供应用和服务，包括制造、教育、旅游、医疗、商贸等。

第二节　虚拟现实应用现状与发展趋势

中国是全球虚拟现实产业创新创业最活跃、市场接受度最高、发展潜力最大的地区之一，产业发展呈现研发制造体系基本形成、用户体验大幅改善、应用资源不断丰富、融合创新步伐加快等特点。

一、应用现状

现阶段虚拟现实产业生态初步形成，产业链主要涉及内容应用、终端器件、网络通信/平台和内容生产系统等细分领域。产业应用趋势呈现规模化与融合化的发展态势：①规模化是通过云化虚拟现实(cloud VR)实现内容上云、渲染上云，解决用户体验、终端成本、技术创新与内容版权等方面的现有痛点；②融合化是虚拟现实与文化娱乐、医疗健康、工业制造、教育培训、商贸创意等传统行业的融合创新，丰富虚拟现实技术应用场景，助推传统行业转型升级。

(一) 投融资集中化趋势显著

工业和信息化部时任部长苗圩认为，虚拟现实是新一代信息技术的集大成者，被公认为信息产业下一个风口。

虚拟现实整体投资市场持续增长，增速开始放缓。投资热点从硬件终端向内容应用转移。投融资以中小规模为主，缺乏高额融资项目。在投资领域，内容应用、开发工具成为主要部分，但平均融资规模较小，内容应用中的投融资热点也逐渐由单一游戏、社交、视频、直播等大众应用，向工业、医疗、教育等多元垂直领域聚集。

(二) 我国虚拟现实产业生态初步形成

我国虚拟现实产业主要分为内容应用、终端器件、网络通信/平台和内容生产系统。内容应用方面，虚拟现实的解决方案聚焦在文化娱乐、教育培训、工业生产、医疗健康和商贸创意方面，体现“虚拟现实+”融合创新特点。文化娱乐在企业数量上占据主导，我国虚拟现实线下主题店全球领先，培训类内容企业成为行业应用中的主要力量，房地产、营销、时装等成为商贸创意主要方向，工业、医疗也涌现出亮风台、医微讯、曼恒等特色企业，解决方案以教学、训练为主，实际参与生产环节的应用仍待技术上的进一步成熟；终端器件方面，主要涉及头显整机、感知交互和关键器件。头显整机中，聚集全球主要的头显硬件制造商歌尔股份,成为全球的硬件采购和组装中心。以大朋为代表的终端企业发展迅速,成为我国一体机市场的主要力量,华为、小米、爱奇艺等陆续进入。在感知交互方面,涌现出七鑫易维、诺亦腾、瑞立视等一批在追踪定位、多通道交互领域的特色企业。在屏幕、芯片、传感器等关键器件中,京东方凭借AMOLED屏幕、快速响应液晶屏与LED-onSi在虚拟现实近眼显示领域实现突破网络通信/云控平台方面,虚拟现实为5G网络的市场经营和业务发展探索新机会,华为、兰亭数字、视博云等在福建移动开通全球首个运营商云控平台,通过cloud VR连接电信网络与VR产业链,助推虚拟现实加速普及内容生产系统方面,主要涉及操作系统、开发引擎和SDK等开发环境和全景相机、拼接缝合、三维重建等采集系统,我国涌现出睿悦、微鲸、川大智胜、通甲优博等一批代表性企业。

虚拟现实产业链条长,参与主体多,主要分为内容应用、终端器件、网络平台和内容生产。①内容应用方面,聚焦文化娱乐教育培训、工业生产、医疗健康和商贸创意领域,呈现出“虚拟现实+”大众与行业应用融合创新的特点。文化娱乐在企业数量上占据主导,培训类内容企业成为行业应用主要力量,房地产、营销、时装等成为商贸创意的主要方向,工业、医疗解决方案以教学、训练为主,实际参与生产与临床环节的应用仍待技术上的进一步成熟。②终端器件方面,主要涉及一体式与主机式头显整机、追踪定位与多通道交互等感知交互外设、屏幕、芯片、传感器、镜片等关键器件。③网络平台方面,除互联网厂商主导的内容聚合与分发平台外,电信运营商以云化架构为引领,基于虚拟现实终端无绳化发展趋势,实现业务内容上云、渲染上云,以期降低优质内容的获取难度和硬件成本,探索虚拟现实现阶段规模化应用。④内容生产方面,主要涉及面向虚拟现实的操作系统、开发引擎、SDK、API、拼接缝合软件全景相机、3D扫描仪等开发环境、工具与内容采集系统。全球虚拟现实市场快速发展,内容应用成为主要增长点。

二、发展趋势

技术成熟、消费升级需求、产业升级需求,资本持续投入、政策推动等因素促进VR产业快速发展。

(一) 内容与特定平台解耦加速生态成形

虚拟现实遵循先硬件后内容发展节奏,内容跨平台趋势助推产业生态加速成形。第一代消费级虚拟现实终端的推出标志硬件门槛大幅降低,产业发展路径开始由硬件导向向内容导向转变。为解决虚拟现实“有车没油”产业痛点,提升高质量虚拟现实内容数量,降低内容开发门槛,加速内容生产流程成为推动虚拟现实由小众市场向大众普及的当务之急。当用户规模达到千万量级时,虚拟现实产业生态将不再依赖于微软、谷歌等大公司非营利导向式的“输血”,而是基于广大内容开发者形成可自给、有利润的生态系统。虚拟现实用户规模的增长成效被碎片化的运行平台分化稀释,开发者就同样内容针对不同平台多次重复开发,延长了“内容匮乏期”存续时长。内容与特定平台解耦成为加速生态发展重要趋势,具体发展路径:①跨多品牌终端平台,各品牌虚拟现实终端的专有AP导致应用程序缺乏互操作性,业界通过创建开源标准,使得应用程序无须移植或重写代码即可进入各类虚拟现实终端平台。②跨PC与虚拟现实开发软件，为加速开发流程，Facebook等业界标杆提出混合应用发展模式，同一个PC应用程序在PC与VR终端均可运行。③跨体验环境，虚拟现实体验需借助特定硬件，安装支持软件，下载相关应用，WebXR使得大众有望在浏览器上体验，通过浏览器联通诸多不同体验环境。

（二）人工智能对虚拟现实的影响轨迹逐渐明晰

人工智能与虚拟现实两大热点领域的融合发展为人乐道，随着谷歌、微软、英伟达等AI巨头在虚拟现实领域的布局日益深化，人工智能对虚拟现实的产业影响轨迹日渐清晰：①渲染处理。深度学习渲染成为人工智能在图像渲染领域的重要创新。英伟达将其用于基于神经网络的画面降噪训练，推出了包含深度学习超采样功能的驱动程序，通过深度学习渲染内容边缘光滑。②内容制作。为进一步增进虚拟现实内容互动性与社交性，以真实用户为对象的虚拟化身成为发展重点。此外，为进一步提高现有虚拟化身真实感，业界在语音口形适配、面部表情追踪、基于2D照片的3D建模以及人体3D扫描方面积极布局。③感知交互。人工智能已在图像识别等语义理解方面取得显著成果，在追踪定位等几何理解方面发展潜力较大。

（三）5G助推虚拟现实业务繁荣

5G产业链日臻成熟，世界各国相继制定5G相关政策推动产业发展和网络建设，支持2019年5G商用部署。2020年开始，相关商家在中国从2G跟随，3G突破，4G同步转变到5G时代领跑者，在标准和技术话语权等方面影响力日益凸显。5G丰富了VR网络接入方式，促进虚拟现实业务繁荣。5G可提供超大带宽、超低接入时延和广覆盖的接入服务，满足虚拟现实业务沉浸体验要求。5G天然具有移动性和随时随地访问的优势，为VR业务提供更灵活接入方式。5G使VR业务从固定场景、固定接入走向移动场景、无线接入，从技术上赋能虚拟现实多元化业务场景。

（四）“虚拟现实+”时代业已开启

虚拟现实应用可分为行业应用和大众应用，行业应用主要包括工业、医疗、教育、军事、电子商务等；大众应用包括游戏/社交和影视/直播。虚拟现实应用正在加速向生产与生活领域渗透，“虚拟现实+”时代业已开启，据高盛公司预测，2025年全球虚拟现实软件应用规模将达到450亿美元，其中游戏/社交、影视/直播类由大众推动，其余应用领域主要由企业及公共部门推动。

（五）云化虚拟现实加速推动应用落地普及

云化虚拟现实又称云VR，其核心在于内容上云、渲染上云。云VR将云计算、云渲染理念及技术引入虚拟现实业务中，借助高速稳定网络，将云端显示输出和声音输出等经过编码压缩后传输到用户终端设备，在虚拟现实终端无绳化情况下，实现业务内容上云、渲染上云，成为贯通采集、传输、播放全流程的云控平台解决方案。渲染上云将计算复杂度高的渲染设置在云端处理，大幅降低终端CPU+GPU渲染计算压力，使终端易以轻量方式和较低消费成本被用户所接受。内容上云是计算机图形渲染移到云上后,内容以视频流方式通过网络推向用户,借助网络Wi-Fi和5G技术,实现终端移动化。

第三节　虚拟现实技术的应用

虚拟现实带来前所未有沉浸式体验,提升了用户体验,可应用在很多场景之中。

一、虚拟现实+教育

虚拟现实技术可应用在高等教育、职业教育等领域和物理、化学、生物、地理等实验性、演示性课程中,通过构建虚拟教室、虚拟实验室等教育教学环境,发展虚拟备课、虚拟授课、虚拟考试等教育教学新方法,促进以学习者为中心的个性化学习,推动教、学模式转型。通过打造虚拟实训基地,丰富培训内容,提高专业技能训练水平,可满足各领域专业技术人才培训需求。虚拟现实教育资源开发,可实现规模化示范应用,推动科普、培训、教学、科研融合发展。

虚拟现实技术借助自然交互方式,将抽象学习内容可视化、形象化,为学生提供传统教育难以实现的沉浸式学习体验,提升学生获取知识主动性,实现更高知识保留度。

比如北京黑晶科技有限公司VR超级教室。北京黑晶科技有限公司针对VR教育市场推出的超级教室解决方案,以教室实际教学需求为基础,通过VR/AR技术重新制作并展现教学内容。VR超级教室分为AR超级教室和VR超级教室:①AR超级教室(主要针对幼儿园、小学课堂)利用AR技术,将教学内容进行立体互动式转化,通过联合教育专家为幼小教育机构定制的系列AR科普、AR英语、AR美术等课程内容平台并匹配系列辅助教具(神卡王国、星球大冒险、美术棒等产品)方式构建一个“体生动”超级教室,旨在充分发挥AR技术虚实融合、实时交互、三维跟踪特点,根据不同学科需求有针对性开发AR课程。②VR超级教室(初中、高中教育)将VR虚拟现实技术应用于初、高中阶段教学,将传统难以理解的知识点予以虚拟场景呈现,通过VR虚拟设备,让学生沉浸于虚拟情境的交互学习,提升学生对知识点的理解和领悟能力。

二、虚拟现实+制造

虚拟现实技术可在产品需求分析、总体设计、工艺优化、生产制造、测试实验、使用维护等多方面提供支撑,有助于实现工业产品设计制造测试维护的智能化和一体化,提升制造企业辅助设计能力和制造服务化水平。虚拟现实技术与制造业数据采集与分析系统的融合,可实现生产现场数据的可视化管理,提高制造执行、过程控制的精确化程度,推动协同制造、远程协作等新型制造模式发展工业大数据、工业互联网和虚拟现实相结合的智能服务平台可提升制造业融合创新能力,虚拟现实技术可应用在汽车、钢铁、高端装备制造等重点行业的数字化车间和智能车间。

虚拟现实+工业生产的应用场景包括产品设计、运维巡检、远程协作、操作培训和数字孪生等方面。①虚拟现实+产品设计可提供沉浸式空间实现多人的同步设计，所见即所得的设计方式极大简化了设计难度，提高设计效率；②虚拟现实+运维巡检实现解放双手的工作方式，成为当前虚拟现实+工业生产中成熟落地应用场景，解决在电网巡检、管路巡检等特殊场合的痛点需求；③虚拟现实+远程协作通过将现场工人的第一人称实时画面传递至远端，并可通过语音交互、AR画面交互方式将远端操作方式传递至现场操作人员眼前，实现完全第一人称实时同步协作方式，避免两端信息不对称的远程配合困境；④虚拟现实+操作培训通过所见即所得的沉浸感极大提高了人员培训的效率；⑤虚拟现实+数字孪生在虚拟空间中构建出与物理世界完全对等的数字镜像，成为汇集产品研发、生产制造、商业推广三维度全部数据的基础，推出以数字化映射为基础的整体框架和一揽子解决方案。

三、虚拟现实+文化

虚拟现实技术在文化领域的应用主要包括影视内容、直播、主题乐园、艺术创作、文物保护等。①影视内容方面，通过对影视剧、纪录片、体育赛事、综艺节目等，将虚拟现实技术作为视频内容的新型设计工具，提升观看效果。②直播方面，在广播电视采集制作过程采用全景摄像技术录制内容，在设备上呈现内容，让观众获得人与内容场景互动的体验，例如提供虚拟现实视频点播、演唱会、体育赛事、新闻事件直播等服务。③主题乐园方面，通过布置虚拟现实设备，以娱乐游玩和科普教育为主要功能的一站式场馆。④艺术创作方面，虚拟现实可将艺术动态化，将设计者构思变成看得见的虚拟物体和环境，将不复存在的文物进行复原展示，并大幅提高表现能力，为文化艺术发展带来无限想象空间。⑤文物保护方面。虚拟现实可应用在文物古迹复原，文物和艺术品展示，创新表现形式。将虚拟现实技术创新应用于文物保护工作，可建立数字化文物保护方法，为文物保存、修复和展示提供新的技术手段，让历史得以数字化再现，文明得以信息化传承。

比如百度用AR“复活”兵马俑。2017年5月，百度公司宣布与秦始皇帝陵博物院达成合作，双方将围绕“秦始皇兵马俑复原工程”，通过虚拟现实和人工智能技术，实现对破损兵马俑的“复原”及相关文物的信息化展示。百度公司针对兵马俑文物特点，实施了200亿像素360°全景兵马俑坑展示工程和百度AI秦始皇兵马俑复原工程。其中200亿像素360°全景兵马俑坑展示工程采用了矩阵全景技术，收录了兵马俑的一号坑和三号坑的高精度全景图资料。百度AI秦始皇兵马俑复原工程借助图像识别及增强现实技术支持，实现兵马俑身上的色彩复原。游客在秦始皇兵马俑博物馆内，可打开手机百度搜索栏内相机，在AR功能下扫描馆内跪射俑灯箱，就可实现对原本没有色彩兵马俑的重新着色，兵马俑脸部轮廓会更清晰，还原2000年前能工巧匠刚制作完工时的兵俑模型。秦始皇帝陵博物院还将依托百度技术平台对各现实俑坑场景进行复原以及演绎，包括秦俑复活语音交互讲解，战争场景复原等，利用VR/AR+人工智能方式，结合历史文物和资料进行开发设计、包装、传播，呈现更生动、直观的历史多媒体资料。

四、虚拟现实+医疗健康

虚拟现实+医疗健康聚焦在手术预言、心理干预和早期检测等领域。据高盛报告显示，虚拟现实在医疗领域营2025年将达到51亿美元，用户规模将达到340万。①“虚拟现实+手术预演”通过事先对患者进行建模，在术前让医生在虚拟环境下充分研究手术方案，了解手术过程，提高操作熟练度，可有效提高复杂手术成功率。②“虚拟现实+心理干预”充分发挥虚拟现实沉浸感特性，通过营造特定虚拟场景，可缓解患者心理情绪，适度锻炼患者心理感受，有效解决传统方法由于真实感缺乏的治疗痛点，减少对心理医生的依赖程度。具体应用场景，如营造冰雪世界减轻烧伤患者痛感，营造高空场景逐步消除恐高症，建立虚拟化身解决幻肢痛和神经损伤等。③“虚拟现实+早期检测”能使得眼底病早期检测准确率从70%提升至90%，在疾病早期实现有效预防。

上海医微讯数字科技有限公司推出的“柳叶刀客”模拟手术工具App，结合虚拟现实技术与外科手术，让用户可身临其境进行手术学习、观摩和模拟训练。柳叶刀客基于不同手术学习场景，设计手术模拟和360°VR全景视频直播/录播两大功能。手术模拟分为教学和考核模式。教学模式根据配音提示，指导用户进行虚拟手术操作；学习完之后可进入考核模式，系统根据用户操作准确度打分，达到一定积分后可解锁进阶手术场景，同时App支持通过消费购买方式解锁。360°VR全景视频直播/录播功能实现较为复杂，需多路摄像机协同拍摄，包括360°全景摄像机、3D摄像机以及腹腔镜、电子显微镜等，要保证相机镜头与拍摄场景安全距离。

五、虚拟现实+商贸

专业化虚拟现实展示系统顺应电子商务、家装设计、商业展示等领域场景式购物趋势，可提供个性化，定制化的地产、家居、家电、室内装修和服饰等虚拟设计、体验与交易平台，发展虚拟现实购物系统，创新商业推广和购物体验模式。

“虚拟现实+商业营销”利用虚拟现实技术，使消费者获得逼真感官体验，充分调动消费者感性基因。“虚拟现实+商贸创意”能营造高度沉浸、可交互用户体验，使顾客直观感受到新鲜感、真实感，帮助顾客在理性和感性之间得到更好平衡，使顾客获得逼真感官体验，通过对视觉、听觉、触觉甚至味觉、嗅觉刺激，充分调动消费者的感性基因，影响其最终消费决策，成为打通感性、植入理性的媒介。

“虚拟现实+商业营销”分为线上和线下方式。线上营销是电商2.0版，VR/AR电商通过三维建模技术与VR/AR设备以及交互体验，给用户带来更好的消费体验；线下营销是在产品实体店或展示活动现场利用VR/AR设备给消费者带来有趣互动体验，增加消费者兴趣与购买欲。“虚拟现实+商贸创意”呈现出形式多样化、丰富化、场景化的特点，诸如VR直播广告、VR看房、VR时装、品牌体验活动等形式。

2018年5月，京东宣布其面向AR领域的“天工计划”正式升级至3.0阶段，重点打造AR无界零售战略。京东认为，在AR助力下，会赋予更多智能营销、品牌认同以及渠道下游等方面能力，京东已构建包括AR产品、AR技术、AR平台、AR生态和京东生态于一体的全方位生态体系。为推动零售行业立体化发展京东推出无界AR“122”战略：①一套赋能体系：

实现场景融合积木赋能;②两类场景:线上场景及线下场景;③两类合作伙伴:AR行业合作伙伴以及零售行业合作伙伴。

京东推出AR无界零售解决方案,包括三大赋能:①AR开放平台赋能:合作伙伴通过接入京东AR开放平台,能快速在已有产品业务上使用开放平台提供的AR技术、产品、平台、服务、生态,为其各自消费者提供差异化服务,实现价值共赢;②AR营销平台赋能:通过聚合AI图像识别、跟踪、手势识别等技术,为合作伙伴提供一站式AR营销能力;③AR智能终端赋能:基于京东自由的AR虚拟美妆及试衣技术,联合多家硬件厂商打造的面向线下零售终端的AR智能设备,满足消费者线下购物的体验需求。

六、VR+5G

虚拟现实和5G进一步促进虚拟现实的应用落地,催生新业态和服务。VR作为计算机生成的模拟环境,数据运算量和图像传输量都很大,对网络带宽有很高要求。随着5G基站逐步覆盖5G逐步推广,网络数据传输速度大幅提升,低延时"秒传"成为常态,高速带宽将助力VR数据实现云端存储,VR与5G相遇将产生"化学效应"。在5G全新信息高速公路加持下,VR产业加速发展的未来可期。

5G与VR的关系可称为"天作之合",5G将助推VR产业迎来复兴。腾讯公司副总裁张立军认为,在5G加持下,VR有可能成为智能手机、电视以外的第三块屏幕,相比手机和电视,VR视野更广阔、感受更真实。随着5G商用化加速,芯片、显示技术和算法等技术不断进步,VR产业将迎来新一轮爆发。华为轮值董事长郭平认为,VR产业处于产业复兴期,与5G产业匹配并相互促进。中国电信江西公司总经理黄晓庆认为,2019年是5G的元年,是VR产业从培育期向快速期发展之年,5G与VR像孪生兄弟相生相伴工信部电子信息司副司长吴胜武认为,2019年5G商用为虚拟现实技术在更广泛领域应用开辟新空间。在5G助力下,更多需实时交流、实时交互的行业应用将被实践和推广。5G技术还将助推VR设备轻量化发展,赋予用户全新体验。泰豪创意科技集团项目负责人王毅认为,在5G高速带宽助推下,未来VR数据处理将从个体终端转移到线上云平台,这一化零为整变革将极大精简现有VR头盔设计,使之由复杂一体机变为纯粹数据接收和显示终端,大大降低设备成本,助力VR解锁更多应用场景。

从技术特点来看,5G是基础、平台性技术和VRAR技术相融合,能催生出种类丰富的虚拟现实应用。5G能解决虚拟现实产品因带宽不够和时延长带来的图像渲染能力不足、终端移动性差、互动体验不强等痛点问题。5G给虚拟现实产业发展带来的优势包括:①在采集端,5G为VR/AR内容的实时采集数据传输提供大容量通道;②在运算端,5G可将VR/AR设备算力需求转向云端,省去现有设备计算模块、数据存储模块,减轻设备重量;③在传输端,5G能使VR/AR设备摆脱有线传输线缆束缚,通过无线方式获得高速、稳定网络连接;④在显示端,5G保持终端、云端的稳定快速连接,VR视频数据延迟达毫秒级,有效减轻用户眩晕感和恶心感。5G正式商用能快速推进VR终端服务的产业化进程。

江西借助VR+5G催生发展新动力,江西看VR,VR看江西。江西从2016年占得VR先机,到VR产业布局初步完善。2018年10月,首届世界VR产业大会在江西南昌举办,世界VR产业大会为江西打开一扇与未来握手的希望之窗,成为江西经济"变道超车"的新动力。

七、云VR

工业和信息化部2018年12月印发的《关于加快推进虚拟现实产业发展的指导意见》提出发展端云协同的虚拟现实网络分发和应用服务聚合平台(cloud VR),推动建立高效、安全的虚拟现实内容与应用支付平台及分发渠道。云化虚拟现实有效解决制约VR发展的痛点,加速推动虚拟现实产业规模化发展。云VR主要特点是:VR头显无绳化,VR计算机图形实时渲染云化、内容云化。在云VR架构下,VR内容处理与计算能力驻留在云端,可便捷适配差异化VR硬件设备。由于云VR计算和内容处理在云端完成,VR内容在云端与终端设备间的传输利用5G网络的高速率低时延特性,电信运营商可开发基于体验的新型业务模式为5G网络市场经营和业务发展探索新机会,探索5G时代杀手级应用。运营商凭借渠道、资金和技术优势,聚合产业资源,通过云VR连接电信网络与VR产业链,促进生态各方共赢发展。

三大电信运营商积极开展云VR创新业务布局。①2018年7月,中国移动通信集团福建有限公司开启全球首个电信运营商云VR业务试商用;②2018年9月,中国联通发布5G+视频推进计划,从技术引领、开放合作、重大应用、规模推广等方面启动5G+视频推进计划;③中国电信同期发布云VR计划,依托于网络、云计算和智慧家庭等方面优势资源,联合合作伙伴制定云VR规范,加速推进云VR技术产品化和商业模式创新。

在中国移动"高起点、高品质、高价值"的家庭宽带发展战略下,福建移动借助家庭宽带从百兆向千兆演进的契机,率先落地云VR业务。

(1)平台架构方面。福建移动云VR平台基于福建移动大视频平台基础架构进行改造和搭建,主要分为:VR视频平台(直播系统+点播系统)、云渲染系统、投屏系统。平台通信传输设计通过千兆网络和5G网络进行传输,平台前端对接统一定制化的VR一体机用户界面层。

(2)在内容应用方面。福建移动云VR业务依据VR内容特性以及大众用户需求特征,设计五大内容场景。主要设置栏目包括《巨幕影院》《VR直播》《VR趣播》《VR教育》《云VR游戏》。

习　题

一、选择题

1. 对现有手机技术体系的"微创新"实现产业化的是(　　)。

A.AI　　B.AR　　C.VR　　D.BI

2. 虚拟现实＋早期检测能使得眼底病早期检测准确率提升至(　　)。

A.70%　　B.80%　　C.90%　　D.95%

二、简答题

1. 虚拟现实体验具有的三个特征是什么?并展开解释。

2. 云化虚拟现实的核心是什么?

第八章　网络安全技术及应用

进入21世纪现代信息化社会，随着网络技术的快速发展和广泛应用，网络安全问题不断出现，网络安全的重要性和紧迫性更加突出，不仅关系到国家安全和社会稳定，也关系到信息化建设的健康发展，以及用户资产和信息资源的安全。网络安全已经引起世界各国的高度重视，并成为一项热门研究和人才需求的新领域。

第一节　网络安全技术概述

网络安全技术(network security technology)是指为解决网络安全问题进行有效监控和管理，保障数据及系统安全的技术手段。主要包括实体安全技术、网络系统安全技术、数据安全、密码及加密技术、身份认证、访问控制、防恶意代码、检测防御、管理与运行安全技术等，以及确保安全服务和安全机制的策略等。传统的中心节点数据管理体系中，数据存储于中央机构，中央机构的管理缺失或设备故障可能造成数据的丢失或泄漏。

通过对网络系统的扫描、检测和评估，可以预测主体受攻击的可能性，以及风险和威胁。由此可以识别检测对象的系统资源，分析被攻击的可能指数，了解系统的安全风险和隐患，评估所存在的安全风险程度及等级。国防、证券和银行等一些非常重要的网络，安全性要求最高，不允许受到入侵和破坏，对扫描和评估技术标准更为严格。

监控和审计是与网络安全密切相关的技术，主要通过对网络通信过程中的可疑、有害信息或异常行为进行记录，为事后处理提供依据，对黑客形成强有力的威慑且可提高网络整体的安全性，如局域网监控可提供内部网异常行为监控机制。

通用的网络安全技术主要可以归纳为三大类。

(1) 预防保护类。包括身份认证、加密、访问管理、入侵防御与加固、防恶意代码等。

(2) 检测跟踪类。监控、检测、审计跟踪网络客体的访问行为，在一定程度上保障访问过程中可能出现的各类安全事故的发生。

(3) 响应恢复类。当网络或数据出现重大安全问题时，应及时制订应急预案，并采取有效措施，保证在最短时间内解决这一问题，尽可能降低损失与影响。

通用的网络安全技术主要有以下8种。

(1) 身份认证(identity and authentication)。通过网络身份的一致性确认，保护网络授权用户的正确存储、同步、使用、管理和控制，防止别人冒用或盗用的技术手段。

(2) 加密(cryptograghy)。加密技术是最基本的网络安全手段，包括加密算法、密钥长度确定、密钥生命周期(生成、分发、存储、输入输出、更新、恢复和销毁等)、安全措施和管理等。

(3) 访问管理(access management)。保障授权用户能够正当使用其权限内的授权资源，避免非授权使用的发生。

(4) 防恶意代码(ani-malicode)。建立健全恶意代码(计算机病毒及流氓软件)的预防、检测、隔离和清除机制，预防恶意代码入侵，迅速隔离和查杀已感染病毒，识别并清除网内恶意代码。

(5) 加固(hardening)。对系统漏洞及隐患采取必要的安全防范措施，主要包括安全性配置、关闭不必要的服务端口、系统漏洞扫描、渗透性测试、安装或更新安全补丁，以及增设防御功能和对特定攻击预防手段等提高系统自身的安全。

(6) 监控(monitoring)。通过监控用户主体的各种访问行为，确保对网络等客体的访问过程中安全的技术手段。

(7) 审核跟踪(audit trail)。对网络系统异常访问、探测及操作等事件及时核查、记录和追踪。利用多项审核跟踪不同活动。

(8) 备份恢复(backup and recovery)。为了在网络系统出现异常、故障或入侵等意外情况时，及时恢复系统和数据而进行的预先备份等技术方法。备份恢复技术主要包括4个方面：备份技术、容错技术、冗余技术和不间断电源保护。

第二节　网络安全新技术探索

一、可信计算概述

为促进可信计算技术的发展，由16个企业、安全机构和大学发起的中国可信计算联盟于2008年4月成立，对可信计算技术的发展起到了重要作用。

(一) 可信计算的概念

大多数网络安全系统在当前主要由三部分组成，即防火墙、病毒防范、入侵监测。一般情况下，信息安全问题是设计缺陷导致的，被动、消极地封堵查杀无法根除信息安全问题的出现，应重视可信计算值。

可信计算(trusted computing)也称为可信用计算，是一种基于可信机制的计算方式。计算与安全防护共同进行，保证计算结果符合预期，计算的全程可控、可测，不被干扰或破坏，从而使系统整体的安全性得到显著提高。通俗地讲，可信计算是运算与防护并重、主动免疫的新计算模式，其功能有很多，比如，身份识别、保密存储、状态度量等，能够将“自己”与“非己”成分识别出来，从而在一定程度上避免异常行为攻击。可信计算基础架构如图8-1所示。

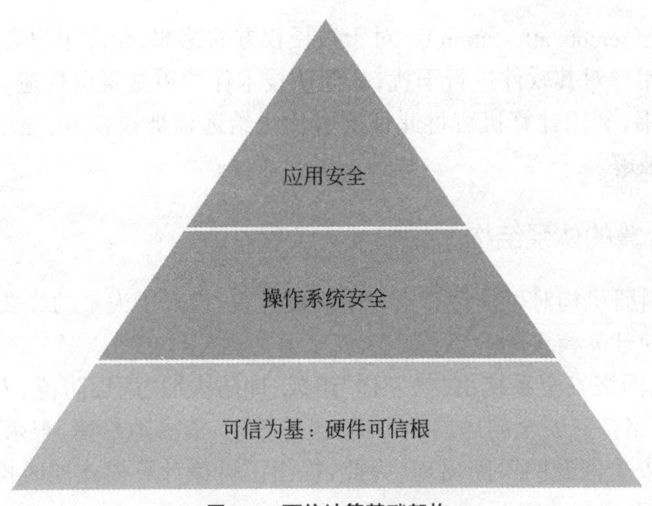

图8-1 可信计算基础架构

可信计算可以从多个角度去理解，比如，用户身份认证表明信任使用者；应用程度的合法性与完整性表明应用程序运行值得信任；平台软件配置的正确性表明使用者信任平台运行环境；平台之间的验证性体现了各个处于网络环境下的平台是互相信任的。

可信平台模块(trusted platform module，TPM)的安全芯片是可信计算技术的核心部分，包含存储部件与密码运算部件。可信机制主要从三个方面得以体现。

(1) 可信的度量。对于所有将会获得控制权的实体，都应进行可信度量，即完整性的计算等。

(2) 度量的存储。将所有形成序列的度量值保存在TPM中，主要指的是度量过程日志的存储。

(3) 度量的报告。通过"报告"机制，可确定平台的可信度，让TPM报告度量值与相关日志信息，这一过程需要询问实体和平台之间进行双向的认证。如果平台的可信环境遭到破坏，对于向该平台提供服务或与该平台的交互，询问者有拒绝的权利。比如，瑞达信安公司的可信安全计算机，采用了可信密码模块方案(trusted cryptography module，TCM)。

可信计算在遵守TCG(trusted computing group)规范的完整可信系统方面，主要用到了5个关键技术概念。

(1) 签注密钥(endorsement key)是一个RSA公共和私有密钥对，存入芯片在出厂时随机生成，并且不可改变。公共密钥的主要功能是认证、加密向该芯片发送的敏感数据。

(2) 储存器屏蔽(memory curtaining)。可将存储保护技术拓展，提供完全独立的存储区域，包括密钥位置。即便是操作系统，也没用被屏蔽存储的完全访问权限，因此，即使网络攻击者控制操作系统，信息也不会有危险。

(3) 安全输入/输出(secure input and output)。指的是用户与交互软件之间的保护路径。对于系统中的恶意软件，有很多方式对用户与软件之间的传送数据进行拦截，比如，截屏、键盘监听等。

(4) 密封储存(sealed storage)。通过机密信息与所用软件平台配置信息，使机密信息得到捆绑保护，从而只能在相同的软硬件组合环境下读取该数据。比如，对于没有授权许可的文件，用户无法读取。

(5) 远程认证(remote attestation)。对于被授权方的感知,允许用户有所改变。比如,软件公司可以避免用户对其软件进行干扰,从而使技术保护措施得以规避。通过让硬件生成当前软件的证明书,利用计算机可将此证明书传送给远程被授权方,显示该软件公司的软件当前并没有被破解。

(二) 可信计算的体系结构

中国政府和科研机构对可信计算给予了高度重视,投入了大量的经费支持。

1. 可信免疫的计算模式

最初,大多数网络安全系统由“老三样”组成,即防火墙、病毒防范、入侵检测。在设计缺陷的影响下,网络信息安全问题层出不穷,虽然被动、消极地封堵、查杀有一定作用,但难以从根源上解决安全问题的不断出现,为此,提出了可信计算模式同时构建的可信计算的架构,可以解决一系列相关问题。

2. 安全可信系统框架

云计算、大数据、移动互联网和虚拟动态异构计算环境都需要可信度量、识别和控制,包括5个方面:体系结构可信、操作行为可信、资源配置可信、数据存储可信和策略管理可信。通过构建可信安全管理中心支持下的积极主动三重防护框架,能够达到网络安全目标要求的多种安全防护效果。

(三) 可信计算的典型应用

1. 数字版权管理

可信计算可使公司构建安全的数字版权管理系统,难以破解。比如,下载音乐文件,通过远程认证能够使音乐文件拒绝被播放,只能在指定的唱片公司要求的音乐播放器上播放。密封存储可防止用户使用其他的播放器或在其他计算机上打开该文件音乐在屏蔽存储里播放,可阻止用户在播放该音乐文件时进行该文件的无限复制。安全阻止用户捕获发送到音响系统中。

2. 身份盗用保护

可信技术能够在很大程度上减少身份盗用的发生。比如,网上银行在用户进入银行网络,经过远程认证后,服务器一般会产生正确的认证证书,并且只服务于该页面,通过该页面,用户可发送用户名、账号、密码等信息。

3. 保护系统不受病毒和间谍软件危害

通过软件的数字签名,有助于用户对经过第三方修改的用户程序进行识别,避免系统受到病毒或间谍软件的入侵。比如,某网站向用户提供经过修改的即时通信程序版本时,操作系统能够查出这些版本是否存在有效签名,是否经过修改,是否存在病毒或间谍软件,并向用户反馈相关信息,使系统得到保护。值得注意的是,这带来了一个新的问题,即签名经过谁的决定才是有效的。

4. 保护生物识别身份验证数据

生物鉴别设备具有身份认证功能,通过对可信计算技术的合理使用,能够保证敏感的生物识别信息不被间谍软件窃取。

5. 核查远程网格计算的计算结果

可以确保网格计算系统的参与者的返回结果不是伪造的。这样，大型模拟运算（如天气系统模拟）就无须使用繁重的余运算来保证结果不被伪造，从而得到想要的正确结论。

6. 防止在线模拟训练或作弊

可信计算可控制在线模拟训练或游戏作弊。一些玩家修改其软件副本以获得优势：远程认证、安全及存储器屏蔽可核对所有接入服务器的用户，确保其正在运行一个未修改的软件副本还可设计增强用户能力属性或自动执行某种任务的软件修改器。例如，用户可能想要在射击训练中安装一个自动瞄准BOT，在战略训练中安装收获机器人。由于服务器无法确定这些命令是由人还是程序发出的，推荐的解决方案是验证用户计算机上正在运行的代码。

二、大数据安全保护

1980年，世界著名未来学家托夫勒（Alvin Toffler）写下了《第三次浪潮》一书，“大数据”一词即来源于此。而肯麦锡咨询公司是最早对大数据应用进行研究的机构。2011年6月，肯麦锡咨询公司发布了与“大数据”相关报告，报告指出，随着互联网时代的不断深入，全球信息化程度越来越高，数据将渗透当前的各行各业中，成为生产因素的重要组成部分。当前，人们挖掘、运用数据的程度越来越高，表明新一波生产率增长的到来。根据国际数据公司（IDC）的相关研究结果得出，2008年，全球数据总量为0.49ZB。2010年，全球数据总量上升到1.2ZB。2011年，全球数据总量为1.82ZB。可以看出，产生数据的总量是呈逐年上升趋势的。截至2020年，全球数据规模已经是最初的数十倍。

数据安全技术有助于提高数据的安全程度。在各种加密技术的作用下，处理处于存储与传输缓解的数据，能够有效防止信息泄漏的发生。对于加密的重要数据，即便盗取数据的人获取到数据，也无法从中获得有价值的信息。虽然大数据的加密会使部分系统性能有一定牺牲，但相比于不加密面对的风险，损失一定的运算性能是值得的。实际上，这是风险管理与企业管理之间的一种协调，将网络信息安全放在首要位置，通过各种技术手段进行有效保护。各个领域大数据安全防护如图8-2所示。

(1) 数据水印技术。这一技术采用不易被察觉的方式，将标识信息嵌入数据载体内部，并不对其使用方法造成影响，在多媒体数据版权保护上较为常见，还会用于数据库、文本文件等。

(2) 数据溯源技术。这一技术的主要作用是帮助人们确定数据库中各项数据的来源，以及文件的溯源与恢复，以标记法为基本方法。比如，通过标记数据，对数据在数据库中查询与传播的全过程进行记录。

(3) 数据发布匿名保护技术。这一技术是将大数据中的结构化数据保护起来的基本手段与核心关键，有助于使静态数据与一次发布的数据实现隐私保护。

(4) 社交网络匿名保护技术。这一技术主要包括两个方面：一方面是隐藏用户之间的关系，在数据发布的过程中，用户之间的关系会被隐藏；另一方面是隐藏用户标识与属性，在数据发布的过程中，用户标志与属性信息会得到隐藏。

(5) 风险自适应的访问控制。对于大数据，安全管理员未必有全面的专业知识，这就无法向用户准确地指定其可以访问的数据，这一技术在此时就会充分发挥其作用。

此外，应当注意的是，只有不断完善政策法规，才能将信息安全环境建设得更好。

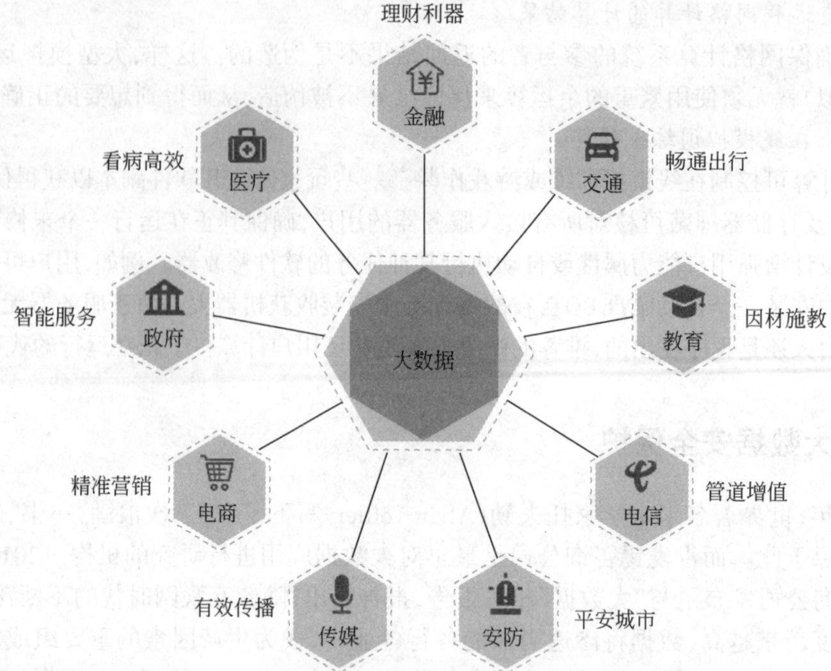

图8-2 各个领域大数据安全防护

三、云安全技术

(一) 云安全的概念

云安全(cloud security)融合了很多新兴技术与概念。比如,并行处理、网格计算、未知病毒行为判断等,它是应用于信息安全领域的云计算技术,还是网络时代信息安全的一种反映。通过网状的大量客户端监测网络中软件行为可能出现的异常,获得互联网中恶意程序与木马的最新信息,向服务器端传送,并进行自动分析与处理,然后将解决木马与病毒的方案分别发给各个客户端,使整个网络系统的安全体系得以构成。

当木马商业化得到解决后,为了更好地应对互联网严峻的安全形势,作为全网防御安全体系结构的云安全应运而生,它包括三个层次,即集群式服务端、智能化客户端、开放的平台。以现有反病毒技术为基础,经过云安全的强化与补充,处于互联网时代的用户的网络安全保护工作得到进一步加强。

(1) 服务器端的支持,主要包括专业的安全分析服务、海量数据存储中心、安全趋势的智能分析挖掘技术,通过与客户端的相互协作,共同为用户提供云安全服务。

(2) 智能化客户端既可以是单独的安全产品,又可以是某些产品集成的安全组件,能够为这个云安全体系提供两大基础功能,即样本收集、威胁处理。

(3) 云安全为第三方安全合作伙伴提供对抗病毒的平台支持是以开放性安全服务平台为前提与基础的。云安全在向第三方安全合作伙伴用户提供安全服务的同时,依托于第三方安全合作伙伴用户,建立并完善了全网防御体系,并让所有用户都能够处于全网防御体系中。云安全体系如图8-3所示。

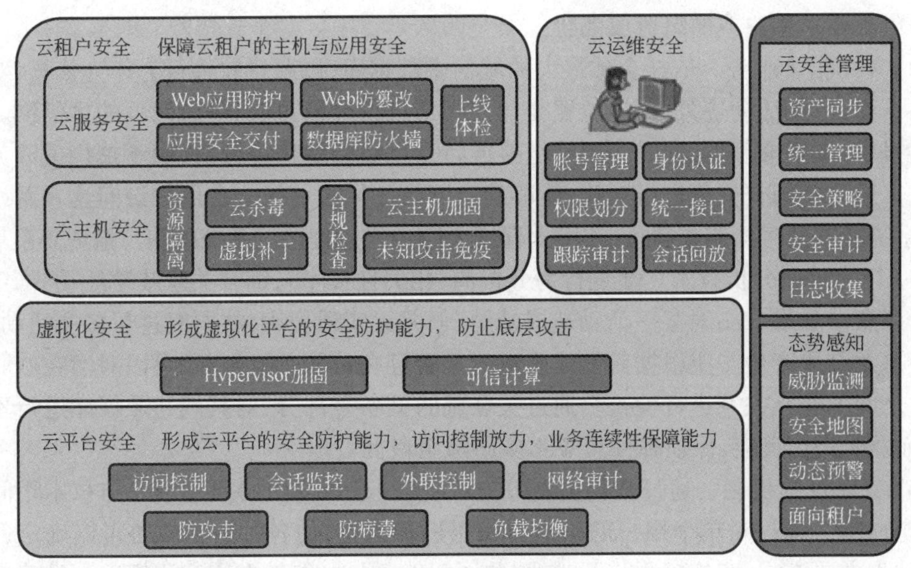

图8-3　云安全体系

（二）云安全关键技术

可信云安全的关键技术有很多，主要包括可信密码学技术、可信模式识别技术、可信融合验证技术、可信“零知识”挑战应答技术和可信云计算安全架构技术等。构建云安全系统，需要解决四大关键技术问题。

（1）拥有大量客户端。能够提高感知互联网中挂马网络与病毒的能力，从而快速做出应对。比如，瑞星及合作伙伴的客户端达数亿，可基本覆盖国内的网民。

（2）应有专业的反病毒经验与技术。不断丰富、积累反病毒经验与技术，强大的实力与研发队伍，大量虚拟机、智能主动防御和大规模并行运算等技术综合运用，及时处理海量上报信息，将处理结果共享给云安全系统的每位成员。

（3）构建云安全系统，需要投入大量的资金和技术。

（4）开放系统且需要大量合作伙伴加入。

（三）云安全技术应用案例

在云安全技术的作用下，趋势科技取得的效果极为良好。对于云安全，其应用主要体现在以下6个方面。

（1）文件信誉服务。能够对位于服务器、端点、网关处文件的信誉进行检查。检查依据为防病毒特征码，即已知的文件清单。高性能的内容分发网络和本地缓冲服务器，确保在检查过程中使延迟时间降到最低。因为恶意信息是在云中保存的，所以能够向网络中的所有用户快速传达。同时，相比于会对端点空间有所占用的传统防病毒特征码文件，降低了系统消耗与端点内存。

（2）电子邮件信誉服务。通过利用获悉垃圾邮件来源的信息数据库，对IP地址进行检查，并对可实时评估邮件发送者信誉的动态服务对IP地址进行验证。信誉评分经过不断分析、细化IP地址的行为、历史、活动范围，根据发送者的IP地址，在云中即可拦截恶意邮件，从而避免Web对用户或网络造成威胁。

(3) Web信誉服务。依托全球最大的域信誉数据库,以恶意软件行为作为依据,对发现的网站页面、可疑活动迹象、历史位置变化等因素进行分析,从而确定网页的可信度。为了降低误报率,提高准确性,同时为网站链接或特定网页指定信誉分值,而不是拦截或分类整个网络。通过将信誉分值进行对比,能够确定网站的风险等级。在用户访问这一网站的过程中,系统能够及时提醒或制止,在很大程度上避免恶意程序对系统或用户造成不良影响。

(4) 行为关联分析技术。通过行为分析的"相关性技术",综合关联威胁活动,确定其行为是否恶意。如果Web对某一活动造成威胁,但并无实质侵害,在同时进行多项活动后,有可能使恶意结果产生。应根据启发式观点对是否存在威胁进行判断,可以对潜在威胁下不同组件之间的相互关系进行检查。通过关联威胁的各个部分,对其威胁数据库进行不断更新,从而及时做出反应,保证邮件与Web威胁降至最低。

(5) 自动反馈机制。通过双向更新流方式,实现全天候威胁研究中心与技术之间的持续、稳定通信。通过对单个用户的路由器信誉进行检查,使各种新型威胁得以确定,以"邻里监督"为主要方式,实施探测与及时地"共同智能"保护,能够在一定程度上帮助确定最新的、全面的威胁指数。经过个体用户常规信誉检查,发生的各种威胁都会及时更新到全球各地的威胁数据库中,以免后续用户的权利遭受侵害。

(6) 威胁信息汇总。源于中美等地的研究,将对其反馈与提交内容进行补充。在趋势科技防病毒研发暨技术支持中心TrendLabs,各种语言的员工可提供实时响应,全天候威胁监控和攻击防御,以探测、预防并清除攻击。

四、网格安全技术

(一) 网格安全技术的概念

网格(grid)是一种虚拟计算环境,利用计算机网络将分布异地的计算、存储、网络、软件、信息和知识等资源连成一个逻辑整体,如同一台超级计算机为用户提供一体化的信息应用服务,实现互联网上所有资源的全面连通与共享,消除信息孤岛和资源孤岛。网格作为一种先进的技术和基础设施,已经得到了广泛的应用。同时,由于其动态性和多样性的环境特点,带来了新的安全挑战,需要新的安全技术方案解决,并考虑兼容流行的各种安全模型、安全机制、协议、平台和技术,通过某种方法来实现多种系统之间的互操作安全。

网格安全技术是指保护网格安全的技术、方法、策略、机制、手段和措施。

(二) 网格安全技术的特点

网格安全技术能够预防非法用户获取或使用网格的资源,提高网络资源的安全程度。网格环境具有可拓展性、异构性、结构不可预测性,同时具有多级管理域等特征,相比于传统分布式计算环境,网格的安全问题有很大不同。网格安全体系的构建不仅要具有Internet的安全特性,还要具备一些相应特征,具体如下。

(1) 可拓展性。网格的用户、结构、资源是呈动态变化的,这就要求网格系统安全结构要具有可拓展性,从而更好地与网格规模的变化相适应。

(2) 异构资源管理。网格能够涵盖不同体系结构的超大型计算机、跨地理分布的多种异构资源、不同结构的操作系统以及应用软件，这就要求网格系统能够动态地与复杂的系统结构与多种计算资源相适应。受到异构资源认证与授权的影响，安全管理的难度有一定提高。

(3) 结构不可预测性。对于传统高性能计算系统，其行为能够进行预测。对于网格计算系统，资源共享导致系统性能与系统行为经常发生变化，使得网格结构难以预测。

(4) 多级管理域。对网格的分布性特点进行计算，使关于用户与资源的各种属性能够超越物理层，成为多个组织机构的一部分。一般情况下，构成网格计算系统的超级计算机资源不属于相同的组织或机构，并且使用的安全机制有一定差异，这就要求多个组织或机构共同协作，使多级管理域问题得以有效解决。

(三) 网格安全技术的需求

网格环境的基本安全需求包括完整性、机密性、可审查性、审计。完整性指的是保证网格环境中的资源与信息不受非法用户的入侵，从而使资源与信息的存储与传输得到保障；机密性指的是保证网格环境中的资源不被非法用户访问；可审查性指的是保证网格环境中的用户对网格发出的行为不可否认；审计主要是对网格环境中的资源使用与用户行为的记录，通过分析审计日志，能够使报警功能得以完成。除此之外，在网格环境特点的作用下，网格环境有着特别的安全需求，具体如下。

(1) 认证需求。为了进一步提高网络资源对用户的透明程度，应将单点登录功能提供给用户，通过在一个管理域认证，用户能够使用数个管理域资源，并且不需要进行多次认证。对于用户单点登录功能，应通过信任关系、资源认证、用户认证的全生命周期管理。

(2) 灵活的安全策略。由于网格环境中的用户具有多样性、资源具有异构性，这就要求为用户提供多样的安全策略，从而使灵活性得以提高。

(3) 安全通信需求。在网格环境中，有着多个管理域与异构网络资源，处于这一环境的安全通信需要支持数个可靠的通信协议。同时，需要进行动态的组密钥更新与组成员认证，以支持网格环境中安全的组通信。

(四) 网格安全关键技术

网格安全的研究多用于对各种安全机制与安全协议进行定义，通过建立一种安全域于虚拟组织之间，使资源共享获得一个稳定的安全环境。网格安全技术以密码技术为基础，有助于网格系统中信息传递的机密性，接收与发出信息的完整性、可审查性的实现。对于网格计算，基于SSL通信协议、X.509、公钥加密的GSI(grid security infrastructure)安全机制的应用较为广泛。

(1) 安全认证技术。这一技术主要包括加密、数字证书、数字签名、公钥基础设施PKI等技术。随着CA私钥的安全性的不断提高，数字证书的安全性能够得到保证。对于管理数字证书，对数字证书的管理，可通过数据库服务器提供在线信任证书仓库，为用户存储并短期提供信任证书。用户能够从不同入口接入网格，使用网格向用户提供的服务。通过对PKI技术的充分利用，网格只需认证一次用户，即可对多个节点资源进行访问。通过证书委托与代理证书，可创建一个用户代理并向用户提供，同时可创新代理与中心节点，形成安全的信任链,使节点间的信任传递与单点登录得以实现。

(2) 网格中的授权。通过用户在本地组织中加入解决社区授权服务(CAS)负担过重的问题。网格安全基础设施是基于公钥加密、X.509证书和安全套接层SSL通信协议的一种安全机制,有助于使虚拟组织VO中的认证和消息保护问题得到解决。通过服务,VO中的资源共享能够得以实现。通过一个映射文件,用户对资源服务访问权限的控制能够实现。映射文件由一系列用户区别名DN到本地账号的映射项组成。用户认证后,资源提供者提取DN于用户代理书,而后以用户请求的服务为依据,在相应的映射文件中查看这一DN的映射项。如果存在,就说明有访问其请求服务的权限,资源提供者将以用户DN对应的本地账号运行被请求的服务。在映射机制的作用下,GSI从对用户的访问控制向为资源提供者对本地账号的访问控制发生转变,比如,CPU限制、文件访问控制等。

(3) 网格访问控制的提供,可通过虚拟组织成为服务或区域授权服务。社区授权服务(CAS)允许虚拟组织维护策略,并可用策略与本地站点交互。每个资源提供者都要通知CAS服务器关于VO成员对于其资源所拥有的权限,用户想要对资源进行访问,需要申请基于用户自身权限的证书于CA服务器,通过资源验证证书,用户才能进行访问。由于网格跨越的管理域较多,并且各个管理域都有相应的安全策略,这就要求VO制定一个标准的策略语言支持多种安全策略,使VO与本地的安全策略交互。从某种程度上说,区域授权服务是有助于网格虚拟组织的访问控制问题的解决的,但并不能与网格动态性需求相适应,无法解决因管理瓶颈而存在的不可拓展性问题、虚拟组织的协同策略管理问题等。此外,网格环境中可通过对沙盒技术的充分利用,定量控制其资源,比如,CPU利用率、带宽使用量、内存占有量等。通过把各种应用放于统一沙盒,有助于网格节点异构性的消除,使本地系统更好地对网格应用的资源使用情况进行控制,可用于细粒度资源质控的进行,以及动态账号的实现。

(4) 网格安全标准。Web服务安全规范有助于现有安全模型的集成,在对Web服务进行开发的过程中,可构建安全框架于更高层次。对于网格安全体系结构,Web服务安全规范是构建跨越不同安全模型的网格安全结构的基础。随着Web服务与网格融合程度的不断加深,网格环境中的传输层安全正过渡到消息层安全。消息层安全在支持Web服务安全标准的同时,为SOAP消息提供保护,在很大程度上保证了SOAP消息的安全性,能够将多种形式的传输层协议兼容,并可实施级别不同的安全保护。为了使网格环境中的资源共享得以实现,网格环境中使用安全声明标记语言SAML交换鉴定和授权信息,SAML基于XML消息格式定义了查询响应协议接口,能够兼容不同的底层通信和传输协议,并能通过时间标签在网格用户之间建立动态的信任关系。

第三节　网络安全事件分析

一、永恒之蓝事件分析

2017年5月12日,黑客利用NSA黑客武器库泄漏的“永恒之蓝”工具发起了网络攻击,这就是著名的永恒之蓝事件。当大量服务器与个人PC被病毒入侵后,成为不法分子的比特币挖矿机,甚至被安装勒索软件。挖矿会有大量的计算资源消耗,使得机器性能大不如前。而勒索软件的危害更甚,想要解密恢复文件,用户就需要支付高额赎金,这对个人与企业的重要文件数据造成严重侵害。世界上很多国家都受到了永恒之蓝事件的影响,无论是高校校内网,还是政府机构专网,都受到了不同程度的波及。

(一) 病毒概况

2017年4月16日,国家互联网应急中心(简称CNCERT)举办的CNVD发布《关于加强防范Windows操作系统和相关软件漏洞攻击风险的情况公告》,通报了影子经纪人(shadow brokers)披露的一些与Windows操作系统SMB服务相关的漏洞攻击工具情况,并预警了有可能产生的大规模攻击。

当勒索软件入侵用户主机系统后,会弹出勒索对话框,表明勒索目的以及索要比特币。而对于用户主机上的照片、文档、图片、视频、音频、压缩包、可执行程序等重要文件,在被加密后的文件后缀名会成为".WNCRY"。当前,这种恶意加密行为依然存在,一旦勒索软件渗透用户主机中,想要将勒索行为解除,一般都要重装操作系统,但会使用户的重要数据文件丢失,并且无法直接恢复。

WannaCry通过对微软"视窗"系统漏洞的利用,获得自动传播能力,从而在较短的时间内将一个系统内的所有计算机感染。漏洞将勒索病毒远程执行后,会释放一个压缩包于资源文件夹,这个压缩包会在内存中通过密码解密,并将文件释放。这些文件包括弹出勒索框的exe、各国语言的勒索文字、桌面背景图片的bmp,以及有辅助攻击作用的两个exe文件。同时,这些文件会在本地目录释放,并设置成隐藏状态。

2017年5月12日,通过MS17-010漏洞,WannaCry蠕虫在全球范围内爆发,大量计算机遭到入侵。当计算机被这一蠕虫感染后,会通过植入病毒勒索用户,将大量文件加密。黑客锁定受害者计算机后,病毒会进行提示,想要解锁文件就需要支付价值300美元的比特币。

2017年5月13日,一名英国研究员意外发现了WannaCry隐藏开关(kill switch)域名,使病毒的扩散得以遏制。2017年5月14日,经过检测得出,WannaCry勒索病毒的变种——WannaCry 2.0出现。相比于最初版本,变种将kill switch取消,不可通过某个域名的注册将变种勒索病毒的传播关闭,在一定程度上加快了变种的传播速度。于是,要求广大网民升级安装Windows操作系统相关补丁。对于感染病毒的机器,立即断开网络,防止病毒传播的加剧。

(二) 攻击特点

通过对Windows操作系统445端口存在漏洞的利用,WannaCry快速传播,具有主动传播及自我复制的特征。

被WannaCry入侵后的用户主机,图片、音频、文档、视频等各类文件都会被加密,并且文件名称后缀统称为".WNCRY",同时弹出勒索信息于桌面,要求受害者支付比特币才能将文件解锁。随着时间的推移,赎金金额会不断增加。

(三) 事件经过

2017年5月12日,蠕虫恶意代码的攻击传播席卷全球,数个小时内,包括俄罗斯、英国在内的整个欧洲，以及中国国内的多个大型企业内网、高校校内网与政府机构专网被入侵，通过支付高额赎金才能将文件解密恢复，对重要数据的保存造成严重影响。

不法分子锁定入侵设备后，要求以比特币为赎金，并且要求尽快支付。对于延期支付赎金的受害者，重要文件将被删除。甚至还提出，对于一些"穷人"，半年后可通过参与免费解锁活动来恢复文件。最初，这只是像小范围的恶作剧，但随着时间的推移，这一勒索软件入侵的范围越来越广，很多国家的权益都受到侵害，形势急速加剧。

（四）攻击方式

对于将445文件共享端口开放的Windows机器，恶意代码会进行扫描，用户只要打开机器、连通网络，不做其他操作，不法分子就能将勒索软件、虚拟货币挖矿机、远程控制木马等恶意程序植入服务器与计算机中。

在永恒之蓝事件中，黑客使用的是Petwarp，这是Petya勒索病毒的变种，通过利用永恒之蓝勒索漏洞进行攻击，并会在内网传播获取的系统用户名与密码。

对于这次爆发，使用了局域网感染、永恒之蓝SMB漏洞、Office漏洞等网络自我复制技术，使病毒在较短的时间内迅速蔓延。同时，相比于普通勒索病毒，这种病毒有很大不同，它不会加密计算机中的所有文件，而是通过对硬盘驱动器主文件表（MFT）进行加密，使主引导记录（MBR）无法操作，通过将物理磁盘上的文件名占用，位置和大小的信息对访问完整系统进行限制，从而无法启动计算机，比普通勒索病毒的破坏性要强得多。

（五）波及范围

2017年5月12日，国内一些高校学生发现病毒入侵计算机，文档被不法分子加密。经过分析，病毒似乎通过校园网在不断传播。之后，东北财经大学、广西师范大学、南昌大学、山东大学等十余家高校相继发布公告，提醒全校师生重视网络防范，以免因病毒入侵而造成不必要的损失。此外，网络中的很多用户进行反馈，疑似遭到病毒攻击。北京、天津、江苏、上海等多地公安网同样有被病毒入侵的迹象。

2017年5月13日，北京、杭州、上海、南京、成都、重庆等地的加油站相继受到波及，当天凌晨因断网而难以运行，网络支付失去效用，只能通过现金交流来维持加油业务的运转。

直到2017年5月14日10时30分，根据国际互联网应急中心监测可知，当时被"永恒之蓝"漏洞攻击的IP地址多达242.3万个，被感染的IP地址约3.5万个，其中，我国境内被感染的IP地址约1.8万个。

2017年5月15日，珠海市公积金中心为了防止病毒的蔓延，下发了《关于5月15日暂停办理住房公积金业务的紧急通知》，通过内外网络的加固升级，避免住房公积金业务数据遭受安全威胁，住房公积金的所有业务也暂停办理。

在陕西，一些城市的交通管理网络在病毒的影响下，各项业务停止办理。此外，一些地区的网络处于"系统维护"中，出入境、交管等业务都暂停办理。

（六）事件影响

英国、法国、美国、俄罗斯、乌克兰、中国等世界上的许多国家都受到了不同程度的影响，政府部门、能源企业、通信系统、电力系统、机场、银行、律师事务所等重要设施都受到波及，直接损失难以估计。

二、委内瑞拉大规模停电事件分析

（一）大规模停电事件概述

2019年3月7日，委内瑞拉的大部分地区发生停电事件，23个州中的20个州一度全面停电，使得交通拥挤不堪，机场、工厂、医院、学校等都受到严重影响，网络与手机也难以正常使用。2019年3月8日，一些地区开始恢复供电，但在后续两天中接连停电，使人们处于恐慌中。这次的停电事件给委内瑞拉造成的损失极大，不仅一些网站无法访问，停学、停工多日，而且一些地区出现了人们哄抢超市、商场的现象。自2012年以来，这是委内瑞拉影响地区最广、时间最长的一次停电。

根据媒体报道，委内瑞拉南部的玻利瓦尔州的一座水电站发生事故，这是第一次停电的主要原因，这座水电站是古里水电站的一部分。当前，古里水电站是世界第二大水电站，于1963年开工，经过三期建设，于1986年完工。对于委内瑞拉而言，古里水电站在不影响奥里诺科河口的生态环境的前提下，创造了大量经济效益，有着非凡意义。

（二）委内瑞拉政府的反应

当委内瑞拉发生大规模停电后，委内瑞拉政府为了恢复电力供应，立即调拨资源、组织人力。同时，总统马杜罗指出，美国方面的攻击行为造成委内瑞拉大规模停电。2019年3月11日，马杜罗指出，攻击委内瑞拉电力系统有三个阶段，即网络攻击、电磁攻击、燃烧攻击。2019年3月12日，在一次电视直播活动中，马杜罗强调，美国南方司令部在五角大楼的命令下攻击委内瑞拉，同时请求中国、俄罗斯、古巴、伊朗等国协助调查。

委内瑞拉外交部部长罗德里格斯曾表明，马杜罗政府准备将相关证据向联合国人权事务高级专员提交。委内瑞拉国防部长帕德里诺指出，已经将空中监视系统引入委内瑞拉的电力线上。同时，准备进行以保护电力系统为根本目的的军事演练。

（三）委内瑞拉政府宣布遭遇的阶段攻击

2019年3月11日，马杜罗声称，委内瑞拉电力系统遭受的攻击分为三个阶段。第一阶段主要是网络攻击，目标为西蒙·玻利瓦尔水电站。第二阶段主要是电磁攻击，通过移动设备中断和逆转恢复过程。第三阶段主要是燃烧攻击，通过燃烧与爆炸，破坏米兰达州的Alto Prado变电站，使加拉加斯的全部电力处于进一步瘫痪状态中。

（四）委内瑞拉大规模停电的影响

目前，委内瑞拉大规模停电事件的整个过程及其原因尚未明确，但根据媒体报道可知，古里水电站12号机组被切除，原因是系统频率大于62Hz；15、17、19号机组被切除，原因是送出线跳闸。之后，马卡瓜水电站全部机组与卡鲁阿奇水电站的1、4号机组受到不同程度的响应,相继被切除。

对于长时间停电的原因,委内瑞拉一位工程师表明,古里电力系统的恢复需要极为复杂的操作,在多座城市之间765kV线路投入使用的过程中,不仅要有符合要求的操作人员,还要有丰富的预案处理经验,但国内电力系统发展的滞后使得电力恢复问题很难在48小时内得到解决。根据相关报道可知,委内瑞拉想要依靠400kV网架将电力系统重新构建,但最终失败了,使得2019年3月9日发生了全国性的第二次大规模停电。委内瑞拉输电专家声称,电力输出是大规模停电的主要原因,即便在通过古里水电站将电力发出,在没有765kV系统的前提下,这些电力也不能被送出,这条输电线路承载着委内瑞拉负荷中心85%的电力。

(五)委内瑞拉大规模停电的原因

1. 人为攻击破坏

从委内瑞拉政局以及国际形势的角度出发,随着委内瑞拉基础设施的崩溃,有着明显的受益方,在客观上存在攻击原因,因此,人为破坏的可能性很大。但从线索的角度看,当前只有纵火行为能够在一定程度上溯源,与网络攻击、电磁攻击相关的信息有限,没有足够的证据来支撑这一观点。

在所有基础设施中,由于电力系统对社会的运行有着不可忽视的作用,被当成首选目标的可能性极高,通过一系列的连锁反应,会使委内维瑞承受巨大损失。同时,电力系统的复杂程度极高,随之出现极多的暴露面,使电力系统遭受侵害的方式较多、便捷性较高。对于输变电设备、电站、线路层面,都有受到物理、网络、电磁攻击的可能。

受到电力系统空间特点的影响,只有主要变电站、电厂能够得到较为封闭的物理空间保障,大量的线路、无人变电站所处的空间都是自然开放的。而从电力系统机理的角度看,通过局部攻击,就会对整体造成严重影响。根据委内瑞拉的相关事件得出,电网解列已发生多次,造成这一问题的原因可能是关键节点注入功率有限,使得电网潮流异常,将保护引发,从局部停电转变为电网解列,最终导致大规模停电事件的发生。

2. 自身发生故障

乔治·华盛顿大学的研究人员Kalev Leetaru认为,委内瑞拉的停电事件已经司空见惯,这是电网管理不善导致的,无须美国国家安全局的参与,委内瑞拉的电网就能引发停电事件,甚至美国在内的世界上很多国家都在担忧老化严重的公共基础设施。投资有限应被看作是输电线路过载或设备故障导致停电的主要原因,而不应将其归咎于外国网络攻击。预防维护工作力度不足可能是导致大规模山火的电力故障的主要原因,而不是蓄谋已久的外国破坏。

2013年1月到6月,委内瑞拉发生10647次电力系统故障;2013年9月3日,委内瑞拉的停电规模高达全国面积的70%;2018年8月31日,马拉开波发生了大规模停电,这是由于当地一个变电站爆炸导致的;2018年10月16日,位于卡拉沃沃州的一个发电站爆炸,使得委内瑞拉西南部出现电力无法供应的问题,电力短缺的州多达12个,上千万国民被停电所影响。当然,这些事件未必完全是电力系统本身导致的,人为因素不可忽视。

3. 基础支撑有限

在"震网事件"与"乌克兰电网攻击事件"中,由于事件发生国的主权与安全有一定的自我保障,社会相对稳定,并且基础设施的保障较为完善,攻击方一般会选择网空攻击,这是因为这种攻击方式不仅穿透性强,而且隐蔽性好。在达到攻击效果的前提下,影响后果不大,并且相比于军事打击,成本更加低廉。而网络手段结合物理手段,攻击效果会有极大提高。当前的委内瑞拉并不稳定,里应外合、内部破坏等可能性都不可忽视,物理、网空、电磁等多个领域风险并存,并且由于基础设施运维水平、社会应急能力有限,使得电力系统的恢复成本与恢复难度都有一定增加。

对于关键基础设施而言,国家的主权与安全是其基本保障,社会治理能力是其前提基础。目前,虽然委内瑞拉政府已经稳定了社会的正常运转,但在内部反对派、外部颠覆的干预下,主权与安全的维系都极为艰难,治理能力被削弱的程度极高。在这种背景下,委内瑞拉遭受的攻击几乎不会只有网络攻击,很有可能是实体与网络的共同攻击。而对于一系列的事件,既可能是弱关联的多源并发,又可能是强关联组合打击。

在委内瑞拉大规模停电事件中,委内瑞拉发表了多次声明,比如,"抓获纵火破坏电力系统嫌疑人""国内渗透者从内部攻击了电力公司""电力系统已成为美国最新一轮网络攻击"等。同时,网络中出现了关于西部变电站爆炸的信息,在这些信息都是实际发生的前提下,这一事件就应该是多域交织、里应外合的结果,也是国家政权面临挑战的情况下的基础设施安全问题。而受到政权管控力下降的影响,政府没有足够应变攻击事件的能力与资源,使得在不断攻击中遭受更大损失。

(六)委内瑞拉断电事故的启示

1. 启示一

对于关键基础设施安全防护工作,应从整体国家安全观的视角出发,予以极大的重视。关键基础设施几乎是所有威胁行为的侧重方向,并且其攻击多是跨域组合的。所以,基本设施防御并不是单纯地看作是技术对抗,而应看作是一种综合对抗。

对于常规防护,在考虑物理安全的基础上,还应充分考虑技术安全、人员安全等因素,通过预测各种可能出现的紧急事故,提前制订相应的预案,从而更好地应对各种威胁。目前,我国在网络空间安全领域不能从整体国家安全的角度出发,主要侧重于攻击的"技术含量",而对后果或结果的分析有所忽视,多认为如果攻击是非技术层面的,影响并不大,如果攻击不是"高技术含量"的,都能够有效解决。但关键基础设施安全与网络空间安全本身的防护程度都有一定差异,非对称性特征明显,使得攻击更加侧重于从薄弱点突破,并非单纯地采用高技术手段或一般技术手段。对于攻击者,攻击的不是"技术含量",而是攻击成本、攻击成功率、攻击隐蔽性、目标价值等"作战指标"。在适当的时间阶段,人为操作或简单技术在关键目标上发挥作用,同样能够造成极大侵害。

2. 启示二

落实能力导向建设模式,不断提高关键信息基础设施安全防护能力,以更好地面临可能出现的各种威胁。目前,我国面临的内外部形势较为复杂,对于各种风险挑战,网络安全防控能力有待提升,应对国家级高强度网络攻击的有效性较低是突出的风险之一。在防控能力的建设上,不仅要以国家大型工程为基础,还要将各政企机构建设管理的所有信息基础设施、信息系统的安全作为基石。只有基石稳定,才能更好地进行防控能力建设。关键信息基础设施与重要信息系统的防护能力较低，不仅是国家稳定与安全的隐患，还对国家的战略主动性造成一定影响。

当前，政企网络安全防护存在很多不可忽视的问题，比如，问责机制落实程度不高、预算保障有限、规划能力不足等，安全规划建设工作大多以一般性合规要求得到满足为基础，然后通过简单堆积一些产品来处理各种单一性威胁，动态综合的网络安全防御体系尚未形成，实战化安全运行机制保障也较为缺乏。在面临新的威胁类型或安全环节单点失去作用时，只能勉强应对，极为艰难。对于网空威胁行为，由于其隐蔽性较好，发生与防御能力有限。

此外，随着经济的下行，安全的预算与投入经常被延迟或削减。但在形势复杂的当下，安全支持能力的建设应加以重视，相关部门应通过加强问责落实、保障预算投入、系统规划指引，使政府与央企的网络安全防护水平得到进一步提升，以增强国家的综合实力。

对于承担关键信息基础设施建设运行与维护的人员或部门，应做好敌人随时可能进攻的准备，制订相应的方案，并以自身网络与信息系统的业务安全、社会安全、国家安全属性为依据，对一定能够有效对抗何种层级的网络空间威胁行为体进行客观判断，同时，通过对安全需求进行深入分析，建立科学、合理的安全规划，确保预算投入，从而更好地应对错综复杂的敌情。

采用叠加演进能力导向的网络安全建设模式指引规划设计，科学合理地分阶段扎实开展网络安全建设实施工作，实现从基础结构安全、纵深防御、态势感知与积极防御到威胁情报的网络安全能力，构建动态综合的网络安全防御体系。

为了更好地完善各个工业系统与基础设施，在通过落实能力导向建设模式进行动态综合防御体系建设的工作过程中，应以保障业务运行的可靠性与连续性为基础，这就使得对纵深防御层面安全能力、基础结构安全能力的规划、建设与安全运行有了更高要求。对于现代运营综合管理系统，应对安全动作潜在的连续性影响重视起来，通过对合理规划、收窄暴露面、分区分域等方式的综合采用，以提高布防的有效性、全面性，同时依靠完善的演训式威胁评估、应急响应预案制订等措施的支撑，尽可能降低业务系统受到的影响，使其弹性恢复能力得到保障。

第四节　网络安全技术的应用

一、金融网络安全解决方案

（一）网络信息技术有限公司竞标

上海一家网络信息技术有限公司通过招标竞标方式，最后以128万元人民币获得某银行网络安全解决方案工程项目的建设权。其中的“网络系统安全解决方案”包括8项主要内容：信息化现状分析、安全风险分析、完整网络安全实施方案的设计、实施方案计划、技术支持和服务、项目安全产品、检测验收报告和安全技术培训。

金融业日益国际化、现代化,银行开始注重技术和服务创新,通过对信息化建设的有效利用,实现城市之间的消费结算、资金汇划、储蓄存取款、电话银行、信用卡交易电子化等多项服务,并基于信用卡异地交易系统、资金清算系统等,实现网络化服务的全国性。目前,很多银行开通了环球同业银行金融电信协会系统,同时与海外银行建立结算关系,即代理行关系,使得国际结算业务往来电文能够快速地在国内外之间接收与发送,不仅方便了企业的国际贸易、国际投资,还方便了个人的境外汇款,整个金融服务的效率得到极大提高。

1. 金融系统信息化现状分析

经过多年发展,金融行业信息化系统的信息化程度得到显著提高。不论是对于业务的创新、管理水平的提高,还是企业竞争力的提升,信息技术的作用已经越来越不可忽视。随着银行信息化程度的不断加深,银行业务系统越来越依赖信息技术。

从整体上看,信息技术是有助于银行业务的拓展,但也使得银行网络信息安全问题日益加剧,安全威胁不断更新。同时,由于银行内部数据具有重要性与特殊性,成为黑客的主要攻击点,使得关于金融信息的网络犯罪事件不断增多,尤其是银行进入数据集中、业务系统整个的发展新阶段,以及网上证券交易、电子商务、网上银行等新业务系统与新产品的快速发展,当前很多银行业务已经能够在网上办理,此后,还将形成基于TCP/IP的、全国性的、复杂的网络应用环境,信息安全风险将不断加剧,这对金融系统的不断完善提出了更高要求。现在成熟的金融系统网络安全解决方案如图8-4所示。

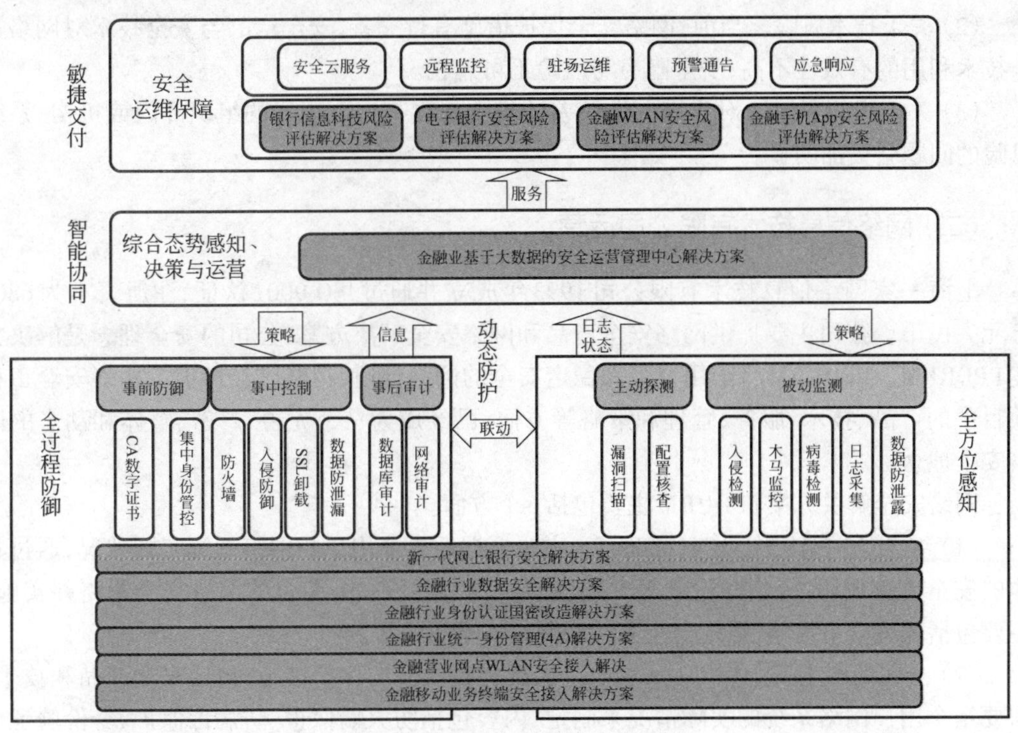

图8-4 金融系统网络安全解决方案

对于金融信息安全而言,不仅有助于金融行业的稳定运行,还在一定程度上促进了社会的安定和谐,对国家经济发展具有重要意义。金融行业急需建设立体的、深层次的、主动的信息安全保障体系,从而提高业务系统运转的能力,更好地帮助企业经营目标得以实现。

当前,我国金融行业典型网络拓扑结构大多是一个多级层次化的互联网广域网体系结构。

2. 网络系统安全面临的风险

随着近几年国际金融危机和国内金融的改革,服务成为各个银行的竞争重点之一,通过不断提高电子化建设投入,网络规模与应用范围都在不断扩张。值得注意的是,虽然电子化给银行带来了很高的经济效益,但关于网络系统的安全问题也在不断增多,并且显得更为迫切。金融网络系统存在安全风险的主要有3个原因。

(1) 防范和化解金融风险成了各级政府和金融部门非常关注的问题。在我国金融体制改革以及经济体制改革不断深入的今天,对外开放程度越来越高,金融风险迅速增大。

(2) 计算机网络的快速发展和广泛应用系统的安全漏洞也随之增加。当前,各个银行为了提高自身的竞争力,电子化网点不断扩张,电子化产品的更新越来越快,但建设的信息管理制度与安全技术有待完善,使得金融网络系统的安全问题日益明显。

(3) 随着经济全球化程度的不断提高,金融行业网络系统呈国际化发展趋势,使得网络隐患与威胁日益显著,关于网络的犯罪事件逐年增多,这为银行信息系统的安全防范体系提出了更高要求。

金融行业网络系统面临的内部和外部风险复杂多样,主要风险有3个方面。

(1) 关于管理风险。网络安全管理需要不断完善,安全意识培训、业务连续性计划、安全策略等有待加强。

(2) 关于技术风险。当前,网络安全保护措施有待完善,安全产品与安全技术对网络安全技术利用的有效性不高,安全隐患与风险不可忽视。

(3) 关于组织风险。对于统一性较差的安全指责与安全规划的组织部门或机构,系统风险的问题会更加明显。

(二) 网络信息技术有限公司运营

上海一家网络信息技术有限公司1993年成立并通过ISO 9001认证,注册资本为6800万元人民币。公司主要提供网络安全产品和网络安全解决方案,公司的安全理念是解决方案PPDRRM。PPDRRM将给用户带来稳定安全的网络环境,策略已经覆盖了网络安全工程项目中的产品、技术、服务、管理和策略等方面,已经成为一个完善、严密、整体和动态的网络安全理念。

网络安全解决方案PPDRRM主要包括6个方面。

(1) 综合的网络安全策略(policy)。主要根据企事业用户的网络系统实际状况,通过具体的安全需求调研、分析和论证等方式,确定出切实可行的、综合的网络安全策略并实施,主要包括环境安全策略、系统安全策略和网络安全策略等。

(2) 全面的网络安全保护(protect)。主要提供全面的保护措施,包括安全产品和技术,需要结合用户网络系统的实际情况来制定,内容包括防火墙保护、防病毒保护、身份验证保护和入侵检测保护等。

(3) 连续的安全风险检测(detect)。主要通过检测评估、漏洞技术和安全人员,对网络系统和应用中可能存在的安全威胁隐患和风险,连续地进行全面的安全风险检测和评估。

(4) 及时的安全事故响应(response)。主要指对企事业用户的网络系统和应用遇到的安全入侵事件,做出快速响应和及时处理。

(5) 快速的安全灾难恢复(recovery)。主要是指当网络系统中的网页、文件、数据库、网络和系统等遇到意外破坏时,可以采用迅速恢复技术。

(6) 优质的安全管理服务(management)。主要是指在网络安全项目中,以优质的网络安全管理与服务作为项目有效实施过程中的重要保证。

1. 网络安全风险分析的内容

网络安全风险分析的内容主要包括对网络物理结构、网络系统和实际应用进行的各种安全风险与隐患的具体分析。

(1) 现有网络物理结构安全分析。对机构用户现有的网络物理结构进行安全分析,主要是详细具体地调研分析该银行与各分行的网络结构,包括内部网、外部网和远程网的物理结构。

(2) 网络系统安全分析。主要是详细调研分析该银行与各分行网络的实际连接、操作系统的使用和维护情况、Internet的浏览访问使用情况、桌面系统的使用情况,以及主机系统的使用情况,找出可能存在的各种安全风险和隐患。

(3) 网络应用的安全分析。对机构用户的网络应用情况进行安全分析,主要是详细调研分析该银行与各分行所有的服务系统及应用系统,找出可能存在的安全漏洞和风险。

2. 网络安全解决方案设计

(1) 公司技术实力。主要概述项目负责公司的主要发展历程和简历、技术实力、具体成果和典型案例,以及突出的先进技术、方法和特色等,突出其技术实力和质量,增加承接公司的信誉和影响力。

(2) 人员层次结构。主要包括具体网络公司现有管理人员、技术人员、销售及服务人员的情况。具有中级以上技术职称的工程技术人员情况,其中教授级高级工程师或高级工程师人数、工程师人数,硕士学位以上人员占所有人员的比重,是一个知识技术型的高科技网络公司。

(3) 典型成功案例。主要介绍公司完成主要网络安全工程的典型成功案例,特别是与企事业用户项目相近的重大网络安全工程项目,使用户确信公司的工程经验,提高可信度。

(4) 产品许可证或服务认证。网络系统安全产品的许可证非常重要,在国内只有取得了许可证的安全产品,才允许在国内销售和使用。现在网络安全工程项目属于提供服务的公司,通过国际认证将有利于提供良好信誉。

(5) 实施网络安全工程的意义。在网络安全解决方案设计工作中,实施网络安全工程意义部分主要着重结合现有的网络系统安全风险、威胁和隐患进行具体翔实的分析,并写出网络安全工程项目实施完成后,企事业用户的网络系统的信息安全所能达到的具体安全保护标准、防范能力与水平和解决信息安全的现实意义与重要性。

3. 金融网络安全体系结构及方案

(1) 金融网络安全体系结构。当前,一些银行将制度防内、技术防外作为信息系统安全的总体原则。制度防内,即在内部建立完善的安全管理规章制度,使各应用系统、各职能部门、各层人员能够相互制约,避免操作失误、内部作案的发生,并通过建立科学、合理的故障处理反应机制,使银行信息系统的正常运转得到保障;技术外防,即在技术层面提高安全性,主要是防止黑客入侵,以银行一般性业务与应用为基础,建立金融安全防护体系,以保证银行网络运行的安全性。

在金融网络系统中,安全网络环境的建设极为重要。对于安全网络环境的建设,可以从以下6个角度进行思考。

① 网络安全问题。一是构建VPN系统,虚拟专用网能够在很大程度上防止外部入侵,具有加密传输数据、避免外部攻击等功能,能够构建一个较为独立、稳定的安全系统。二是利用防火墙系统,它就好比“防盗门”,能够有效阻止外部入侵,以网络安全策略为基础,可进行控制。

② 访问安全问题。通过强化访问控制措施与身份认证系统,使系统内部访问的合法性得到保障。

③ 系统安全问题。主动入侵检测与防御系统。就像“门卫”一般,能够及时阻拦危险情况,将即时的入侵检测提供给网络安全,并采取报警、断开网络连接等防护措施。基于漏洞扫描系统对内部网络的安全隐患进行定期检查,并及时改善。

④ 内容安全问题。运行网络审计系统,如同摄像机一般,能够记载各种行为事件与操作,方便特殊事件的认定以及审计与追踪。对于网络系统的通信数据,可根据设定规则,还原、即时扫描、即时阻断数据,最大限度地检查与保护企业敏感信息。

⑤ 应用安全问题。一是实施主机监控与审计系统。在计算机管理员的作用下,能够对用户的主机使用权限进行监控。提高主机自身安全,安全监督主机。二是建设服务器群组防护系统。这一系统能够将全方位入侵检测与访问控制提供给服务器群组,通过对服务器访问与运行的严密监视,使内部重要数据资源的安全问题得到缓解。三是完善防范病毒系统,全面地对网络进行病毒检测,达到保护的目的。

⑥ 管理安全问题。落实网络运行监管系统。能够实时监测分析单个主机的运行情况与整个网络系统,实现报警与自动生成拓扑、蠕虫后门监测定位、网络流量统计等功能。

(2) 网络安全实施策略及方案。网络安全技术实施策略需要从8个方面进行阐述。

① 网络系统结构安全。通过上述风险分析,从网络结构方面查找可能存在的安全问题,采用相关的安全产品和技术,解决网络拓扑结构的安全风险和威胁。

② 主机安全加固。通过风险分析,找出网络系统的弱点和存在的安全问题,利用网络安全产品和技术进行加固及防范,增强主机系统防御安全风险和威胁的功能。

③ 计算机病毒防范。主要有针对性地阐述具体实施桌面病毒防范、服务器病毒防范、邮件病毒防范及统一的病毒防范解决方案,并采取措施及时进行升级更新。

④ 访问控制。方案通常采用3种基本访问控制技术:路由器过滤访问控制、防火墙访问控制技术和主机自身访问控制技术,合理优化,统筹兼顾。

⑤ 传输加密措施。对于重要数据采用相关的加密产品和技术,确保机构的数据传输和使用的安全,实现数据传输的机密性、完整性和可用性。

⑥ 身份认证。利用最新的有关身份认证的安全产品和技术,保护重要应用系统的身份认证,实现使用系统数据信息的机密性和可用性。

⑦ 入侵检测防御技术。通过采用相关的入侵检测与防御产品技术,对网络系统和重要主机及服务器进行实时智能防御及监控。

⑧ 风险评估分析。通过采用相关的风险评估工具、标准准则和技术方法,对网络系统和重要的主机进行连续的风险和威胁分析。

(3) 网络安全管理技术。主要对网络安全项目中所使用的安全产品和技术进行集中、统一、安全的高效管理和培训。

(4) 紧急响应与灾难恢复。为了防止突发的意外事件发生,必须制订详细的紧急响应计划和预案,当企事业机构用户的网络、系统和应用遇到意外或破坏时,应当及时响应并进行应急处理和记录等。同时,应制订并落实灾难恢复计划与预案,对于企事业用户遇到的应用、系统、网络的破坏或其他意外,及时恢复到正常状态,并消除存在的安全隐患与安全风险。

(5) 具体网络安全解决方案。具体的网络安全解决方案主要包括以下几个。

① 实体安全解决方案。保证网络系统各种设备的实体安全是整个计算机系统安全的前提和重要基础。实体安全,即确保网络设施、设备以及其他媒体免遭火灾、水灾、地震等环境事故或人为事故导致的破坏过程。主要包括媒体安全、设备安全、环境安全三个方面。

为了保护网络系统的实体及运行过程中的信息安全,还要防止系统信息在空间的传播扩散过程中的电磁泄漏。一般情况下,是在物理层面采取相应的防护措施,对扩散的空间信号进行干扰。这是金融机构、军队、政府在信息中心建设过程中的首要条件。

在实体安全上,为了提高网络系统运行的稳定性,采取的措施主要包括以下四个方面。

第一,产品保障。即网络系统及其有关的设施产品在采购、运输、安装等过程中的安全措施。

第二,运行安全。在网络系统中,包括安全类产品在内的各种设备,在使用时应可以从供货方或生产厂家获得周到、快速的技术服务与技术支持。同时,为了防止意外的发生,对于重要的数据与系统以及关键的安全设备,应进行备份应急系统的设置。

第三,保安方面。主要是防火、防盗、防雷电等,包括网络系统中网络设备、安全设备、计算机、各类软硬件等的安全防护。

第四,防电磁辐射。对于全部重要的涉密设备,都要采用辐射干扰机等防电磁辐射技术。

② 链路安全解决方案。对于机构网络链路方面的安全问题,主要重点解决网络系统中,链路级点对点公用信道上的相关安全问题的各种措施、策略和解决方案等。

③ 数据安全解决方案。数据安全解决方案主要是指数据传输安全、数据存储安全,以及网络安全审计等几个方面。

a. 数据传输安全。以机构具体的安全强度与实际需求为依据,提高网络系统内数据传输过程的安全性有很多方案,比如,应用层加密解决方案、IP层加密方案、链路层加密方案等。

b. 数据存储安全。在网络系统中,存储的数据主要分为两种类型:一种是企事业用户进行业务实际应用的纯粹数据;另一种是系统运行中的各种功能数据对纯粹数据的安全保护,重点为数据库的数据保护。终端安全对保护各种功能文件最为重要。在进行网络安全设计的过程中,为了提高数据的安全性,应注重下列8项内容。

第一,身份鉴别与权限控制网络用户的方法。

第二,数据访问控制的策略与措施。

第三,加强数据加密、密钥管理、密文存储等关于数据的机密性保护措施。

第四,防止非法的硬盘启动与软盘复制的具体措施。

第五,数据完整性保护策略与措施的实现方法。

第六,防范计算机病毒和恶意软件的具体措施和办法。

第七,备份数据的安全保护的具体策略和措施。

第八,进行数据备份和恢复的相关工具等。

c. 网络安全审计。这是一个安全的系统网络必备的功能特性,是提高网络安全性的重要工具,通过安全审计,可以记录各种网络用户使用计算机网络系统进行的所有活动及过程。通过安全审计,不仅可以识别访问者的有关情况,还能够记录事件、操作和过程跟踪。

注意:针对企事业机构的网络系统,聚集了大量的重要机密数据和用户信息,一旦这些重要数据被泄漏,将会造成极为恶劣的影响与无法估计的后果。此外,网络系统是连接Internet的,不良数据难免会有一定流入。为此,在网络系统连接Internet的节点,审计并记载进出网络的实施内容,可在很大程度上避免重要数据的泄漏与不良数据的流入,以提高网络系统及其数据的安全性。

二、电子政务网络安全解决方案

(一)电子政务网络安全解决方案要求

电子政务网络安全解决方案要求主要有两个方面。

1. 网络安全项目管理

在实际工作中,项目管理主要包括项目流程、项目管理制度和项目进度。

(1)项目流程:通过较为详细的项目具体实施流程描述,以保证项目的顺利实施。

(2)项目管理制度:项目管理主要包括对项目人员的管理、产品的管理和技术的管理,实施方案需要写出项目的管理制度,主要是保证项目的质量。

(3)项目进度:主要以项目实施的进度表,作为项目实施的时间标准,以全面考虑完成项目所需要的物质条件,计划出一个比较合理的时间进度安排表。

2. 网络安全项目质量保证

项目质量保证包括执行人员对质量的职责、项目质量的保证措施和项目验收等。

(1)执行人员对质量的职责:需要规定项目实施过程中的相关人员的职责,如项目经理、技术负责人和技术工程师等,以保证各司其职、各负其责,使整个安全项目得以顺利实施。

(2)项目质量的保证措施:应当严格制定出保证项目质量的具体措施,主要内容涉及参与项目的相关人员、项目中所涉及的安全产品和技术,以及机构派出支持该项目的相关人员的管理等。

(3)项目验收:根据项目的具体完成情况与用户确定项目验收的详细事项,包括安全产品、技术、项目完成情况、应达到的安全目的、验收标准和办法等。

(二)解决方案的主要技术支持

在技术支持方面,主要包括技术支持的内容和技术支持的方式。

1. 技术支持的内容

主要包括网络安全项目中所包括的产品和技术的服务,包括以下内容。

(1) 在安装调试网络安全项目中所涉及的全部安全产品和技术。

(2) 采用的安全产品及技术的所有文档。

(3) 提供安全产品和技术的最新信息。

(4) 服务期内免费产品的升级情况。

2. 技术支持的方式

网络安全项目完成以后，提供的技术支持服务包括以下内容。

(1) 提供客户现场24小时技术支持服务事项及承诺情况。

(2) 提供客户技术支持中心热线电话。

(3) 提供客户技术支持中心E-mail服务。

(4) 提供客户技术支持中心具体的Web服务。

(三) 项目安全产品要求

(1) 网络安全产品报价。网络安全项目涉及的所有安全产品和服务的各种具体翔实报价，最好列出各种报价清单。

(2) 网络安全产品介绍。网络安全项目中涉及的所有安全产品介绍，主要是使用户清楚所选择的具体安全产品的种类、功能、性能和特点等，要求描述清楚准确，但不必太详细周全。

(四) 电子政务安全解决方案的制订

电子政务安全建设项目实施方案案例——某城市政府机构准备构建并实施一个“电子政务安全建设项目”，通常，对于“电子政务安全建设项目”需要制订并实施“网络安全解决方案”和“网络安全实施方案”，后者是在网络安全解决方案的基础上提出的实施策略和计划方案等。电子政务外网安全保障体系框架如图8-5所示。

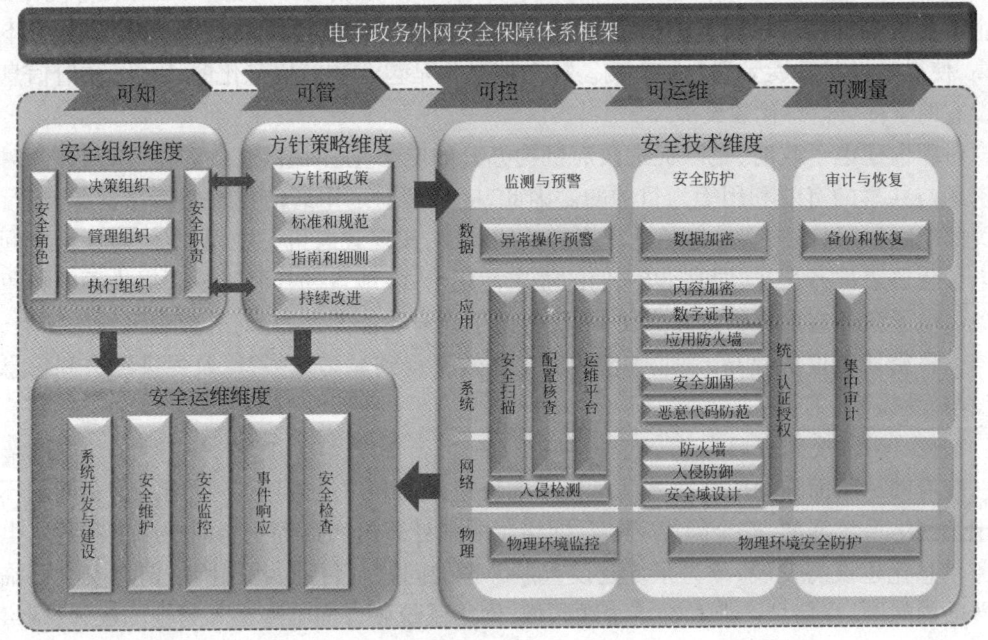

图8-5 电子政务外网安全保障体系框架

1. 电子政务建设需求分析

在信息化的带动下,加快现代化进程,以进一步调整国民经济结构,促进社会生产力快速发展的实现,是我国电子政务建设的第一要务。国家信息化领导团队决定,在未来较长的一段时间内,我国将大力推动电子政务建设,并将其作为信息化工作的主要任务之一。

当前,世界上的很多国家都已经认识到信息技术的重要性,关于信息技术产品的市场竞争日趋激烈。对于信息化与电子政务建设,我国相关部门指出,从改革开放至今,我国信息化建设已经进入新的阶段,信息产业成为推动国家经济发展的重要产业之一,信息产业的发展不容忽视。从宏观现代化建设的角度出发,应对信息化在社会与经济发展中产生的作用予以足够的重视。通过对电子政务系统的建设,将政府网络平台构筑得更好,使政府业务信息系统完美地连接中央与地方,实现政府顺畅地在网络中交流信息及发布信息,并进行信息服务,这是我国信息化建设发展的重点之一。

从我国《电子政务建设指导意见》可知,为了提高政府监管能力、效率以及服务的高效性,在电子政务建设方面,应遵照"两网一站四库十二系统"。其中,"两网"指的是两个基础平台,即政务外网与政务内网;"一站"指的是政府门户网站;"四库"指的是宏观经济信息数据库、法人单位信息数据库、人口信息数据库、自然资源与空间地理信息数据库;"十二系统"总体可分为三个层级,即金盾、金质、金水、金农、金保主要保障社会的稳定与国民经济的持续发展,金融监管、金材、金关、金税、金审用于政府收支的监管方面,宏观经济管理系统、办公业务资源系统主要用在确保经济环境稳定方面。

电子政务多级网络系统建设的内外网络安全体系。我国政府机构聚集着80%的有价值的社会信息资源和众多的数据库资源,需要采取有效措施让这些有价值的信息与社会共享,使信息资源得到充分利用并产生增值。对于省内机构的启动,省级相关部门通过对网络技术的开发与利用,在信息资源方面小有成绩,但从全国范围内来看,政府信息资源的开发与利用做得并不好,组织与办法的有效性都不高。一般情况下,通过正规渠道,个人用户与企事业机构难以获取相关的信息资源,甚至会因消息的流通性较差,导致经济损失不断提高,使得建设与发展受到严重影响。社会信息化是包含政府信息化的,因此,政府信息化建设有助于社会信息化建设。

对于构建电子政府,是以促进政府机构办公的电子化、网络化、自动化,以及提高对信息资源与共享的有效利用等为目的的。因此,应合理地运用通信技术与信息资源,将行政机关的组织界限打破,通过电子化虚拟机关的构建,实现政府机关之间、政府与社会之间经过电子化渠道进行交互,同时,以人们的需求使用形式、地点、时间为依据,提供不同特色的服务。电子政务有重要的实际意义,不仅有助于政府职能的调整、对外交流渠道的扩展、政府与人民密切程度的提高,还能够使政府工作效率得到显著增强,以及促进经济和信息化建设与发展。

2. 政府网站受到威胁

政府网站所面临的威胁随着信息技术的快速发展和广泛应用,各种网络安全问题不断出现。网络系统漏洞、安全隐患、黑客、网络犯罪和计算机病毒等安全问题严重制约了电子政务信息化建设与发展,成为系统建设重点考虑的问题。目前,我国网络信息安全面临许多严峻的问题,在信息产业和经济金融领域,网络系统硬件面临遏制和封锁的威胁;网络系统软件面临市场垄断和价格歧视的威胁,国外一些网络系统硬件和软件中隐藏着"特洛伊木马”或安全隐患与风险:网络信息与系统安全的防护能力较差,许多应用系统甚至处于不设防状态,具有极大的风险性和危险性,特别是“一站式”门户开放网站的开通,极大地提高了公众的办事效率,贴近了与社会公众的距离,也使政府网站面临的安全风险增大。

在电子政务建设中,网络安全问题产生的原因主要体现在七个方面,即信息产品失控、网络系统瘫痪、内部人员违规操作、网络恐怖集团攻击并破坏、信息间谍窃密、网上病毒蔓延、黑客入侵并破坏等。

3. 网络安全解决方案及建议

从技术角度看,网络安全主要包括应用系统安全、操作系统安全、网络监控、防毒防范、入侵检测、防火墙技术、通信加密、信息审计等。需要注意的是,任何单独的技术或组件都不能从根本上保证网络系统的安全,网络安全是整体的、动态的系统工程,任何一点纰漏都可能导致整个网络系统发生故障。因此,在制订网络安全解决方案的过程中,应保证其具有立体性、全面性,并顾忌其他关于网络安全管理等方面的因素。

政府机构构建安全电子政务网络环境极为重要可以进行综合考虑,提出具体的网络安全解决方案,并突出重点、统筹兼顾。政府电子政务网站的关键在于内网系统的安全建设。

习　题

一、选择题

1. 网络安全的实质和关键是保护网络的(　　)安全。

A. 系统　　B. 软件　　C. 信息　　D. 网站

2. 实体安全包括(　　)。

A. 环境安全和设备安全

B. 环境安全、设备安全和媒体安全

C. 物理安全和环境安全

D. 其他方面

二、简答题

1. 网络安全的概念是什么?

2. 网络安全的目标是什么?

第九章 工业互联网及行业应用

随着全球科技水平的广泛提升，人们的生活水平都在不断进步，这是科技不断创新变革带给我们的便利。目前最新蓬勃发展的科技结合了计算机网络技术、智能数控技术，在工业方面更是兴起了经济数字化的热潮，计算机智能技术和工业生产体系的结合，必然是接下来的工业革命发展的方向。在这种工业生产系统的智能化转型中，作为计算机网络技术和工业生产技术之间支撑桥梁的是工业互联网。这种十分符合当下工业生产发展需求的技术在全球广泛传播，打破了传统工业体系对人们想象力和实际生产模式的桎梏，给工业发展带来了全新的产业形态，并极大地加快了传统产业的转型速度，让互联网与工业生产结合的全新产业模式迅速成型。

第一节 工业互联网概述

一、工业互联网的定义

我国在工业生产体系和互联网技术共同发展的过程中，形成了中国工业互联网联盟这样的以维护互联网与工业生产两者融合的技术体系为主要工作的组织，这一组织的内涵丰富且作用非常重要，其中蕴含了互联网技术发展的最前沿科技和工业体系在新时代的最新应用与技术，有着工业生产活动的智能化改革方向，也是数控技术与生产力提升技术的最直接负责的组织。

制造业转型升级是中国经济未来发展的主要动力与方向[①]。工业互联网系统的本质就是计算机网络技术、计算机的智能化技术与工业生产技术的结合，而细分下来计算机技术中包括控制系统和信息系统等，工业生产技术中包括机器设备、产品生产技术等，两者结合后的系统中包括生产技术人员和工业体系内部的互联网等。这些都是打造和维护工业互联网体系必不可少的元素，通过这些组成部分间的交互合作运转，工业互联网体系能够完美实现深度感知并加工数据、数据信息的实时交换与传输以及对产品生产行为的建模分析与高速数据处理，从而完成对企业生产方式的革新以及对运营、销售方面的优化支持。

① 周源.制造范式升级期共性使能技术扩散的影响因素分析与实证研究[J].中国软科学，2018(1)：19-32.

将所有具备智能化特性的组成纳入网络范畴中并赋予原本不具备智能特征的组成部分智能元素，这就是工业互联网体系基本的运行原理，互联网的连接技术将这些原本并不存在直接关联的部分连接起来并合为一体。这个具备多种功能的复合型体系具备信息采集、信息存储和信息分析等功能，同时可以将系统中各个组成部分的实时状态与实时定位以及周边场景等以数据的形式传输到互联网系统中，再通过互联网系统将这些信息输送到对其有需要的工业平台上。大数据技术和云计算技术都对工业互联网有极大帮助，其中前者在数据收集和数据整理方面的优势是无与伦比的，后者则能够为工业互联网技术提供庞大的计算能力，帮助工业互联网系统更加精准快速地处理得到的海量数据，从而得到有用的可视化信息，通过这些信息直接指导具体的工业生产制造、产品运输以及客户服务等工作。信息准确是高效工作的基础。工业互联网的普及具有多方面作用，从小处看，能够提升一时一地一定数量企业的工业生产效率和市场竞争能力；从大处看，工业互联网对市场的覆盖带来的影响更大，不但可以通过工业制造方面的综合能力的方式来充实国家国力，也在提高全世界人民的生活质量。工业互联网的来源如图9–1所示。

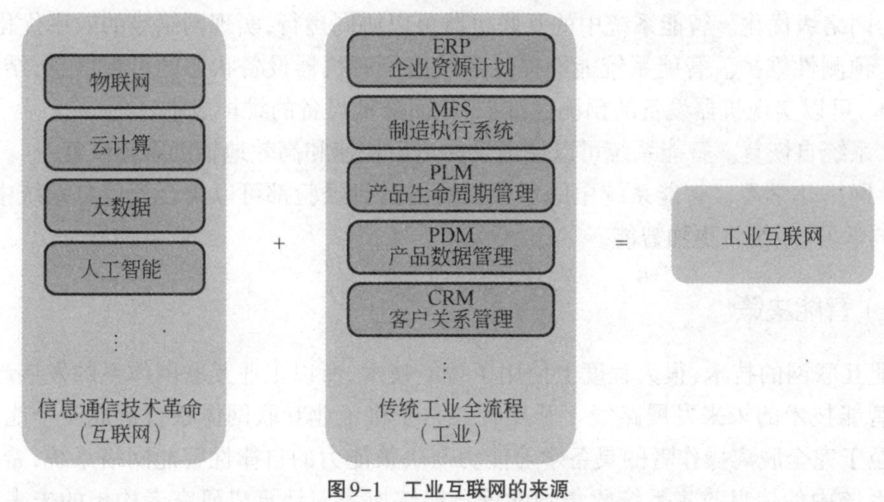

图9–1　工业互联网的来源

二、工业互联网的核心要素

工业化生产和计算机中的智能技术的结合是工业互联网体系中最重要的部分，要对其进行细致划分，可以从生产设备、计算机系统和决策系统三个方面的智能化来具体看待问题。

（一）智能设备

说到智能设备，就不得不提及计算机技术中的人工智能技术。所谓生产制造业中的智能设备或者智能系统，本质上就是将人工智能技术应用到工业生产制造设备中，让原本必须由技术人员操作才能执行的任务，在计算机的自律行为下可以自主进行，从而实现部分脱离操作者的计算机智能运算与问题处理。智能设备在技术原理上非常复杂，其中包含的项目也是多种多样的，其中比较广为人知的就有计算机技术、电气设备生产制造技术、数据的控制与处理技术、网络通信技术和电子传感技术等,一些比较冷僻的技术在其中也有应用,但这里就不一一赘述了。

工业生产制造活动中,如今已经有了不少的智能设备的参与,传感设备、逻辑编程控制设备以及最普遍的生产机器人和生产机床等都属于智能化技术在生产制造中的应用。智能设备是工业互联网基础执行层和底层数据来源,是工业互联网体系的重要组成部分。其存在的价值在于将需要的数据从网络中获取,并且利用工业互联网系统中的大数据分析工具接收数据和解析数据,最终将抽象化的数据形成能够被使用者直接理解的可视化信息,进而得到"智能信息"用于决策。

(二) 智能系统

智能系统指的是由相互连接的机器设备所组成的智能化系统。随着加入工业互联网的机床和设备的增加,机器设备在机组和网络间的协同效应就可以实现。智能系统主要可以实现以下四个功能。

(1) 网络级优化。智能系统中的互联机器可以协同运行,实现网络级的效率优化。

(2) 预测性维护。智能系统能够提供系统内所有机器设备状态的可视信息,结合机器学习技术,可以实现机器设备的预测性维护,从而降低设备的维护成本。

(3) 系统自恢复。智能系统可以在遭受冲击后快速和高效地辅助系统恢复。

(4) 网络化学习。智能系统中的每台机器的运行经验都可以集合到信息系统中,通过对信息的学习,系统将更加智能。

(三) 智能决策

工业互联网的技术,很大程度上使用了智能技术,所以工业互联网体系的发展趋势,类似人工智能技术的未来发展路线。开发者致力于将工业互联网体系打造成一个能够部分脱离乃至于完全脱离操作者的具备学习能力与决策能力的自律性智能网络系统,希望工业互联网系统中的信息收集系统收集到的信息能够成为向计算机研究者构想的未来的人工智能的方向靠拢,具备能够独立收集并分信息的智能化系统,这种系统应当具备一定的学习能力和高度的自主能力,对原本设定当中的既定决策进行不断优化与改进,通过对信息的收集与分析独立做出决断,将决断过程作为学习过程,从而实现智能化系统的自我智能程度提升。这种系统的自我改良与优化是工业互联网系统未来发展的必然趋势,因为智能化系统存在的意义就是取代部分原本属于人类的工作,这种将工作重心从人转移到数字化系统中的行为就是如此。

工业互联网系统收集信息的理论依据是大数据,只有通过大数据将市场上的所有必要信息都收集并存储起来,才能够宏观分析市场和生产设备、生产技术等工业要素,从而实现分析系统的全面化和智能化。在智能分析系统的实际工作中,首先由大数据系统广泛收集信息,然后存储在相应的数据存储系统中,最终由智能决策系统读取这部分信息并根据信息对接下来的行为进行决策判断。在不断发展的工业互联网体系中,各种生产设备、各种计算机设备与各种由技术人员组成的组织只会越来越复杂,各个系统之间的关联性和交互性只会越来越强,因此对大数据收集系统、智能化信息处理系统和智能决策系统的要求也越来越高,对这些系统的进一步开发利用是必然的，否则技术发展停留的系统是注定无法适应接下来更加复杂的环境和更高的市场要求的。其中的智能决策系统很大程度上就是为了替代技术人员的存在，智能系统做出的决策和计算都是由计算机设备支持的，所以在计算能力和运算速度方面远不是人类可以相比的，只不过其中缺少了属于人的思维模式，所以在一些复杂的决断上很难“尽如人意”，这也是对智能系统和人工智能技术开发的下一个挑战。

第二节　工业互联网体系架构

工业互联网的组成包括计算机技术中的互联网技术和工业生产制造技术两方面，那么在对其进行深入理解的时候，也可以从这两个方面分别入手。对于传统的工业生产制造行业来说，工业互联网是将智能化体系与其进行从内而外的融合，具体的智能化流程是从工业生产系统内部的生产环节到交易环节再到客户服务环节，在这个过程中工业生产系统中的机器与机器、系统与系统、机器与系统、整个企业与这些体系之间包括生产制造业的上下游系统之间的交互与融合，都是在计算机系统的智能化影响下进行的，与此同时，智能化系统的融入也可以给传统工业系统带来鲜活的市场生命力，让原本就存在的商业活动得到优化，并开辟出新的商业模式和渠道；而对于互联网技术来说，工业互联网带来的变化却是从外而内的，由于互联网技术和智能化技术本就都是计算机技术下的分支技术，所以其原本就带有很大程度的智能化属性，在和工业生产制造系统进行统合的过程中，互联网技术先是与制造业与商业系统进行了融合，随后通过这种外在需求带动内部系统的进一步智能化转变，工商业系统当中的设备智能化要求就是这股外在力量的代表，通过这些生产制造技术对计算机智能化的需求带动该行业的进步，在原本高速发展但覆盖面还不够广的智能化技术中加入对市场的产品销售、客户服务和各环节流程设置的考量，让应用于工业制造生产和其上下游产业的智能化技术在全新的发展模式下高速变革，成为时代发展不可或缺的技术手段。网络数据安全是一个计算机领域中的常用说法，但在工业互联网领域可以将其拆分成三个独立的领域，对工业互联网的认识也可以从网络、数据和安全这三个角度进行。

(1) 网络。网络技术是工业互联网技术的最基本保障技术，互联网其实就是计算机网络的一种表现形式，因此离开网络工业互联网最重要的两个基础之一也就不存在了，而从具体工作落实来看，如果没有互联网带来的数据信息的高速传播，工业生产活动的很多方面也会受到严重影响，因此将网络称作工业互联网的基础中的基础是毫不为过的。

(2) 数据。如果说网络技术是工业互联网的基础内容，那么数据应当被视作工业互联网的核心，因为计算机在工作的过程中任何外界信息在被录入和输出的过程中都只能以数据的形式体现。说得具体一些，工业数据的周期应用对智能决策系统做出决策起到重要作用，无论是随后对生产设备的生产弹性化调整还是对企业内部的管理能力的提升，又或者是基于市场模式产生的对营销模式的改变，都离不开数据的支持，对数据的大量收集以及通过大量数据建立起的大数据模型是智能技术发展的重要手段，这一点不可忽视。

(3) 安全。凡是涉及大量数据和隐私安全的领域，安全问题从来都是一个绕不过去的难关，对安全问题的重视从计算机技术发展以来就一直存在，但信息安全和计算机安全却始终不尽如人意。在工业互联网体系当中也是同样的，企业通过大数据技术和其他智能化技术收集、分析的数据越多，就越要保证好这些信息的安全性，否则今日的盈利就有可能成为明日的加倍亏损。安全问题同样是工业互联网体系中的重中之重。工业互联网体系架构组成如图9-2所示。

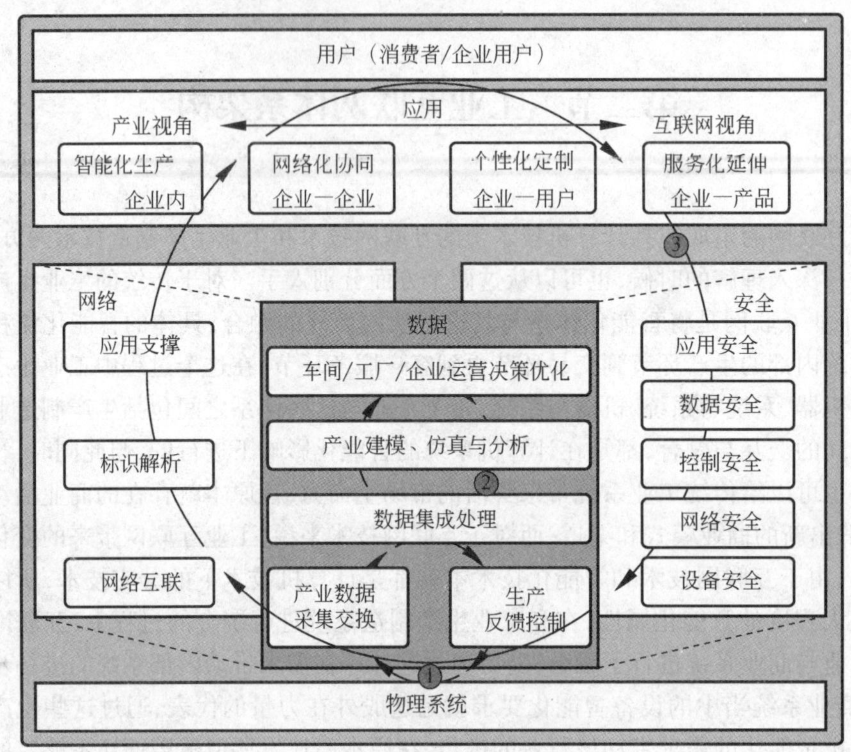

图9-2　工业互联网体系架构组成图

从上述三个认知工业互联网技术的角度来看，工业互联网发展中可以优化的闭环主要有以下三个方面。

一、机器设备运行优化的闭环

工业互联网系统的边缘计算能力，是机器设备运行优化闭环的核心，这一技术系统的核心思路在于对机器数据的操作与运用，通过信息收集设备将在生产环境周围实时收集到的信息汇总并进行边缘计算，从而让生产和计算机系统与感知计算系统结合起来，具备自行根据外界动态调整生产的更新参数的能力，加深生产系统的智能化与柔性化。

二、生产运营优化的闭环

该方面的优化闭环的主题，在于打造更加优良的工业生产制造行业的信息收集与统计技术，通过大数据建立数据分析模型，将原本的信息采集、信息集成处理分析和智能化决策系统调整到更加优化的状态。这种优化针对的主要不是智能化设备与系统的性能等方面，而是对其提出了更加多元化的全面要求，需要系统具备更高的适应能力，在各种场景下都能实现应有的生产制造功能，从而提升企业的综合运营能力和日常运营成本。

三、企业协同、用户交互与产品服务优化的闭环

这种优化闭环的核心与上面两种一样也是数据，但不同的是这种数据收集不再是基于生产活动，而是将关注点落在了客户身上，客户对商品的具体要求、客户对产品服务的评价等都是信息收集的重点，再加上产品供应链的相关数据，就组成了完整的优化闭环核心内容，其对企业的资源整合与创新开发活动都有很重要的意义，而产品的网络协同、对用个性化需求的融入以及基本客户服务之外的延展服务，都对其多有依赖。

综合来看，这三种优化闭环的核心都在于对数据的分析和利用，无论最终为了实现什么样的目的，都离不开数据收集与可视化解析，因此在对工业互联网进行多角度认知的时候一定要注重信息与数据，这才是工业互联网系统中的根本内容。工业互联网数据优化闭环图如图9-3所示。

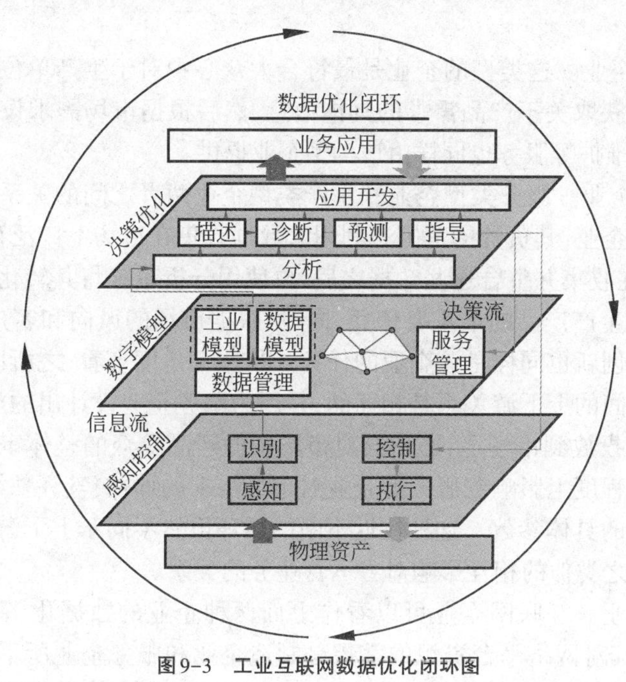

图9-3　工业互联网数据优化闭环图

第三节　工业互联网技术体系

工业互联网技术在很多人眼中是非常复杂的，实际上按技术可涵盖计算机技术和工业生产制造技术；按照体系，可以用网络、数据和安全三个体系说明。如果要对其做出进一步

划分，那么每个体系又能够划分出更加详细的分支体系。网络体系的划分可以参考计算机技术的组成，网络互联技术、标识解析技术和应用支撑技术三个最重要的体系构成了网络互联下的三个体系，共同构成工业数据传输交互的支撑基础。数据采集、数据交换、数据建模、智能化分析以及后续的深入分析与结果反馈都是数据体系的一部分，这一体系起到支撑工业全流程数据采集、处理、分析与反馈的重要作用。而工业生产设备的安全、网络系统的安全、控制系统的安全以及企业数据安全与信息应用安全都属于安全体系，其重要性不必多说，没有安全系统作为保障的工业互联网体系是无法使用的，所以安全体系是十分重要的。

一、网络体系

虽然计算机技术的开发、互联网技术的普及和智能化系统的智能程度的提高给每个使用者都带来了不同程度的便利，但是一些企业为了生产活动的需要，仍然对这些技术提出了不同的要求。同时，工厂内部智能化、网络化及与外部交换需求的增加，使工厂内部网络和外部网络产生新的变革，最终形成工厂内和工厂外两大互联场景，三大企业主体、七类互联单元及九种互联类型。这里对工业制造、工业服务以及网络互联这三大企业主体的作用做出具体论述。

(1) 工业制造企业。这类型的企业是最符合大众心中对于生产单位的定义的，因为其负责的就是从外界获取关于产品需求的具体信息，然后根据市场需求设计并生产产品，包括后续的保修以及维护等服务也同样由该类型企业提供。

(2) 工业服务企业。服务类型企业和生产类型企业两者之间的关系比较微妙，相互同属于对方的上下游企业，其负责的范围是利用大数据收集在市场上广泛存在的关于用户对产品的要求信息，在收集并整合这些数据之后，再使用分析系统将其转化为可视化信息，作为生产单位设计和生产产品的最重要依凭，同时，根据市场的风向和客户不断变化的需求对产品的设计进行创新也同样是该企业的任务。从这个角度来看，之所以说服务型企业和制造型企业两者之间的上下游关系是相互的，是因为服务企业设计出的产品方案被制造企业接纳并落实之后投放到市场上，必然会对市场中的产品受众的整体审美造成影响，而这种影响又会在一定程度上影响到服务型企业对市场需求的评估，其评估结果会继续影响制造单位生产的产品的具体参数。这种往返不断的循环虽然不同于上下游企业的标准定义，但是确实是一种与之类似的相互影响对方运营业务的关系。

(3) 互联网企业。互联网企业可以看作上面两种企业的数据化、智能化转型提供基础的技术型企业，其对网络平台资源的掌控是制造企业和服务企业所不具备的，因此这两类企业的运营生命周期的优化与资源配置都需要依赖互联网企业才能进行，互联网企业可以看作工业互联网企业中的平台和其他所有企业之间除上下游关系之外的另一条纽带。

在制品、智能机器、工厂控制系统、工厂信息系统、智能产品、协作企业和用户这七大分类，就是上文提到过的工业互联网体系中的七大互联单元。

九种互联类型包括了七类互联主体之间复杂多样的互联关系，分别为：①智能设备与工厂控制系统；②在制品与智能设备；③在制品与工厂云平台；④智能设备与智能设备；⑤工厂控制系统与工厂云平台；⑥工厂云平台与用户；⑦工厂与工业互联网应用；⑧工厂控制系统与工业互联网应用;⑨智能产品与工厂云平台工业互联网总体互联需求。

随着科技的发展和时代的进步,以及国家与人民对物质生活水平的要求的提升,老旧的传统工业生产制造方法已经跟不上时代,因此才有了工业互联网系统的应运而生,其对传统工业生产制造行业的改变堪称颠覆。工业互联网在工业生产制造方面的改造体现在对传统产业生命周期相关信息的收集与分析,以及统计过互联网技术对传统工业制造业中的资源利用以及其他上下游产业服务的归纳合作。这些方面的工作都是工业互联网对传统工业生产制造技术的颠覆,需要工厂主动将内部网络和互联网融合起来才能实现。

工业互联网与互联网有着类似的体系结构。从网络体系视角出发,互联网包含以下三个重要体系。

(1) 基于网际互联协议(Internet protocol,IP)的全球互联体系。

(2) 支持互联网应用和信息寻址的互联网的神经系统,即域名系统(domain name system,DNS)。

(3) 基于超文本(hypertext)与Web技术的应用服务体系。

与互联网三个体系对应,工业互联网也包含三个重要体系:网络互联体系、地址与标识解析体系、应用支撑体系。

(1) 网络互联体系。智能工厂作为工业互联网重要的互联要素,通过IP化不断深化与互联网的互联。

(2) 地址与标识解析体系。在互联网IP地址和DNS解析系统之上,为物料、在制品、产品增加标识,通过标识解析系统实现产品全生命周期的信息追踪和管理。

(3) 应用支撑体系。工业互联网平台、大数据和各种应用服务,在"超文本"与Web技术基础上,通过引入语义技术,可以对数据进行标注从而实现对数据的智能理解和处理。

(一) 网络互联体系

传统的工业生产制造行业的发展同样随着科技的进步与时俱进,从最初始的人力化生产到信号模拟生产,再到如今的机床数控化技术,以及通过微型处理器实现的智能化生产技术,其实完全可以看作一种传统生产制造行业与计算机技术相融合的发展道路,而互联网技术和智能化技术同样是计算机技术的衍生,因此虽然将工业互联网体系当作对传统工业制造业的颠覆,但是本质上这也是在原有道路的基础上进行了较大的跨越而已。人们为了更高的物质生活以及科学探索,必然会对生产力有越来越高的要求,因此生产行业为了提升生产质量与生产效率,其数字化转型是必然的,即使当今两者还未完成深层次的融合,但是数字通信和智能化控制等已经在工业领域广泛应用了。如今市面上的企业信息化程度不断加深,计算机网络技术在人们的生活办公环境中的重要性不断提升,这一点是不可否认的,因此,同样作为企业中的一种生产制造企业与其上下游产业为了跟随时代的步伐,不丢失在市场中应占据的地位,将工厂内部的网络与互联网融合打造成适合其发展的工业互联网结构势在必行。

1. 工厂内部网络

在地理意义上的工厂范围内,与工作人员的智能手机、办公设备、产品制造系统与控制系统以及产品本身相连接的网络就被称为工厂内部网络,"两层三级"是对工厂内部网络结构的生动描述。其中的“两层”指的是信息技术(information technology,IT)和操作技术(operation technology,OT)两层技术异构的网络;“三级”指的则是工厂内部按照目前普遍实行的三个层级划分,按照其覆盖范围的大小可以分为工厂级、车间级和现场级。

OT网络的全称是操作技术网络,其作用在于将生产现场不同类型的控制器连接起来,比如比较常见的编程、过程、分散控制系统以及监控设备与传感器设备等。工业生产制造对网络的要求和其他行业不尽相同,其关注的重点在于网络系统和生产设备的可控性以及控制的精准程度,这才是对生产工作最重要的,包括网络信号传输在设备上反映的时延和时延抖动、网络信号传输而来的信息的可靠性,则体现在网络丢包率和数据的真实可用性上,生产设备在时间上和动作上的高度同步性都属于工业生产制造领域中工业控制要求的一部分。无线网络与工业以太网是工厂内部网络中的OT网络的两大组成部分。

IT网络全称为信息技术网络,除了应用于生产制造单位,几乎每个计算机使用者都会与其打交道,TCP/IP与以太网是IT网络的两大重要分类。IT网络一方面要和互联网连接,另一方面又要和生产单位的生产现场的设备相连接,同时在使用网络的时候还要通过网关设备在不同网络之间竖起屏障以确保网络的使用安全。

如果从网络覆盖范围与应用范围的大小划分,工厂内部网络可以从上到下分为工厂级(企业级)网络、车间级网络和现场级网络,每个大层次对小的层次既有包含又带有一定的独立性,尤其是在网络资源配置以及实施的管理方案方面不同层次的网络各有不同。

(1) 现场级。现场级网络通信主要是完成现场检测传感器、工业控制器与其他智能设备的通信连接,一般通过现场总线的方式连接。在这一层次的网络中,无线通信设备的应用并不广泛,只有某些不得不使用的特殊场合才能见到无线设备登场。这种情况作为工业生产制造单位的传统工作方式而一直应用到现在,在过去的生产活动中也许这样的方式确实带来了好处,但是如今的工厂制造大体上是由机械设备完成的,人力在其中起到的作用很小,绝大部分工作机器都可以通过预先设定的程序完成,因此如果不使用无线设备,会在很大程度上降低人与人、人与设备、设备与设备之间沟通的效率,从而对产品的进一步细致化、个性化打造产生不利影响,让生产制造单位的改革速度变慢。

(2) 车间级。这一层级的网络通信主要体现在控制器的网络连接上,不同的控制器之间的连接、控制器与本地端口或远程端口之间的连接,以及控制器与运营级之间通信连接。车间级连接主要是采用工业以太网通信方式,也有部分厂家采用自有通信协议进行本厂控制器和系统间的通信。

(3) 工厂级/企业级。工厂级/企业级的网络一般采用高速以太网以及TCP/IP进行网络互联。

2. 工厂外部网络

工厂外部网络与工厂内部网络相对应,与内部网络中存在的产品、人员等非网络因素相同,外部网络也不是只包含狭义上的“网络”内涵,因此也可以将其视为工厂的外部关系结构。生产制造型企业的生命周期中的一切活动、生产制造企业上下游企业之间的连接渠道、生产企业和企业生产产品以及企业与用户乃至于市场的关联都属于外部网络。工业互联网场景下工厂外部网络方案包括以下四个主要环节。

(1) 基于IPv4/IPv6的公众互联网。互联网通信协议第4版是IPv4的全称,其存在自然有存在的意义与价值,但是也不能因为其作用而忽视问题的存在。IPv4从出现到如今,始终存在一个未曾解决的问题就是地址资源的限制,这种资源的限制在很大程度上影响了互联网的发展速度,也给很多领域的互联网应用带来了不便。而与其隔了一代的产品IPv6则很好地解决了这个问题,IPv6不但在地址资源方面异常丰富,能够满足越来越多的互联网使用者对资源的要求,而且对于原本的通信协议中的很多不利于用户设备与互联网连接的情况也有了很大改善,让互联网使用者从中获得了很大便利。考虑到工业互联网的终端数量可达到数百亿量级,因此IPv6在公众互联网中的部署势在必行。

(2) 基于软件定义网络(software-defined-network,SDN)的工业互联网专网或虚拟专用网(virtual private network,VPN)。对一些网络质量要求较高或比较关键的业务,需要用专网或VPN的方式来承载专网中需要利用SDN等技术实现业务、流量的隔离,并实现网络的开放可编程。

(3) 泛在无线接入。利用窄带物联网(narrow band Internet of things,NB-IOT)、增强型长期演进技术(long term evolution,LTE)、5G等无线通信技术,实现对各类海量的智能产品的无线接入。

(4) 与工业互联网平台的连接和数据采集。工厂外部网络支持企业信息化系统、生产控制系统,以及各类智能产品向工业互联网平台的数据传送和服务质量保证。

(二) 地址与标识解析体系

工业互联网体系中的连接技术连接的不仅是设备和设备,人和设备之间也是需要网络技术相连接的,这些设备之间的通信和人对设备的应用共同构成了工业互联网体系的一部分,为了实现人与设备之间的连接和对这些不同的有智能和无智能的个体的区别,就需要在系统中加入标识以便计算机能够“意识到”具备不同特征的人和设备,然后才能够根据数据库中的信息对每个不同的人、设备做出合适的应对,通过计算机内置的翻译系统将这些信息映射并转换为可识别状态,这样就能得到需要获取的信息或者地址等内容。

对物品的标识能力是工业智能化系统当中很重要的功能之一,其作用在于对在一定范围内具有唯一性的物理性物体或者逻辑性实体进行识别,然后计算机就会将识别得到的信息传输到数据库中,并且通过反馈得到的信息对识别到的物体进行相应的处置与管理。无论是对目标信息的扫描、传输与识别还是对目标物体的具体管理工作,都是这一智能化系统的任务。

既然存在对物品进行标识的技术,那么就一定存在相应的对表示进行解析的技术,两者在技术原理上是共通的,就像门禁卡的存在和读卡器的存在是相互对应的道理一样,标识解析的工作内容就是将某一形式的标识映射到与之对应的标识或信息。工业互联网整个体系的构架很大程度上依赖于标识解析技术的存在,其重要性被称为工业互联网的神经中枢也不为过。对不同的产品或设备的个体给予独一无二的信息认证,这正是计算机网络安全管理的本质思路,也是工业生产单位未来发展的重点。

1. 工业互联网标识的分类

基于识别目标和应用场景,工业互联网标识可分为三类:对象标识、通信标识和应用标识。

(1) 对象标识。对象标识用于唯一识别工业互联网中的实体对象(其中的典型包括计算机网卡、电子标签和传感器特有的节点等)或逻辑对象(典型的包括计算机系统中的文件或者其他类型应用),而标识的来源和形态的不同又使得其具备了两种不同的形式,两者分别是赋予性和自然性,其区别类似于计算机自动生成的文档名称和用户自行命名的文档名。一个对象可以拥有多个对象标识,但一个标识必须唯一地对应一个实体对象或逻辑对象。

(2) 通信标识。通信标识用于唯一识别具备通信能力的网络节点(如智能网关、手机终端、电子标签读写器及其他网络设备等),通信链路两端的节点一定具有同类别的通信标识,作为相对地址或绝对地址用于寻址,以建立到目标对象的通信连接。

(3) 应用标识。应用标识具有独一无二的特性,在网络连接中常常被用于进行唯一性信息识别(如电子标签在信息服务器中所对应的数据信息等)。基于应用标识就可以直接进行相关对象信息的检索与获取。

应用标识由于可带有一定语义特征,主要用于各种工业互联网,可方便地管理各种工业互联网资源或数据,不同应用可根据不同的应用需求,在同一段数据或者资源上打下两个或两个以上的电子标识。对象标识的应用范围则基本仅限于工业生产制造行业中的产品,虽然技术来源于计算机互联网技术,但是从应用范围和应用对象的角度来看,两者之间已经不存在关联。在各个工业互联网应用领域,不同环节需要使用到不同类型的标识,这就需要掌握不同标识直接的映射关系。而这些标识之间的映射,则主要通过标识服务技术进行管理和维护。

2. 常用标识解析技术介绍

当前被广泛运用的标识解析技术主要有Handle、Ecode(entity code for IoT,物联网统一标识体系)、OID(object identifier,对象标识符)、EPC和UCode,这些同源技术在表现形式上完全不同。虽然是基于同样的构思起源,但是其内在的应用领域等差别很大,在具体功能方面也都具备各自的特点。当然它们作为标识技术的根本逻辑还是共通的,都是在产品上留下具有独特识别标记的信息并在识别的过程中读取确认这一特殊标记,这种信息留存与解读都一定是具有唯一性的。每种研发技术不同的标识都隶属于一个独立的信息结构系统,所有通过这种独有技术留下过的和解读过的标记信息都在其中,让管理者能够在必要的情况下浏览并查找其中的信息。下面提到的三种标识技术是当前最主流的,这三种技术的开发者和应用方式各不相同。

(1) Handle技术由TCP/IP协议联合发明人罗伯特·卡恩发明。该技术的辨识度很高,因为它有两个非常显著的特征:第一,Handle技术并不能独立使用,其对标识的识别需要依托于事先在相应地点构架好几根节点,这些根节点之间的信息共享,对标识码的信息认证需要的就是这种信息流动性,如果这一技术要在全球范围内应用,那么就必须保证其根节点在全球大部分范围都有铺设,否则这种标识识别只是空谈;第二,也是让Handle受到用户广泛欢迎的最主要原因,那就是其编码系统并不是完善的而是留有一定余地的,这种“留白”不是设计方面的缺陷,而是制造者故意为之,其目的是让用户能够根据实际需求对其进行自主习惯编辑,因此该标识编辑技术的灵活性相对较高,在当今的数据图书馆建设以及对产品的溯源技术领域都有比较广泛的应用。

(2) Ecode标识编码是我国研究者的独有技术发明,其中包含了编码、标识、解析、查询、发现和中间件等众多内容,还有对标识技术核心的保护,也就是绝大多数编码技术都有的数据安全保障系统。我国这项标识技术还处于发展中阶段,目前应用领域同样不算广阔,主要是针对农产品的质量把控与来源追溯。

(3) OID。这门技术并不是由某一个国家独立研究完成的,而是由有多个国家的研究者参与的国际化组织最终研究成功并命名的。这种标识技术具有高度唯一性,其对任何实体化或者非实体化物体的标识在全球范围内都是独一无二的,每一个经过这种处理的物品都具有独特性。自从这门技术被开发出来并正式命名之后,每个经由此技术标记的物品都以OID作为标识名称且终身有效。这一技术在目前的应用范围还不是很大,主要是在信息安全以及医疗卫生等重要性比较高的领域。

3. 标识解析技术的应用

标识解析技术在工业互联网中主要应用于三个方面:在各个环节建立关联、对带有标识的产品定位,以及高效的自动化控制。

(1) 在各个环节建立关联。工业互联网体系对传统工业制造行业的覆盖绝对不仅仅体现在理念方面,传统工业生产制造领域想要向着工业互联网的方向全面转变,不仅需要接受新的理念核心的经营模式,同样需要投入大量的技术与经济成本,其中就包括了对带有标识技术产品的支持,做到让企业生产出来的产品也需要带有标识信息。在生产过程中对以上资源进行加工、控制等,需要建立各环节标识之间的关联性,这些标识往往蕴含了大量信息,在解读过程中能够获得产品在生产过程中的各项参数,通过让产品自行携带信息的方式将信息传输的过程自动化,将生产和对生产过程的记录自动化。海量数据信息的维护依赖于标识之间的互联,如何高效地管理标识,传统工业领域向工业互联网领域的转型需要在其中的各个体系之间建立起关联性,这既是转型工作的重点,又是最大的难题。

(2) 对带有标识的产品的监控与定位。在产品生产阶段收集产品信息并且通过信息深入了解产品,就是为了实现对产品生产过程的实时监控,保证产品在流水线上时,任何动态都能被捕捉下来,这种监督控制能够最大限度地保证产品的生产质量和生产安全。在线监测设备的运转状态,通过网络与服务器通信,实现加工设备性能特征的在线监测、运行状态评估与风险预警、设备早期故障诊断与专家支持。同时,可定位产品在供应链中所处的位置,通过网络传输能够将物流信息由发货到收货的两点一线转变成对物流路线与进度的实时跟踪关注。这种对产品运输进度和运输的其他情况实时关注的行为能够有效提升服务质量,将可能存在的服务问题扼杀在摇篮里。

(3) 高效的自动化控制。工业生产制造行业的智能化很大程度上就是电子标识的应用过程,而对电子标识的大规模运用也是为了帮助工业智能化生产运营早日实现,产品的生产任务和有关信息都被记录在标识中,通过读取标识信息产品组件可以告诉生产设备所需的处理过程,比如,需要安装哪个组件,被刻上什么样的文字图案等。

以某企业生产一台空调为例。从原材料供应、生产制造、物流运输、分发销售到使用,产品(空调)具有唯一的标识,但产品信息分散在不同信息系统中,通过标识解析系统将分散的产品信息关联起来,提供面向产品全生命周期的追溯、控制等智能化服务。标识解析在信息关联中的应用如图9-4所示。

4. 标识解析技术的发展趋势

标识解析技术目前有两个发展趋势:向工业生产环节渗透,以及开环的公共标识及解析系统。

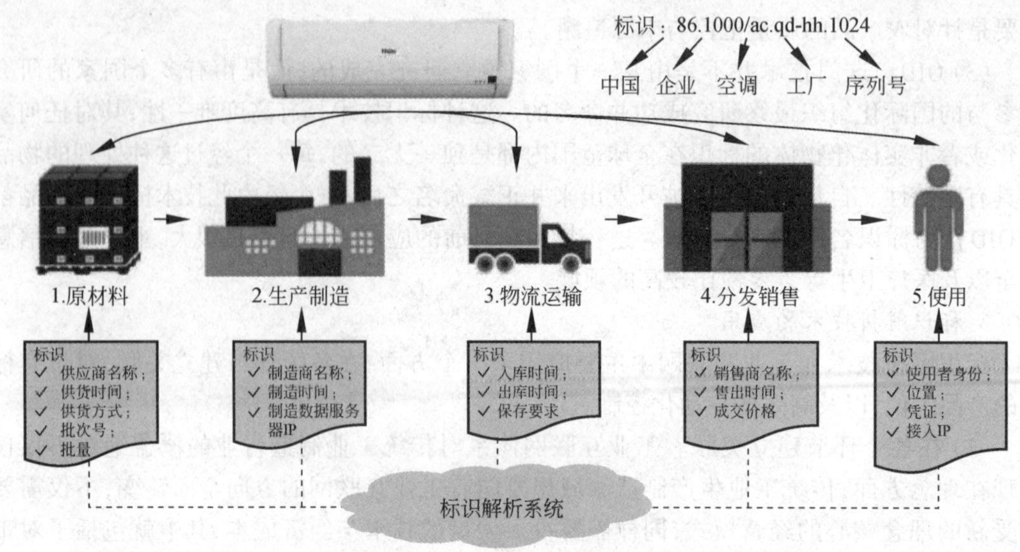

图9-4 标识解析在信息关联中的应用

（1）向工业生产环节渗透。标识技术在如今的产品生产制造及相关行业中非常重要，除了不同类型的产品必须具备不同的识别方式以外，盗版、纺织品的广泛存在也是标识技术发展的动力之一，这一技术能够让企业在产品管理、物流管理和产品认证等方面的应用与推广取得巨大优势，因此标识技术目前已经广泛深入工业生产制造技术中，甚至很多生产线上都将这门技术融入智能化自动技术中，让智能扫描系统通过产品的不同标识识别产品，然后再根据预先设定的逻辑对不同产品做出不同处理。

（2）开环的公共标识及解析系统。目前生产制造单位主要应用的标识技术属于私有标识，但随着市场的需要，不同生产制造单位之间的交流与互动必然会日渐增加，因此私有标识向着公有标识转换的苗头已经悄然出现，其成为日后标识技术发展的主流也是发展的必然。

在可预期的并不遥远的未来，标识技术必然会成为工业生产制造行业中最重要的技术之一，会与智能化技术、协同化技术以及相关产业服务的延展性服务相融合，共同打造更符合时代发展与人们广泛需求的先进的生产模式。

（三）应用支撑体系

应用支撑体系即工业互联网业务应用交互和支撑能力，包含工业互联网平台和工厂云平台，及其提供各种资源的应用协议。

工业互联网应用支撑体系的参考架构包括四个主要环节：工厂云平台、公共工业互联网平台、专用工业互联网平台和应用支撑协议。

1. 工厂云平台

云计算技术为工业企业IT建设提供了更加高效、低成本、可扩展的方式，通过在大型企业内部建立工厂云平台，可实现企业工厂内的IT系统集中化建设，并通过标准化的数据集成，开展数据分析和运营优化。

2. 公共工业互联网平台

公共工业互联网平台可面向中小工业企业开展设计协同、供应链协同、制造协同、服务协同等新型工业互联网应用模式。

3. 专用工业互联网平台

专用工业互联网平台面向大型企业或特定行业，提供以工业数据分析为基础的专用云计算服务。

4. 应用支撑协议

应用支撑协议包括工厂内各生产设备、控制系统和IT系统间的数据集成协议，以及生产设备、IT系统到工厂外工业互联网平台间的数据集成和传送协议。

二、数据体系

工业互联网的核心是生产体系和上下游技术体系的共同智能化，而智能化的核心是数字化和数据化。为了达成这样的效果，其核心驱动当中必须包括对信息数据的采集、交流与分析，相应操作过程中需要根据收集得到的信息建立起数据分析模型，才能做好数据分析工作，根据分析结果工业互联网系统中的智能决策系统就能够给出智能化决策，由于如今的智能化系统发展还不成熟，因此智能决策需要传输给工作人员做最后的决定。工业互联网中的数据化在很大程度上体现在数据量的庞大上，大数据技术会帮助系统收集到大量的数据信息，而这些数据会被用于接下来的交换分析和边缘计算处理，数据分析系统中的模型构建系统会根据以往的建模经验将数据用于分析模型的构建，而且这些全新的信息又会被加入数据库中成为下一次数据分析的“经验性数据”，为模型构建系统的自我更新和数据丰富做出贡献。经过对云计算模式的利用，在庞大的算力下，这些数据都会被以可视性更强的方式呈现给使用者，被用于对市场和企业的运营生产活动做具体判断，无论是企业的现有经营状况与得失，企业客户群体的偏好与接受方向，以及企业的下一步市场经营策略，都是通过这种最基本的数据收集层层分析得到。企业的数据化改革既是科技发展的必然趋势，也是对企业切实有利的发展方向，其在数据收集与交换以及决策分析方面表现出的能力为企业节省了大量的精力与成本投入，从具体的生产活动和市场与用户的分析等方面对企业提供了全方位帮助。

（一）数据体系框架

工业大数据是指在工业领域信息化应用中所产生的数据，是工业互联网的核心，是工业智能化发展的关键。工业大数据基于网络互联和大数据技术，贯穿于工业的设计、工艺、生产、管理、服务等各个环节，使工业系统具备描述、诊断、预测、决策、控制等智能化功能的模式和结果。

工业互联网数据架构，从功能视角看，主要由数据采集与交换、数据预处理与存储、数据建模与数据分析和决策与控制应用四个层次组成。

1. 数据采集与交换层

数据采集与交换层主要实现工业各环节数据的采集与交换，数据源既包含来自传感器、数据采集与监视控制系统SCADA、制造执行系统MES、企业资源计划ERP等内部系统的数据，也包含来自企业外部的数据，主要包含对象感知、实时采集与批量采集、数据核查、数据路由等功能。

2. 数据预处理与存储层

虽然大数据技术在数据收集方面的效率和规模几乎无可比拟，但是其收集到的数据往往庞大而杂乱，因此很难被作为直接使用的有效信息，需要经过智能系统中的预处理系统的数据整合，然后数据才会进入系统中的信息存储区域，大量包含有用信息的数据的清洗与存储才是这一环节最重要的工作。而后是将经过初步处理的数据和相关对象进行关联匹配，也就是对有效数据的利用。

3. 数据建模与数据分析层

在获得有效数据之后，对数据的利用才是工业互联网系统中的数据收集与使用系统中最重要的步骤。在这一层次的工作中，需要根据存储系统中存在的过往数据建立一个基于分析经验的数据模型，并将最新得到的数据导入其中进行分析。当然，模型的建立并不是纸上谈兵，所以用到的不只是在互联网上收集而来的数据，还有在过去的实际工业生产制造活动中得到的工作参数以及正常的工作体系中的全流程，这些都是建立模型的重要参考。在使用数据处理层次整合了通过大数据得到大量数据之后，这一层次的工作得以全面开战，可以将企业的生产设备、产品制造、产品、生产线和客户的信息都归纳其中，共同形成一个囊括了企业全部运营生产活动的模型，然后才是对数据分析结果的利用，也就是后续的智能化决策和数据信息可视化，因此这一阶段的信息处理又被视作信息具体应用的铺垫。

4. 决策与控制应用层

这四个层次的数据应用是递进式的，后一个层次使用的数据必须来自或至少部分来自上一个层次，不经过上层处理的数据对下一个层次是没有意义的。在企业的决策阶段使用的数据必须是经过数据建模处理的，这一环节的数据处理也就是广义上的数据可视化，数据在经过模型处理之后已经具备了规范性，再经过智能决策系统的细致处理，就可以根据企业的不同需求将数据转化为相应的诊断描述、预判描述、决策描述或者控制命令等。这一阶段的数据被处理后，得到的是对原有企业决策的优化或者针对某些行为的命令。工业生产制造企业一般使用决策应用层分析市场上客户对产品的各方面需求，将客户对产品的个性化需求以及企业在生产模式上的智能化和服务产业的延展性展开等纷纷实现。工业互联网系统中的信息存储系统存储的信息来源很多，不仅仅是经过预处理的、从市场收集而来的数据，还有经过智能化决策得到的数据结果，这些数据都会被作为经验型数据存储到系统中，为系统以后的数据处理提供借鉴经验和模型基础，将数据采集预处理、产品生产活动以及企业的总体运营管理在不断优化中打造成一个闭环形态，实现企业运营发展的良性循环。

(二) 数据应用场景

工业大数据的应用覆盖工业生产的全流程和产品的全生命周期，工业大数据的作用主要表现为状态描述、诊断分析、预测预警、辅助决策等方面。在工业生产制造活动中对数据的应用处于核心地位，其在智能化生产、网络化协同、个性化定制和服务化延伸这四大领域中的作用无可替代。

1. 智能化生产

(1) 虚拟设计与虚拟制造。虚拟设计与虚拟制造是指将大数据技术与CAD、CAE、CAM等设计工具相结合，深入了解历史工艺流程数据，这样才能够总结出产品的设计、生产、工厂建设以及资源投入的规律，打造出最适合当下发展的经营模式与结构关系，也要尽可能做到对经营生产活动中的各项数据的结合，将原被看似不相关的数据统合到一起并进行模拟分析，通过建立设计资源模型库、历史经验模型库，优化产品设计、工艺规划、工厂布局规划方案，并缩短产品研发周期。

(2) 生产工艺与流程优化。生产工艺与流程优化是指应用大数据分析功能，对当前正在实时进行的产品生产行为的规范性和安全性进行综合评价。如果生产工作与标准规定有出入，则需要立刻报警。从长远角度来看，这种做法能够对产品的规范化和创新工作起到正面影响，快速地发现错误或者瓶颈所在，实现生产过程中工艺流程的快速优化与调整。

(3) 智能生产排程。智能生产是工业生产制造单位转型的必然形态，其排程工作也可以理解为对产品生产环节中的产品预订、产品设计、产品生产以及相关技术人员的数据的收集，通过运用大数据技术，这些数据的全面收集可以搭建起一个立体模型，根据模型带来的可视化结果技术人员可以了解到对生产工作的预期和社会生产工作时间之间的差距，从而更好地进行能源消耗、物料使用、工装模具等。工业生产活动中的智能化计算机会对这些数据进行精准分析并给出智能决策，帮助企业的生产活动与管理活动以更加科学的方式做出改变，让企业能够更加适应市场的发展，对生产活动的安排更有计划性。

(4) 产品质量优化。产品质量优化是指通过收集生产线、产品等实时数据和历史数据，根据以往经验建立大数据模型，对质量缺陷产品的生产全过程进行回溯，快速甄别原因，改进生产问题，优化并提升产品质量。

(5) 设备预测性维护。设备预测性维护是生产单位使用大数据技术收集生产过程中负责生产活动以及相关工作的设备在工作状态下的各项参数的行为，通过收集这部分数据信息并形成模型，得到智能决策，就可以看出设备的工作状态如何，其振动幅度、温度高低以及压力大小等方面的参数都可以直观反映设备的“健康”程度。如果根据上述参数判断设备存在故障或者故障倾向，检测系统会对其进行综合“体检”，深入了解设备的故障出现在哪里，为什么会出现故障以及故障可能带来的危害，并且判断当前故障的严重程度以及恶化趋势，是设备整体存在问题还是其中的零部件使用寿命不足，一旦这些问题都被确定，那么对设备的维修或者更换需求就一目了然了。

(6) 能源消耗管控。能源管控消耗顾名思义是对生产单位在生产环节中的各种能源消耗的约束与管理，想要实现这种管控，同样需要使用大数据收集信息，在汇总信息建立模型之后，通过智能决策系统得到答案。与设备预测性维护相似，在信息收集阶段需要收集各个设备在工作状态下的能源消耗程度，而且这种信息收集并非针对某一段时间，而是需要长期的跟踪监控，毕竟很多生产设备的实时功率并不固定，如果只截取某一时间段的数据显然是不对的。当然对于某些工业生产制造企业来说，对所有耗能设备的事无巨细的监控也是不合适的，所以只针对参与到生产工作主要环节的设备，这种做法也是存在的。在收集到这些设备的能耗数据之后建立起模型，通过和其他信息一起进行的综合判断，就能形成生产过程耗能模拟以及节能空间的直观感受，通过智能化分析系统的帮助可以大幅度降低生活能源消耗水平，将生产环节整体柔性化。同样地，这种节能管制也需要监控系统对生产系统的实时监督，一旦出现能源消耗高于预期的情况就要进行诊断，找到出现问题的环节并予以改正，只有这样才能将企业的节能化生产作为生产常态。

2. 网络化协同

(1) 协同研发与制造。协同研发与制造主要是基于统一的设计平台和制造资源信息平台，集成设计工具库、模型库、知识库及制造企业生产能力信息，不同地域的企业或分支机构可以通过工业互联网网络访问设计平台获取相同的设计数据，也可获得同类制造企业闲置生产能力，满足多站点协同、多任务并行、多企业合作的异地协同设计与制造要求。

(2) 供应链配送体系优化。这一工作需要RFID等技术对产品进行更加严格的电子标识，将产品更好地融入物联网与计算机互联网技术的体系中，将来自产品生产、产品库存、产品物流和产品销售等各方面的数据信息通过大数据技术收集起来，然后通过上文提到过的数据分析流程最终形成企业智能决策系统的决策，作为企业接下来产品生产或者整体发展的大方向，将原材料采购以及对产品的物流运输等内容也都纳入对产品的分析范围内，从每一个细节入手进一步优化产品的整体供应链。

3. 个性化定制

(1) 用户需求挖掘。虽然产品在生产之初都不会有太大的区别，但是随着使用者数量的增加和使用者对产品数量要求的提升，产品的差异化会自然出现，这就需要设计者和生产者对市场有敏锐的嗅觉，否则无法分析顾客内心需求，不能适应新的市场竞争模式的商家迟早会被淘汰。只有通过广泛收集市场与用户的信息，才能建立科学的分析模型，对市场需求和发展趋势有所了解，将产品生产的客观问题和顾客的主观需求结合起来并在其中找到平衡，这是优秀的产品供应者应该做到的。

(2) 个性化定制生产。可能很多用户都会使用一模一样的产品，但每个用户对产品都会提出自己的要求，区别无非在于有些用户表达了出来而有些没有，工业生产方面的个性化定制就是鼓励用户将自己的想法表达出来，然后通过大数据系统收集市场上存在的用户对产品的期望，将这些代表用户需求的数据和企业生产制造产品的实际数据，以及市场大环境下对产品影响的数据化体现等综合到一起，建立起带有用户对产品的个性化要求的模型，形成对接下来产品生产的实际指导，从产品的材质、工艺以及设计思路等多个角度满足用户的需求。根据实际需求生产企业需要调整材料引进、生产制造方法以及分销渠道等多方面上下游产业和制造流程，以满足用户的需求为客观事实下的第一生产要务。

4. 服务化延展

(1) 远程监控与服务。所谓的远程产品服务是一种将原本客户与生产单位之间的一次性交流转化为长期交流的做法，企业通过构建产品数据平台的方式，对具有智能化特性的家庭电器、随身物品、汽车、便携式计算机等产品提供特殊服务，将这些智能化产品纳入远程监测的范围内，这种监测并非为了侵犯使用者的个人隐私，而是要对这些产品进行实时的状态诊断，判断产品的运行状态是否良好，如果不好，则可以及时提醒使用者并提供威胁服务。

(2) 产品预测性维护。产品预测性维护类似于设备预测性维护，这种维护方式需要通过大数据平台的信息收集获悉市场上的产品的销售状态以及各商家的大概商品库存量，通过这些数据建立起可视化模型，从而对产品故障进行预测与诊断。

(3) 客户反馈分析。客户反馈分析关注客户的反馈情况,并对这些信息进行大数据分析,可以帮助企业提高客户的再次购买率。

三、安全体系

网络安全体系是网络正常应用的基础,工业互联网在应用中同样不能脱离网络安全体系的保护,否则其中的数据安全和用户隐私安全无法得到保证,其在市场上的广泛推广与运用也就无从谈起了。对工业互联网的安全保证要从生产设备安全、网络技术安全、信息使用安全、控制系统安全以及应用系统安全这五方面入手。这种网络安全系统存在的价值在于保证网络系统内的一切组成部分都能够发挥应有的作用而不受威胁,从实际的网络设备到网络系统中的软件和网络用户都是其保护的内容,对外来的恶意数据的防御和对内部安全漏洞的甄别,以及对其他非法访问情况的拒绝,都是提升网络使用安全的方法。对数据的收集、存储与分析同样依赖网络的安全性,否则会轻易泄漏只会给使用者与数据来源者带来麻烦。这种对工商业网络内外进行全方位监控与保护的系统就是网络安全系统。网络安全体系功能如图9-5所示。

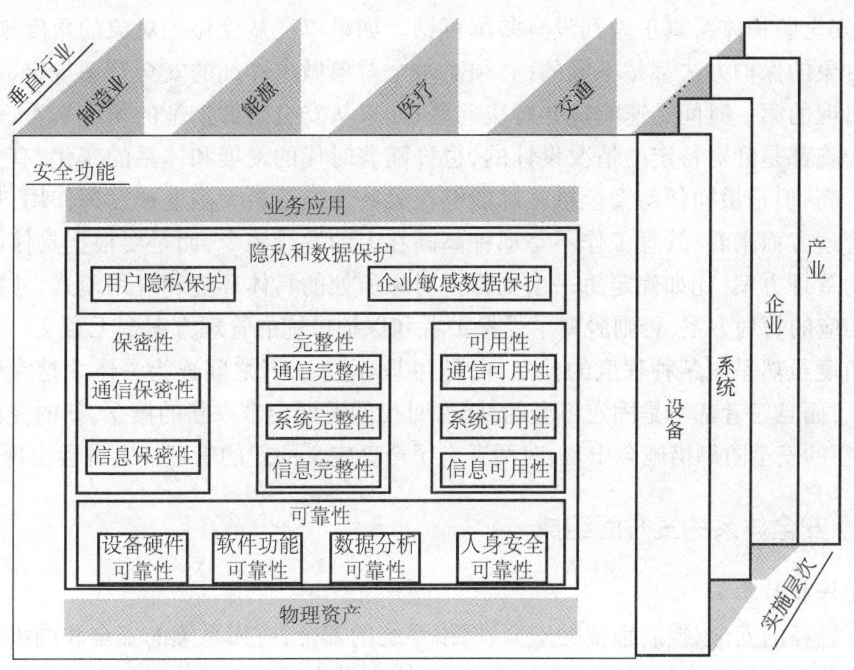

图9-5　网络安全体系功能

(一) 安全体系框架

传统的工业生产制造技术中的控制系统在安全性考虑方面只注重功能性与物理性方面的安全,也就是生产设备在执行生产功能的时候会不会带来额外的危险以及设备本身在运行过程中有无大的危险,如果处于工作状态的设备出现问题且预先设定的安全措施失效,就需要采取紧急安全控制,保证设备不会进一步损坏的同时,也不会给其他设备和工作人员带来伤害。毕竟最初的工业生产制造与互联网技术全无关联,因此在安全问题的考量上不会涉及网络安全和控制系统安全等。工业互联网是对传统生产制造业的创新与改革，在生产模式等方面表现出了很大的不同，因此对安全的定义也和传统生产有不小的区别，其安全管理范围要更大也更加具体，在覆盖范围和复杂程度上都不是传统生产制造业能比拟的，可以说在技术上升的同时，工业互联网在安全指标要求上也提升了许多。除了原本就存在于工业生产体系中的设备安全和功能性安全之外，信息安全即数据安全也被纳入工业制造产业的重点安全防护中，工业生产系统的安全保证工作范围进一步拓展，难度进一步提升。根据如今的工业互联网系统中的安全体系的内容，可以将其安全防护工作从受保护对象、安全防御方法和安全防护管理这三个角度展开。对不同的受保护对象需要采用不同的保护方法，因此对安全体系当中所有受保护对象的持续监督也是很重要的，只有对其受到的具体侵害有足够的了解，才能做出针对性的反应和日后的预防。安全防御工作的管理也是非常重要的，从经历过的安全事件当中吸取经验教训，然后将其转化为接下来的安全防护工作的改良方向就是安全管理的核心。任何安全保护体系都不可能做到完美，其中必然存在这样或那样的瑕疵，有些是技术上无法企及，有些是设计的失误，这些方面的整改和提升就只能依靠长时间的经验积累，很难一蹴而就。这三个用于认识网络安全防护系统的角度在结构上呈现三角形，看似各自独立，但是如果将其联系在一起，就能形成最稳定的结构，让安全防护体系真正做到没有漏洞可钻。如果单纯从受保护对象的角度来看，每个受保护对象的保护方法都是不同的，必须对每个对象做出详细的安全管理规定，才能做到在问题出现的第一时间迅速响应并解决问题；如果从安全防御措施的角度来看，每一种安全保护措施都是针对特定的情况设计的，也许随着时代的发展和体系的变化，有些措施实用价值不高，但是最初任何安全措施都能够在某些情况下最大限度地发挥作用；如果从安全防护管理方面来看，管理工作不是那种高高在上的发号施令，而是要根据具体的情况实施具体的管理方案，比如确定每一个受保护对象所处的具体环境和应用模式，才能找到或者制订相应的管理方案，否则脱离了受保护者和保护措施的管理方案毫无意义。这三个安全管理角度虽然呈现某种程度的独立，但是并非对立，三者之间连为一体才是完整的安全防御体系，而且三者都不是固定不变的，随着时代的发展会带来新的概念，新的受保护对象会出现，新的安全防御措施会出现，对两者有了全新定义的新的管理规定也会出现。

（二）安全体系的三方面组成

1. 受保护对象

生产设备的安全、控制系统的安全、网络系统的安全、应用系统的安全和网络数据的安全都是工业互联网安全体系中的防护重点，具体来说这五个方面的安全主要体现在以下工作上。

（1）生产设备安全包括生产单位工厂内部的智能化生产设备、网络智能终端以及其他需要与网络相连接的智能化设备的安全。如果按照有无实体的标准来划分，可以将其简单看作所有与生产活动有关的工厂内部的硬件与软件两大类设备的安全。

（2）控制系统安全包括工厂生产活动中需要用到的控制协议、控制设备以及控制功能的安全性，这些用于控制生产活动的组成部分的安全非常重要，一旦受到不法分子的利用，可能会对企业的财产乃至于工作人员的人身安全造成巨大威胁。

(3) 网络系统安全涵盖的范围略广，除了与控制智能化生产系统相连接的工厂内部网络以外，与之对应的工厂外部网络也在网络系统安全的管理范围内，包括对产品进行标识解析的系统等也是其组成部分。

(4) 应用系统安全涵盖了网络和工业制造两方面，对网络平台的系统应用和工业制造设备的应用都属于应用系统的一部分，因此安全工作同样涵盖了这两方面。

(5) 网络数据安全包含的内容比较广泛，工业互联网体系当中所有有关数据的安全问题都包含在其中，无论是数据采集、数据传输与储存、数据建模还是数据分析与决策，都是数据安全的一部分。这一环节的安全工作会最大限度上影响到工业互联网体系内的用户的信息安全。

2. *安全防御方法*

工业互联网安全标准与防范措施是企业在应用工业互联网的同时保证网络与自身安全的标准，毕竟这种工业生产制造与互联网相结合的技术发展还远未成熟，所以在具体的应用过程中企业面对的挑战可能比预期的还多，只有从企业生命全周期和安全防御系统的实时发展的角度看待问题，才能打造出最严密的防御系统，在危机来临的第一时间就能够进行响应与防御。下面三个类型的网络防御措施的结合就是工业互联网面对威胁的具体应对系统。

(1) 系统防御。对于需要安全防护系统保护的所有保护项，都要构建起严密的防护层以应对威胁，增强系统中重要部分的安全系数，保证其不会轻易受到外来的或者内在风险的威胁，打造出一个安全系数较高的网络运行环境。

(2) 风险监测。这里的风险监测系统有些类似于计算机安全防护技术中的计算机监测系统的升级版，除了能够监控系统内部的风险问题，还能够对外部可能存在的威胁进行跟踪判断，从内外两个角度综合提升系统的安全性。

(3) 恢复提升。响应恢复机制是对系统在面对威胁的时候采取措施的速度、应对危机的方法以及危机过后对系统的恢复与加强的综合，尤其是对系统的恢复与提升是最重要的，毕竟如果在系统出现问题之后仍然采取原有的安全方案，那么下次遭受的损失只会更严重，因此每一次风险的来临都是对系统要进行加强方向的最好建议，以之为参考得到的提升是最符合实际的安全要求的。

3. *安全防护管理*

即时计算机网络技术已经发展了这么久，但是由于其发展速度日新月异以及一些其他原因，我国的计算机网络保护法案尚未完全成熟，对于一些计算机用户的个人隐私与财产安全受到威胁的情况还不能很好地做出应对，而结合了互联网技术和工业生产制造技术的工业互联网系统更是如此，虽然有一套完整的保护法和一套半完善的保护法可以作为其安全标准的制定参考，但是由于两者结合后诞生出了许多新的特性，所以又无法将现有的标准完全套用进去，这就导致了目前的工业互联网系统正在推进，但是相关安全标准还并未完全确定下来。根据目前还未完全成熟的工业互联网的安全目标判断，在管理维护工业互联网系统的过程中存在的风险问题，并且针对这些实际存在的问题使用合适的安全防护措施，确定合适的安全防护指导，就是工业互联网安全防护管理的真实含义。工业互联网的安全防护管理针对的目标是多样性的，无论是具备明显安全漏洞的管理目标还是已经达到安全标准的管理目标，在其中都有不同的管理标准，对于已经达到安全管理标注的管理目标需要进行持续关注，确定其中是否存在尚未发现的安全漏洞，如果存在，则及时予以弥补;如果不存在,则参考这种比较完美的安全防护体系在管理其他安全目标的时候作为借鉴。如果安全管理目标存在比较明显的安全漏洞,那么安全防护系统应当立刻对漏洞进行缝补,而且这种修补漏洞的过程要同时注意的问题有很多,所谓牵一发而动全身就是这样的道理,一定不能为了一时一地的安全措施而牵连安全防护的整体体系。工业互联网的安全防护系统对工业互联网有很重要的意义,是保证其长期安全的标准化要求与实际操作指导,其具体特性可以从以下几个方面看待:

(1) 安全目标。工业互联网的正常运转是需要很多方面的支持的,并不是具备了生产环节、信息收集使用环节以及客户服务环节就能够正常运转,总会有各种各样的因素在威胁工业互联网体系的稳定,其中存在最显著的问题就是安全问题,只有保证安全和可信工业互联网,才能在不受外界恶意干扰的情况下在市场中应用。在做任何事情之前都要制订一个合理的目标作为执行的方向与目的,为了保证工业互联网的安全性,同样要对其安全目标做出合理的规划,然后以这个目标为指导综合评估系统面对的实时风险和面对风险应当采取的应对策略。工业互联网在某种程度上也具备互联网的特性,因此针对其做出的安全防护是多元化的,对网络中存在的信息的保密性保证、完整性保证、真实性保证、有效性保证和柔性保证以及隐私性保证都是网络安全防护问题的重点保护项目,这些目标每一个都不足以完全说明工业互联网安全体系的防护标准,但是合在一起之后就形成了对工业互联网体系的全面保护,能够在最大限度上确保工业互联网铺设与运行的安全稳定。下面是对这几个不同方面的安全性的具体论述。

① 信息保密性:这一安全特性的要求是确保网络系统内的用户信息不会被未得到授权的非法用户获取并造成危害。

② 信息完整性:这一安全特性的要求是确保网络系统内的用户信息不会被未得到授权的非法用户截取或篡改造成危害,同时要注意系统本身的数据信息安全也不能受到侵害。

③ 信息有效性:在确保未得到授权的用户不能随意访问系统内的用户信息和系统本身信息的同时,要保证得到授权的用户的信心交流与访问不会遭到拦截,要确保用户能够正常享有其符合网络安全管理规定的网络权利。

④ 信息真实性:信息的真实性要求主要针对工业互联网系统本身,其中的命令信息等应做到真实可靠,工业互联网系统在不受到其他因素影响的情况下不应该因为内部信息问题而出现运营方面的故障。

⑤ 安全防护弹性:“真正的勇士不是永远不会被打倒,而是在被打倒之后永远都能重新站起来。”这是一位西方哲学家说过的话,引申到工业互联网的安全弹性问题上也颇有共通之处,因为工业互联网的安全体系打造的再严密也很难保证永远不出现问题,但只要在问题出现之后能够快速解决并恢复该问题带来的不利影响同样能证明安全系统的优越性,这就是所谓的安全防护的弹性化,面对问题、解决问题并自我提升,将困难作为进步的阶梯。

⑥ 用户隐私:工业互联网中回击了大量的市场信息和用户个人信息,这些用户的隐私安全必须得到保障,否则工业互联网也就失去了最基本的安全信任,很难让用户放心使用。

(2) 风险评估。为了保证工业互联网系统的安全性,对未知的信息和可能存在的威胁的未雨绸缪是很有必要的,定期对工业互联网系统内的各个系统进行必要的安全监测与风险评估,能够大幅度降低系统受到损伤的可能性。在对工业互联网进行安全评估的时候不能只关注被评估系统本身,要将眼光放在整个互联网体系和广阔的工业生产制造市场上,从整体趋势和互联网中广泛存在的威胁以及细致化的系统本身存在的问题等各个方面对其进行从内而外的风险评估。对于风险评估得到的安全隐患要细致分析,对其可能造成的危害、造成危害的方式和带来的损失进行细致剖析,从而得到能够最大限度降低企业损失的应对风险的预案,其中包括如何预防风险,如何在风险到来的时候实现重要资产的转移,如何正确接受并消除风险,经历过风险后的补偿问题等,这样才能确保企业在面对风险的时候不会手忙脚乱,而是可以按照既定章程应对一切挑战。无论是对工业互联网体系中的数据存储与传输的私密性与安全性,还是设备的接入的安全性以及平台运营与自我保护的安全性等,都是风险评估的一部分,根据这些内容可以形成精准的报告,指导企业接下来的安全性运营。

(3) 安全策略。所谓的工业互联网安全策略指的是一套完整的、能够指导工业互联网日常运转与遇到具体问题时该如何解决问题并回复运转的全面策略,具体来说这种安全策略必须具有全面性,要能够覆盖工业互联网的业务生命周期,不能对整体体系中的某些环节有所遗漏。安全策略的核心在于安全事件,不建立在实际问题上的策略没有实际意义,只有针对在特定环节和特定情况下可能遇到的具体问题做出的具体防护措施才能够做到在问题没有出现的时候认真监督,在问题出现的时候检测识别,在确定问题之后快速解决并将系统恢复成原本的状态,对这些问题进行真实反馈。这种针对问题比较精准的安全防护系统才是工业互联网安全体系真正需要的,因为其具备精准针对的特性,对于容易发生的问题能够做好预防和预警工作,对于已经发生的问题能够迅速消除并抹平其带来的影响,面对攻击性外来威胁不但能够监测预警,并且能够与之对抗且尽可能降低其对系统造成的损害。从实际角度来看,这种安全防护系统能够有效提升企业的工业互联网安全标准并降低企业的安全维护成本。

上述几点就是工业互联网的安全防护要求的最重要特性,从中我们能够了解到工业互联网的具体安全要求和安全要求的意义所在,同时能够明确看出工业互联网系统在日常的应用中,如何才能在不影响正常运转的情况下最大限度地保证系统的安全性。工业互联网的防护体系不但对这些做出了详细描述,而且给出了具体工作指导与安全模型。在对工业互联网系统进行安全检测和风险评估的过程中,安全防护系统除了能够了解到当前工业互联网系统中存在的问题,更会给出相应问题的应对措施,即工业互联网系统的全面安全防护策略,落实到具体的安全防护工作上就是对生产设备、控制系统、网络安全、应用安全和数据私密性等方面做出严格管理规定,而且包括对这些安全问题的长期监督与第一时间反馈,以及一旦相应的问题出现该如何处理,并迅速恢复至正常运营状态,这些都是工业互联网防护体系的内容。

第四节　工业互联网的行业应用

虽然距离工业互联网理念的提出和技术开发应用已经有了一段时间,但是对于这种传统工业技术和最新的现代化智能技术的结合领域来说发展时间还远远不够,因此我国对工业互联网的运用与开发,目前还处于初步开发期。由于技术的开发时间不长且不成熟,所以很多企业还并没有意识到其作为工业与计算机技术结合的未来发展中心的重要性和能够带来的好处,所以无论是在商业模式、企业认可还是在投资支持等方面,工业互联网开发都没有得到预期的响应,这也是如今工业互联网开发面临的众多困境之一。虽然很多企业还没有充分认识到工业互联网开发的重要性,但是也有一些企业慧眼识珠,将精力投入其中,从提出概念到实践阶段各具优势。

随着计算机技术和网络技术在生活中的大范围应用,我们在不知不觉间早就进入了互联网时代,在这个科技飞速发展进步的时代中,各行各业涌现出了越来越多的或大或小的企业,其中小企业希望能够做大做强,而大企业也希望能够成长为平台型组织或至少在某个平台领域中占据主导地位,通过这样的方式企业能够获得更高的盈利乃至于某一领域的控制权,这对有足够实力的企业的诱惑不可谓不大。正是出于这样的思考,当今很多企业都在积极寻找突破方向,工业互联网系统成为很多企业的最佳选择。运用工业互联网可以从降低生产成本,提高生产效率,提升产品质量和提升服务能力等多个方面给企业带来帮助,对于有"争霸"之心的企业非常重要,而且工业互联网对企业的产品创新也能起到促进作用。如下选取国内工业互联网平台,介绍其应用的真实案例。

一、海尔COSMOPlat

COSMOPlat是全球首家将用户引入全流程最佳体验的工业互联网平台,其核心是大规模定制模式,这种思路应当是如今的"将与客户的一次性买卖关系转化为长久合作关系"的灵感来源与比较早期的运用。其思路在于持续维护与客户之间的关系,客户在原本的购买活动中与商家之间的关系在于通过消费享受到商家提供的长久硬件设备体验,而海尔公司的思路是不断维系这种与客户之间的良好互动关系,让客户在使用自家设备的同时对品牌产生认可,将用户体验感转变成场景体验感,让客户从原本的"商家消费、得到商品、使用商品"模式转变成能够在一定程度上参与到商家的决策中,让用户产生一种"我与这个品牌之间有更加深入的联系,我也对这个品牌的创造起到了一定作用"的想法,这个时候企业就实现了从以产品和企业决策为中心,到以用户为中心、用户可以在一定程度上影响到企业决策的转变,而用户也实现了自身从消费者这个外人的身份到半个"自己人"身份的转变。

(一)应用企业

山东海思堡服装服饰集团股份有限公司于2008年4月注册成立。公司员工1000余人,主营业务为生产、销售牛仔服装及面料、服装大规模定制、智能制造服务等。海思堡是中国首家全工艺流程实现智能制造的服装企业,山东省最大的专业化牛仔服装生产企业。

(二)应用实施

MTM定制系统的核心技术是DTC数字技术中心,通过这种数据化系统,海思堡企业建立起了能够更大程度上满足客户个性化要求的平台,该平台会收集用户留下的信息,对用户最中意的品牌工艺、型号以及其他个性化需求进行记录，最终通过和数据库中的关于产品信息的比对分析，就能够以相对精准的方式了解到市场的广泛需求。将CAD、ERP、SCM、MES、WMS等系统纷纷融合到该平台当中，形成能够对客户要求进行自主匹配的系统，并且这个平台的服务流程和业务能力也得到了优化，对产品从生产到销售再到对客户的售后服务等方面进行了全方位数据驱动，对数据有更高的敏感度并且在采集能力与分析能力方面也要更强，可以做到对平台的实施监督并在出现问题的第一时间予以警告。

海思堡在企业建设方面选择的是牛仔服饰的大批量定制业务和柔性化的资金回笼快速的生产模式，在COSMOPlat平台的帮助下，海思堡充分利用大数据技术和供应链资源等各方面技术资源，打造出了具备生态互联、协同发展的用户交流平台，从用户第一次使用品牌产品开始，就将用户纳入自己的平台覆盖范围内，将一次性的商家与客户的互动转变为两者的长期交流与深化合作，此举不但能够给予客户更大的品牌认同感与归属感，让客户的意见和建议能够第一时间被数据采集系统收集到并迅速转化为产品上的改变，还能够带动企业上下游的产业链的协同发展，让上游的材料提供、技术支持等企业对生产制造单位的要求更加清楚，让下游的分销商和营销人员等更加了解客户的心态以提升产品的销售量。所以说这种打造平台留住客户并了解客户所思所想的行为可以说是企业最重要的战略转型，转型后的企业实现了将生产系统与上下环的智能化、对部分产品按照客户要求赋予了个性化、在企业运营发展方面实现了柔性化。

（三）工业互联网平台应用前后状况

1. 提出问题

目前整个服装行业面临两个困境，一是库存高，二是如何应对现在整个服装产业往东南亚转移带来的困难。海思堡是一家传统的牛仔生产企业，主要面临订单周期长、库存高；销售结束后无法追踪；无法了解用户需求的行业痛点。

2. 创新突破

COSMOPlat平台通过3D下单系统实现了对客户大批量服装下单的需求，将自身的战略平稳推进下去，除了下单系统之外，通过人工智能技术并根据照片分析用户适合什么款式的服饰，以及高度契合部分用户的个性化定制需求的MTM系统的存在也功不可没。在初始阶段这种工作的开展还比较吃力，但随着用户数量的不断增加和这种模式的应用时间越来越长，平台的数据存储系统积累了越来越多的数据，根据这些数据在建立客户群体模型和个体模型的时候就要简单许多，而最初的那些App随着数据的积累和技术的提升也随之不断更新，通过越来越优秀的系统满足用户越来越高的需求。在这种技术提升、用户依赖、市场占有率增加的情况下，COSMOPlat在服装的批量定制领域的地位越来越稳固，将智能化生产、数控管理生产、系统制造等与原本的传统服装生产结合起来，帮助企业转型成功，将自身纳入“互联网”的体系内，在满足用户越来越高的要求的同时，让企业在发展的浪潮中领航。

3. 实现价值

海思堡通过COSMOPlat的帮助，基本成为整个以牛仔为风格的服饰行业领域的领头羊，借助后者从业多年的实践经验带来的对行业的细致了解，海思堡将牛仔服饰细致划分成了上装、下装、冬衣、鞋帽以及箱包等众多类型，并且根据市场上的客户对牛仔服饰的不同要求采用不同的App对其进行管理，其中包括APS、MES、WMS、MTM、匹配算法等，这两种细致划分的形式都是海思堡学习而来并且做到青出于蓝的。通过这样的经营划分方式，海思堡将自己的生意扩展到十余个领域内，并且将复刻而来的20余个样本分别投入这些领域中。

通过与COSMOPlat合作，海思堡实现对客户个性化需求的精准把握，实现了从大规模生产向大规模定制的转型。目前企业已经实现生产效率提高了28%，库存降低35%，定制产品毛利率从12.5%提高到40%以上。而且在自家企业越来越成功、产业技术不断深化升级的过程中，海思堡也没有将所有发展经验和技术手段都严密封锁，而是在一段时间之后就对企业的发展思路和涉及的技术领域都发布在COSMOPlat平台上面，让更多与之涉足相同领域的企业都能够从中获益，从这样的行为中也能看出企业的发展壮大并不是偶然，而是必须要有与之相匹配的心胸，否则企业能够壮大也能够衰败，这些变化有时候都在人的一个选择之间。

二、浪潮云In-Cloud

浪潮云信息技术有限公司是国内领先的云计算、大数据服务商，以建设“平台生态”型互联网企业为目标，致力于我国政务云、安全可靠、工业互联网、政务数据公共服务等领域技术开发与生态建设。

（一）应用企业

应用企业包括山东省滕州市鲁南机床、威达重工、普鲁特机床等百余家机床企业，企业产品覆盖进切机床、锻压机床、齿轮、主轴等600余个品种，年产各类机床数万台。

（二）应用实施

浪潮机床云和机床海淘网等都是在新一代工业互联网体系当中诞生的新兴技术，都是在工业生产体系和互联网技术的结合中逐渐被建设起来的，工业生产机床在生产活动中的能耗以及生产过程中所使用的产品工艺、产品设计（包括产品的各种状态参数）和备品储备、物流情况等诸多数据都被智能系统记录下来，然后通过对众多智能化生产程序的立体结合，运用并整合这些数据，其中使用的智能化系统主要涉及机床管理、能源管理、物流管理与订单协调等方面，利用这些系统统筹管理工业互联网体系中从产品设计、产品生产到订单配给和物流管理这一流程中的所有工作，不但能够有效降低生产单位在生产活动中的成本从而提升生产效率，并且能够让系统的建立者在施工过程中不断发现问题，进而加速智能化机床系统的理论和应用的完善。虽然在实际应用中确实存在部分企业使用的机床信息资源保密造成的信息不对等，但是该领域当中使用了对接备品备件的方式，形成了具备中国特色的机床海淘网。机床产业作为生产制造业中的一部分，其重点从来都不只在生产制造上，在生产之后的销售以及售后服务都是完整的产业链条上的一部分，所谓的机床海淘网正是集合了政府与企业的多元化工业生产体系，其中有着生产单位、金融领域和物流运输等多个行业的参与，将互联网、能源管理、生产管理和标识解析等熔铸到同一个领域内,打造出了全新的机床生产体系,让数字化机床生产成为全新的生态经济产业集群。

(三) 工业互联网平台应用前后状况

1. 提出问题

滕州中小机床企业面临行业结构性问题,一是中小企业机床产品智能化水平低,大部分仍是低端机床,存在“低端过剩和高端不足”的结构性矛盾。二是机床行业资源不共享,信息不对称。中小机床企业缺乏全国覆盖的服务能力,后服务市场体系未建立,存在信息不对称、资源不共享、响应不迅速、交易费高昂等问题。

2. 创新突破

技术方面:构建机床行业机理模型库,研制一批面向机床行业的设计、生产、销售、物流、后服务等应用的云化软件和工业App。

模式创新:平台打通了政府、企业、金融、物流等多种行业和产业链角色,促进产业内数据和信息的流动,帮助产业链内实现产品和服务的融合,打造更加优秀的机床产业,从而将其市场竞争力进一步提升。

3. 实现价值

滕州的中小型企业是在工业互联网体系初步推进之后获得最大帮助的群体,在新的模式下这些企业获得的融资和新增的纳税金额都在千万元以上,极大地促进了当地的经济发展,初步形成了机床云生态圈,助力滕州升级成中国机床装备服务之都。就像工业互联网体系的运作核心,滕州当地的中小型企业在转变生产经营模式的过程中同样是以数据化和人性化服务为绝对核心,展开了和当地政府以及其他企业的紧密合作,为当地带来了普适性更强的工业制造业发展模式,而且其高速发展的态势也被当地的其他企业看在眼里,这种能够通过简单学习进行模仿的生产模式革新为所有企业做出了示范,让很多其他企业也都有了效仿的想法。这种大规模收集数据并将数据收集到应用的全过程进行优化的方式至少提升了这些企业1/10的运营效率和1/6左右的物流运输效率,而通过对机床技术的智能化改革远程执行更优良的售后服务也变成了现实,根据统计这样的做法为客户服务方面带来了1/10的效率提升,从总体上来讲这些公司通过对工业互联网的应用将利润提升了约1/20,这对于公司的运营已经是一个很大的突破了。

三、华为 Fusionplant

如果提到在全球都比较知名的ICT(信息与通信)基础设施和智能终端提供商,那么华为技术有限公司一定可以算一个,其在计算机技术、通信网络技术和智能服务与云服务等方面均取得了不菲成就,打破了原有的某些技术被国外寡头公司垄断的局面,为顾客提供了更加多样化的选择,而且其产品的质量有充足的保证,具有高度的可信赖性,该企业的发展模式具有高度的生态价值,在和客户的长期合作方面有很大的优势。

(一) 应用企业

北京三联虹普纺织化工技术有限公司。此公司为致力于合成纤维及其原材料智能制造的高新技术企业,为国际一流的合成纤维及其原材料行业工程技术服务整体解决方案提供商。

(二) 应用实施

在华为旗下的产品中有一款名为ATLAS的智能小站系列,目前已经被应用于边缘智能化中,其目的在于增强智能化系统的边缘计算能力,从而提升边缘智能的应用范畴与应用能力。华为智能化系统中的边缘中心节点设备的存在更是为数据工厂的存储能力上限的提升和信息收集汇总能力的增强提供了很大帮助,这些都是华为智能化战略的一部分,能够有效实现信息采集系统和信息存储工厂的信息可视化。华为在智能化系统的生产制造方面主攻三大引擎,三种侧重点各自不同的智能化引擎能够覆盖绝大多数市场客户的需求,而且每一种引擎的功能都带有足够的个性化元素以及智能化预测系统,完全能够通过收集信息和分析这些信息来预判客户的需求;优化引擎的智能系统能够做到比顾客更了解顾客的需求,通过可视化信息给客户推荐质量等方面相似的产品;化纤知识图谱是三大智能化引擎中的认知引擎最重要的功能,知识图谱中蕴含大量的市场信息,能够让投产者降低风险并提升效率。云计算在这种系统智能化中的作用也不可忽视,其提供的强大运算能力才是这些引擎的智能化工作得以开展的基础,广泛收集市场数据并通过这些数据进行一次又一次模拟训练可以加速智能化系统和其他系统以及技术人员的磨合程度,将基于大数据和云计算形成的市场与消费者模型传输到系统边侧,通过边侧计算成功推理出模型中蕴含的种种结果,从而让纤维质检、产线推荐等工作能够以更加高效而智能的方式展开,让生产单位的工作效率大幅度提升。

(三) 工业互联网平台应用前后状况

1. 提出问题

产品一致性要求高,下游追求同一批次产品质量稳定性;客户定制化质量需求高,比如客户希望这个补织的光泽更好一点,如何将客户需求与工艺控制参数结合在一起;人工抽检难度高,丝束生产时间非常长,目前只能检测表面的纤维,没法洞察整个纤维卷束生产过程中的质量。

2. 创新突破

工程实施方面:打造业界首款边缘智能一体柜,在工厂边缘增强算力,增加智能,实现产线数据的接入、清洗、存储和分析,形成关键的核心产品。

技术创新方面:边云协同,利用云上大规模算力持续训练,不断提升模型精度,并在边侧执行推理,实现化纤行业的智能化;新一代信息技术的融合应用和工业技术的创新,形成了自主知识产权的关键技术和核心产品。

3. 实现价值

化纤行业的特点是产业集中度高,行业里每家企业的市场份额都比较大,先进的技术也都聚集在几家行业巨头,标准容易推广,也容易走到其他行业的前列。化纤行业智能化方案的落地,对流程行业智能化提供先进的参考和指导。相似产线的推荐,提升同一批次产品质量稳定性;通过产线生产预测和客户个性化需求匹配,客户需求匹配率提升28.5%;

通过利用实时数据还原了每卷丝的生产过程，使得每卷丝的检查范围从100米延长到1000千米。

习　题

一、选择题

1. 下列不是工业互联网核心要素的是(　　)。

A. 智能设备　　B. 智能系统　　C. 智能决策　　D. 智能家居

2. 下列不属于工业互联网体系中需要防护的安全项目是(　　)。

A. 威胁防护　　B. 监测感知　　C. 处置恢复　　D. 防火墙

二、简答题

1. 从工业视角如何理解工业互联网？

2. 工业互联网体系架构的核心是什么？

3. 工业互联网体系架构包括哪三大闭环？

第十章　短视频处理技术

2016年是短视频元年，2017年和2018年则是短视频快速发展和爆发的“黄金年”。通过观察短视频用户规模的数字变化，就能更直观地感受到其发展之迅猛。根据CNNIC发布的第42次《中国互联网络发展状况统计报告》，截至2018年6月，各热门短视频应用的用户总体规模达到5.94亿[①]。

短视频多以“秒”为视频长度单位，在移动智能终端的支撑下进行快速拍摄与修正，实现在社交媒体平台下的无缝对接与实时分享，与传统视频有很大不同。

第一节　短视频概述

一、短视频的特点

短视频的主要特点是能够立体、直接地满足用户沟通与表达的需求，以及用户之间分享与展示的需要。相比于传统视频，短视频的特点主要包括以下四个方面。

（一）生产流程简单化

无论是生产还是传播，传统视频的成本远高于短视频，传播的广泛性受到极大限制。而通过短视频的途径，用户能够实时拍摄并上传生产的视频内容，生产与传播的门槛被拉到极低的程度。当前，很多主流短视频App都有添加滤镜、特效等功能，并且学习门槛不高，在很大程度上方便了短视频的制作，用户只需一部手机就可以完成整个短视频的拍摄、制作和发布流程。

（二）快餐化和碎片化

短视频的时长一般控制在5分钟之内，很多只有15秒，这符合当下快节奏的生活方式，可以让用户充分利用碎片化时间直观、便捷地获取信息，有效地降低了获取信息的时间成本。

① 数据由今日头条、抖音提供。

(三) 内容个性化和多元化

短视频的表现形式多种多样,这符合"90后"和"00后"个性化和多元化的内容需求。短视频App中自带的多种功能可以让用户充分地表达个人想法和创意,这也让短视频的内容变得更加丰富。

(四) 社交属性强

短视频并非传统视频的微缩版,而是社交的延续,是一种信息传递的新方式。用户可以通过短视频App拍摄生活片段并分享到社交平台,而且短视频App本身也具有点赞、评论、私信、分享等功能。短视频的信息传播力强,范围广,具有很强的交互性,所以为用户创作和分享短视频提供了有利条件。

二、短视频的类型

目前短视频的内容十分丰富,类型多种多样,它可以满足各类用户的娱乐或学习需求。短视频的类型主要分为以下几种。

(一) 搞笑类

很多人看短视频的目的是娱乐消遣,缓解压力,舒缓心情,因此搞笑类的内容在短视频中占有很大的比重。

搞笑类短视频一般有两种,即情景剧和脱口秀。

(1) 情景剧:往往有一定的故事情节,内容贴近生活,通常由两人以上出演,注重情节反转。

(2) 脱口秀:主要是"吐槽"实时热点话题,注重形成个人风格,打造专属频道。"吐槽"指的是在他人话语或某个事件中找到一个切入点进行调侃。由于"吐槽"往往能够为观众带来极大的乐趣,所以许多短视频创作者采用这种内容方式。

(二) 访谈类

访谈类短视频一般是街访视频。街访视频主要以一个话题开头,让路人就相关话题进行回答,亮点在于路人的反应,其中很多"梗"(即笑点)是可以重复使用的。由于话题性很强,这类短视频的流量往往会很大,如2018年爆火的"成都小姐姐",因其"能带我吃饭就好了"这句简单而暖心的回答及其甜美的笑容,而被许多网友熟知。

(三) 电影解说类

电影解说类短视频是从哔哩哔哩平台开始火起来的。创作这类短视频,要求创作者的声音具有辨识度,且善于挖掘电影素材,电影素材一般选自热门电影或经典电影,或者创作者解说影片内容和对电影进行盘点。

(四) 时尚美妆类

时尚美妆类短视频主要面向追求和向往美丽、时尚、潮流的女性群体,许多女性选择观看短视频是为了能够从中学习一些化妆技巧来帮助自己变美,以跟上时代的潮流。现在各大短视频平台上涌现出大量的时尚美妆“博主”,她们通过发布自己的化妆短视频,逐渐积累自己固定的粉丝群体,吸引美妆品牌商与其进行合作,已经成为时尚美妆行业营销的重要推广方式之一。

(五) 文艺清新类

文艺清新类短视频主要针对“文艺青年”,内容大多涉及生活、文化、习俗、传统、风景等,风格类似于纪录片、微电影,画面文艺、优美,色调清新、淡雅。不过,这类短视频的选题非常难,受众范围较小,所以相对其他类型的短视频来说播放量较低,但也有非常成功的自媒体,如一条二更等。这类短视频虽然播放量较低,但粉丝黏性很高,变现能力强。

(六) 才艺展示类

才艺展示类短视频中的内容包括唱歌、跳舞、演奏乐器、健身、厨艺展示等。这类短视频在抖音平台十分常见,而且经常占据热播榜单,这是因为抖音对这类短视频给予了大量的流量扶持。

(七) 实用技能类

实用技能类短视频又可以细分为多种类型,包括PPT类短视频、讲解类短视频、动作演示类短视频和动画类短视频等。

(1) PPT类短视频:又称清单式短视频,其制作起来非常简单,只需一些图片、文字,再配上音乐即可,短则几分钟就可以被制作出来,如“最烧脑的十部电影”“在失恋时必听的十首歌”等。

(2) 讲解类短视频:主要是传播“干货”知识,制作起来也非常简单,创作者只需把手机架好,然后对着镜头讲解即可。在后期编辑时可以添加一些字幕,以便于用户理解。

(3) 动作演示类短视频:通常以生活小窍门为切入点,如“可乐的5种脑洞用法”“勺子的8种逆天用法”等。这类短视频的剪辑风格清晰,节奏较快,一般情况下一个技能在1~2分钟就可以讲清楚。

(4) 动画类短视频:风格幽默风趣,不管是学习“干货”知识的人,还是纯粹想娱乐休闲的人,都会对这类短视频产生深刻的印象,手工教学、减肥教学等短视频都可以采用这种形式。

(八) 正能量类

正能量类短视频的形式多样,有脱口秀、情景短剧、生活中的抓拍等。不管什么时候,正能量都会受到人们的欢迎,所以发布正能量的短视频容易激发用户的共鸣,而短视频平台也会用流量扶持的方式来引导创作者发布与正能量有关的内容。

三、短视频的产业链条

随着用户规模的不断攀升，目前短视频行业已经形成了庞大的产业链。短视频的产业链条主要分为内容生产端、内容分发端和用户端，其中内容生产端和内容分发端是核心。

(一) 内容生产端

内容生产端有多种内容生产方式，比如，专业用户生产内容(PUGC)、专业生产内容(PGC)、用户原创内容(UGC)等。

(1) 专业用户生产内容。这里的专业用户指的是在某一领域有丰富知识储备的关键意见领袖，或者是粉丝基础雄厚的“网红”。在内容生产方式的特征上，主要体现为成本较低，但由于用户有人气基础，所以商业价值高。

(2) 专业生产内容。专业生产内容的生产者具有丰富的专业知识，主要包括专业的娱乐影视团队、自媒体团队、传统媒体从业者、垂直领域的专家等，在他们的专业水平的保障下，短视频的整体质量极高，各垂直领域的短视频内容得到丰富，吸引的流量会随之不断增多。

(3) 用户原创内容。主要是普通用户自主创作并上传的内容，特点是成本低，制作简单，具有很强的社交属性，但商业价值低。用户原创内容可以提升用户黏性和活跃度，但普通用户创作的内容大多以日常生活或搞笑娱乐为主题，类型比较单一，并且内容质量无法得到保证。

(二) 内容分发端

内容分发端主要包括内嵌短视频的综合平台、垂直短视频平台和传统视频平台。综合来看，短视频行业的产业链有如下特征。

1. 短视频行业主体呈“金字塔”形态

UGC十分丰富，但由于大多用户以自娱自乐的心态创作，内容质量难以保障，商业价值低，所以处于“金字塔”最底端；而PGC和PUGC大多比较精良，商业价值高，所以处于“金字塔”中端；而处于“金字塔”最顶端的是多频道网络服务(multi-channel-network，MCN)机构，它们聚合了绝大多数头部优质创作者，利用专业化团队帮助创作者宣传和变现，同时孵化新的头部创作者，吸引了众多平台争相与其合作。

2. MCN商业模式的崛起，帮助各创作主体实现高效沟通

由于短视频平台存在海量内容，内容生产者不计其数，所以需要专业且统一的管理与运营，以对视频内容进行梳理和分类。

MCN机构的作用主要体现在以下几个方面。

第一，对内容制作者来说，MCN机构可以整合资源，通过分析后台的大量数据，及早洞察到用户的需求，从而对内容制作者进行指导。

第二，对短视频平台来说，MCN机构可以将PGC及PUGC进行统一整合，探索新的内容生产方式，于是，短视频有了实现平台与广告主直接对接，将传统盈利模式——流量分红抛弃的可能，从而使经济效益得到再次提高。

第三，对广告商来说，MCN机构可以通过用户细分实现用户的标签化，进而做出用户画像，帮助广告商找到广告目标用户，并根据大数据的人群扩散算法实现广告的精准投放。

第四，对广告主来说，MCN机构有助于对新的广告植入方式进行探索，从而再次升级广告投放方式。

3. 短视频平台发展细分化和专业化

(1) 综合布局短视频平台的目的是利用短视频的特性，增强平台自身的用户黏性，促进平台自身跟进短视频的发展趋势。

(2) 由于传统媒体有专业的创业团队与雄厚的资金实力，为了不断创新自身的发展模式，希望寄托于短视频，使平台的黏性得到增强，以满足实力一般的广告主的需求，从而进一步扩大视频广告营销的多元化程度。

(3) 传统视频平台的内容主要是长视频，难以满足当前用户对碎片化信息的需求，因此，通过提高短视频的涵盖范围，对长视频的不足之处进行弥补，应以各类用户的兴趣为依据，促进个性化阅读的实现。

(4) 在不断的专业化探索的过程中，垂直短视频平台的生产模式的体系化逐渐形成。①基于UGC且以PGC与PUGC为辅的平台，很多观看者与创作者受到吸引，快手App可为这类模式的典型代表；②内容核心为PGC与PUGC且辅为UGC的平台，依靠高质量的视频内容，保证平台流量维持在较高的程度，抖音可为这类模式的典型代表。这两种内容生产模式在一定程度上使视频内容细分化，当前已经形成动漫、美妆、美食、母婴、游戏、财经、科技、社会、音乐、娱乐等内容细分体系。

四、短视频与长视频的区别

短视频是相对于长视频来说的，两者既有相同点，又有不同点，而且各有所长。短视频与长视频的区别主要体现在以下几个方面。

(一) 内容生产

与长视频相比，短视频的生产成本、生产人群、生产工具、产出的丰富性都要远远优于长视频。

长视频动辄拍摄数月，需要很高的预算，对拍摄进度和拍摄工也有着严格的要求，因此生产成本较大，产出的数量不大，而且风险很高。但是，短视频的时长通常在5分钟以内，拍摄条件灵活，拍摄与制作工具多种多样，利用短视频App就可以轻松完成，这样的低门槛使越来越多的人加入短视频的创作队伍中，虽然其中有很多质量较差的作品，但优质作品的数量仍然多于长视频。

(二) 内容消费

在移动互联网普及之前，消费视频最多的载体是电视机和计算机，消费的场景很窄，用户只能端坐在电视机或计算机前观看视频，不适合碎片化观看。如今，用户观看短视频的场景变得十分丰富，不管是田间地头还是地铁站，用户都可以通过手机观看到丰富多彩的视频内容,而且随着网络资费的降低和免流量卡的出现,用户的消费成本大大降低。

另外,用户观看视频的思维方式也在悄然地发生变化。由于算法推荐带来的个性化分发技术,用户可以看到自己最想看的内容,这导致用户变得不再深度思考,而是以更快的速度追求愉悦和刺激,大脑的刺激阈值越来越高。长视频带给用户的沉浸感更好,而短视频一般是直接进入主题,直接把最精彩的视频内容展示给用户,用户没有耐心等待的时间。用户的这种心理和需求导致很多视频平台增加了倍速功能,旨在节省用户的时间。

(三) 内容分发

短视频通过关系分发、算法分发的效率会高于长视频的中心化分发的效率。长视频的内容分发属于中心化分发,电影档期、电视节目表以及视频平台上的编辑决定了用户看到什么,很容易形成"千人一面"的现象,内容的分发效率较低。而运用关系分发和算法分发的短视频,在信息的传播效率上有了很大程度的提升,用户看到自己喜欢的内容后可以分享给好友,使内容迅速传播扩散,而人工智能技术为算法分发提供了条件,每个用户都可以看到自己喜欢的个性化内容,形成了"千人千面"的现象。

(四) 内容感染度

在内容感染度方面,短视频与长视频相比要逊色得多,因为长视频重在"营造世界",而短视频重在"记录当下"。

无论是电影、电视剧还是纪录片,它们都是在营造一个完整的世界,从人物设定到感情氛围,从环境设定到情节发展,构成了一个完整的链条,使用户沉浸在这个世界中。由于沉浸在长视频的氛围和场景中,用户进入高唤醒状态,所以容易产生主动消费。而短视频的感染力相对逊色得多,其"短、平、快"的特点使用户在观看视频时的状态为低唤醒状态,所以用户大多为被动消费。

五、短视频平台

目前,短视频行业主流的短视频平台包括抖音、快手、西瓜视频等,2020年腾讯也推出了微信视频号。

(一) 抖音

抖音隶属于北京字节跳动科技有限公司,最开始是一款音乐创意短视频社交软件,上线于2016年9月,其主要用户群体为年轻人群。用户可以通过该平台选择歌曲,拍摄音乐短视频。2017年3月13日某相声演员在微博上转发了一条其模仿者的短视频,短视频上有抖音Logo,第二天抖音的"百度指数"就上升了2000多。截至2020年1月5日,抖音日活跃用户数已经突破4亿,成为我国最大的短视频平台。

抖音的用户主要分为三类:内容生产者、内容次生产者和内容消费者。抖音短视频的产品设计特点具体如下。

(1) 全屏阅读模式是抖音短视频的主要特点之一,在一定程度上提高了用户的注意力。

(2) 时间提示不为用户提供,在观看视频的过程中,用户对时间流逝的感知较低。

(3) 进入"推荐"页面是抖音的默认打开方式,用户通过手指滑动手机屏幕,即可观看下一条视频,增强了不确定感,使用户更容易被吸引,并沉浸其中。

(4) 在技术与人才的支撑下,抖音能够根据用户的历史观看记录对用户进行分析,并推荐相似产品的视频内容,这可以说是抖音的核心竞争力,以此为基础,获得了大量的用户流量。

抖音还会定期推出视频标签,引领用户参与到同一主题视频的创作中。这些视频标签激发了用户的创作灵感,由于创作出来的内容具有很高的参与感和娱乐性,所以被其他用户分享的概率也大大提升。例如,抖音发起的"twice问号舞"和"立扫把挑战"就激发了广大用户的创作热情,用户踊跃参与这一主题活动,纷纷大显神通,展示自己创作的作品。除此之外,很多品牌商也在抖音上发布主题创意活动,邀请用户创作各种具有创意的短视频。通过与抖音上的头部"网红"合作,品牌商可以迅速吸引到大量的用户参与活动,并轻松地将其转化为潜在客户。

(二) 快手

快手主要面向三四线城市以及广大农村用户群体,为这些"草根"群体提供了一个直接展示自我的平台,因此在快手上占据主导地位的不是明星和KOL(关键意见领袖),也不是影响力巨大的"网红",而是普通的"草根"。

因此,在其发展过程中,快手并没有采取以明星为中心的战略,没有将资源向粉丝较多的用户倾斜,也没有设计级别图标对用户进行分类,这样做的目的就是让平台上的所有用户都敢于表达自我,积极地分享生活。

在内容分发上,为了确保每一位用户都能获得平等发布短视频的机会,快手没有设置人工团队干预内容推荐系统,完全依靠算法向用户提供个性化推荐。快手专注于对智能匹配的优化,其算法可以理解用户所发布短视频的内容及其特征和行为,如内容浏览和互动历史,在分析和理解信息的基础上,算法模型便可以将内容和对其感兴趣的用户匹配在一起。

通过不断优化智能匹配,在算法推荐机制下,只要用户在快手平台上发布短视频作品都有可能在"发现"页面获得展示的机会,即使是刚注册的新用户也不例外。用户发布的短视频获得的点赞越多,被机器选中的概率就越大。当用户在浏览"发现"页面时,快手的算法推荐机制会通过分析用户之前的点击、观看和点赞历史,根据其表现出来的喜好来提供对应的内容。

为了方便用户发布更多的"原生态"内容,快手的页面设计以简单、清爽为主,使用户更专注于内容。快手主页上只有3个频道,分别为"关注""发现"和"同城",最上方两侧分别是导航菜单按钮和摄像机图标,点击导航菜单按钮,用户可以使用更多的其他功能。由于快手在功能设计上做减法,所以将这些功能选项隐藏在主页以外。

(三) 西瓜视频

西瓜视频是北京字节跳动科技有限公司旗下的个性化推荐短视频平台,由今日头条孵化而来。2016年5月，西瓜视频的前身头条视频正式上线，通过投巨资扶持短视频创作者，经过一年的发展，其用户数量就突破1亿，并在2017年6月8日正式升级为西瓜视频。截至2018年2月，西瓜视频已有超过3亿的累计用户，视频日播放量高达40亿次，每位用户的平均使用时间在1小时。

西瓜视频可以说是视频版的今日头条，拥有众多垂直分类，专业程度较高。在西瓜视频上，95%以上的内容属于职业生产内容(occupationally generated content，OGC)和PGC，该平台采用人工智能技术精准匹配内容与用户兴趣，致力于成为"最懂你"的短视频平台。

在短视频领域，如果说抖音和快手争夺的是竖屏市场，那么西瓜视频争夺的就是横屏市场。横版短视频之所以仍然存在市场，一是因为有大量的专业制作团队依然采取横版构图，从拍摄工具到镜头语言有着一套非常成熟的制作流程；二是因为横版短视频在题材范围、表现方式、叙事能力等方面比竖版短视频更有优势。

西瓜视频还拥有大量的综艺和影视短视频资源，这些资源主要分为以下三类。

(1) 用户发布的剪辑视频。这类影视和综艺短视频资源大多是由喜爱电影和综艺节目的用户剪辑加工而成，汇聚了影视和综艺视频中的精彩部分，资源丰富，类型多样。

(2) 西瓜视频自制的影视和综艺节目。西瓜视频拥有版权的影视作品和自制的综艺节目视频有很多，可以更好地满足用户对影视和综艺节目的需求。

(3) 第三方影视和综艺作品宣发。大量影视和综艺节目制作方会选择西瓜视频作为宣发推广平台，与其联手推出一系列的宣发活动，在西瓜视频中放出预告片段。

(四) 微信视频号

微信视频号是继微信公众号、小程序后又一款微信生态产品。腾讯在短视频越来越受到用户欢迎的背景下推出微信视频号，就是想要解决腾讯在短视频领域的短板，借助微信生态的巨大力量突围短视频。

在之前的微信生态下，用户也可以在微信朋友圈发布短视频，但仅限于用户的朋友圈好友观看，属于私域流量，而微信视频号则意味着微信平台打通了微信生态的社交公域流量，将短视频的扩散形式改为"朋友圈+微信群+个人微信号"的方式，放开了传播限制，让更多的用户可以看到短视频，形成新的流量传播渠道。

微信视频号虽然在短视频市场中失去了时间上的优势，但依托于微信公众号在内容生态中不可替代的优势，坐拥超过11亿活跃用户的微信，依然是短视频市场的巨大变量。

微信视频号的入口在微信的"发现"页面"朋友圈"的下方，其视频时长为3～60秒，文件大小应小于30MB，所以微信视频号的核心还是短内容。视频的页面尺寸最大为1230像素×1080像素，最小为608像素×1080像素，高宽比最大为11∶10。

此外，微信视频号也支持用户发图片，最多发9张，文字描述最多为1000字，但是，微信视频号不支持用户自定义封面，而是直接截取视频的第一秒画面，因此第一秒画面的设计至关重要。

用户在微信视频号中可以添加公众号文章链接，这为公众号导流和电商变现提供了巨大的发展空间。常见的短视频平台如图10-1所示。

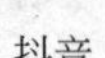

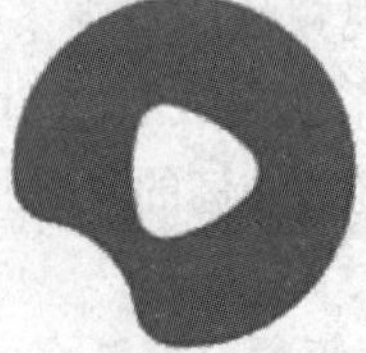

抖音　　快手　　西瓜视频　　微信视频

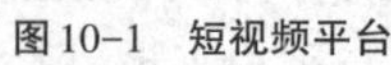

图 10-1　短视频平台

第二节　短视频的拍摄

短视频的拍摄是一项实操性大于理论性的工作，短视频创作者不仅要选择合适的拍摄工具，还要熟练运用各种拍摄技巧，合理设计景别、光线位置、镜头运动方式和构图方式，而短视频脚本的写作也因其指导性和统领全局性而显得至关重要。

一、常用的短视频拍摄工具

“工欲善其事，必先利其器。”短视频的拍摄需要用到各种拍摄工具。要想拍好短视频，挑选合适的拍摄工具是关键。拍摄工具的选择也是一门学问，涉及专业度和预算，不同的团队规模和预算有着不同的选择。

（一）拍摄设备

短视频的拍摄设备主要有手机、微单相机和单反相机。

1. 手机

目前人们拍摄短视频用得最多的拍摄设备就是手机，其优势如下。

（1）轻便灵活，可以随身携带，可以随时拿出来拍摄，以免错过精彩瞬间。

（2）具有强大的美颜功能，包括美白、磨皮、瘦脸、滤镜等，已经成为人们在日常拍摄中经常使用的功能。

（3）在手机被充满电的情况下可以连续拍摄3小时，有着极强的续航能力。

（4）拥有全自动对焦功能，在拍摄时焦点的选择可以交给手机自动处理。

但与专业设备相比，手机有以下劣势。

（1）镜头能力弱。手机镜头的分辨率与专业设备相比较低，由于手机采用数码变焦功能，会把远处的物体直接放大，或者拍摄者移动机身取景，其图像质量相对较差。

（2）成像质量较差。受到体积和成本等因素的制约，手机摄像头的成像芯片质量较差，所以拍摄出来的短视频画面在放大以后可能会变得模糊不清，色彩还原度也不高。

（3）对光线和设备的稳定性要求高。如果使用手机拍摄短视频，在室内或夜晚光线不足时影像会模糊不清，镜头轻微抖动也会造成短视频画面模糊。

2. 微单相机

如果团队的预算有限，但又想改进短视频的画质，可以考虑使用微单，如斯莫格BMPCC，其外形小巧，可以随身携带，拍摄出来的短视频的画质也不错，具有很强的电影感；使用松下GH5可以拍摄6K和96帧/秒的高速镜头，并且松下GH5有V-log升级，在视频拍摄领域有着很高的声望；使用索尼A6300可以拍摄4K视频，视频画质清晰，且索尼A6300外观小巧、精致，还具有S-log3曲线，能够大幅度提升视频的宽容度。

3. 单反相机

当团队发展到稳定阶段，面向更广大的用户，甚至承接电商短视频广告时，对画质和后期的要求会越来越高，这时就需要考虑使用更为专业的单反相机拍摄短视频了。

单反相机的成像质量比微单相机和手机好，使用单反相机拍摄出来的画面更加清晰。单反相机的镜头样式多，包括定焦镜头、短焦镜头、长焦镜头等，可以满足更多的场景拍摄要求。

但是，单反相机的缺点也很明显，主要表现在三个方面：一是过于笨重，常规的单反相机重量为800～1300克，拍摄者长时间将其端在手上对体力是个不小的考验；二是调整参数比较复杂，拍摄者必须熟悉快门、光圈、ISO感光度等参数之后才能灵活操作，否则会影响拍摄效果；三是电池续航能力差，很容易过热关机，在拍摄者外出拍摄时需要带上备用电池或者找到稳定的电源供给。

（二）灯光设备

摄影是光影的艺术，灯光造就了影像画面的立体感，是影像拍摄中的基本要素。在短视频室内拍摄中，最常用的灯光设备主要是伞灯和柔光灯。

1. 伞灯

将规格、质地不同的反光伞安装在闪光灯上，就形成了伞灯，反差弱、光线柔和、发光面积大是伞灯的主要特征。

2. 柔光灯

柔光灯就是以闪光灯为基础，装上柔光灯。经过反光罩的反射光与闪光灯发出的直射光的融合，并通过柔光罩透射扩散，就形成了柔光灯发出的光，主要特征是光线柔和、照明充足且均匀，但方向多强于伞灯，有清晰的反差，同时投影浓度超过伞灯，层次表现较为良好。与拍摄电影时复杂的灯光布置相比，大部分短视频的拍摄要求并不高，“三灯布光法”就可以满足基本的拍摄需求。

（1）主灯：主灯是主光，是一个场景中最基本的光源，可以将主体最亮的部位或轮廓打亮。主灯通常放在主体的侧前方，在主体和拍摄设备之间连线45°～90°的范围。

（2）辅灯：辅灯是补光，比主光亮度要小，一般放在与主光相反的地方，对未被主光覆盖的主体暗部进行补光提亮。主光与补光的光比（光照强度比例）一般为2:1或4:1。

（3）轮廓灯：轮廓灯发出的光起到修饰作用，可以打亮人体的头发和肩膀等轮廓，提升画面的层次感和纵深感，一般位于主体后侧，与主光相对。

（三）辅助器材

拍摄短视频的辅助器材有很多，常用的有三脚架、稳定器、滑轨、话筒、摇臂等。

1. 三脚架

三脚架是短视频创作者拍摄短视频必备的基本工具之一,可以防止拍摄设备抖动而造成的视频画面模糊。三脚架有很多种,有适合相机使用的,有适合手机使用的,还有适合放在桌面上使用的短三脚架。如果要拍摄在桌面上手工制作、写字、画画等短视频,短三脚架是最合适的选择。由于短视频拍摄画面的比例要求不同,有的需要横屏,有的需要竖屏,若横屏拍摄一次,竖屏拍摄一次,就会费时费力,甚至出现细节差异,这时不妨使用多机位的三脚架同步拍摄,可以大幅提升拍摄效率。

2. 稳定器

当在拍摄人物追逐、骑单车、玩滑板等户外运动画面时,人物的运动速度很快,摄影器材要跟随人物运动。如果拍摄者手持拍摄设备,拍摄出来的画面会抖动得非常厉害,观众在观看时很容易头晕、烦躁,甚至会立刻把短视频关掉,以致影响短视频的完播率,而在拍摄设备上安装稳定器可以很好地解决这个问题。稳定器的工作原理:在多个方向安装移动轴,由内设电子稳定系统,如陀螺仪传感器计算出运动中的晃动方向和晃动距离,然后施以反向运动来抵消运动过程中的抖动。目前,稳定器主要分为两种,一种是手机稳定器,另一种是相机稳定器。

3. 滑轨

如果人物或物品不移动,短视频中长时间呈现的固定画面会显得很死板。为了实现动态的效果,拍摄者可以使用滑轨让拍摄器材进行平移、前推和后推等操作。镜头前推可以营造出一种接近目标的感觉,镜头后推可以营造出一种娓娓道来的感觉,镜头平移或者围着目标旋转,可以拍摄出动感的画面,给观众以代入感,使短视频看起来更流畅。

4. 话筒

在室内拍摄短视频时,由于拍摄现场比较安静,拍摄距离较近,手机和相机自带的收音设备一般可以满足收音需求。但是,当拍摄设备距离人物超过2米时,人声会与环境噪声混杂在一起,影响收音效果,这时就要用到话筒。

话筒分为有线话筒和无线话筒。有线话筒的收音效果要更好一些,而且不会受到电池的影响,在拍摄室内脱口秀、人物访谈等短视频时可以用有线话筒,将其夹在人物领口即可。当在室外拍摄活动场景类的短视频时,如运动或互动短剧,人物需要灵活地走动,这时就要用到无线话筒。当然,不管是有线话筒还是无线话筒,都要注意风噪问题,使用防风套能够很好地解决这个问题。

5. 摇臂

摇臂可以极大地丰富镜头语言,增加镜头画面的动感和多元化,让观众产生身临其境的感觉。摇臂拥有长臂优势,使用它能够拍摄到其他摄像机不能捕捉到的镜头。不过摇臂的价格较高,个人或小团队可以用一些能够平稳运动的设备(如小推车、滑板、自行车等)代替。

辅助器材如图10-2所示。

二、画面景别的设计与运用

景别是指被摄主体和画面形象在屏幕框架结构中所呈现出的大小和范围,是画面的重要造型元素之一，由远至近可以分为远景、全景、中景、近景和特写，不同的景别会带来视点、视野和视距的变化，景别的变化是实现造型意图，形成节奏变化，控制信息容量的重要因素。

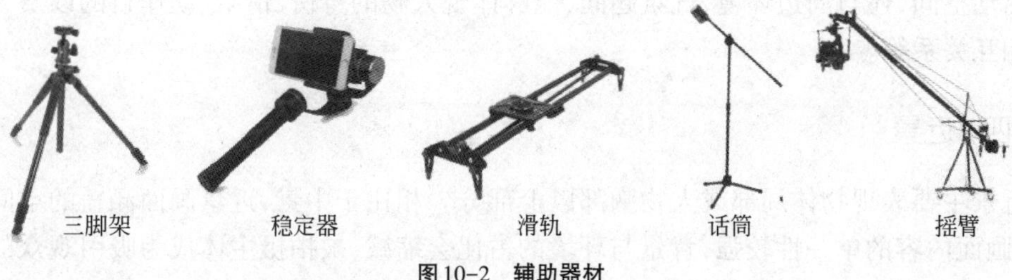

图10-2　辅助器材

画面景别的大小有两个决定性因素：一个是拍摄设备与被拍摄物体之间的实际距离，另一个是拍摄设备镜头的焦距长短。下面简要介绍各种景别的设计与运用方法。

（一）远景

一般情况下，远景用来表现于拍摄设备较远的环境全貌，展示人物与周边自然景色、空间环境与群众活动的镜头画面。这种景别等同于人在相对较远的距离对人物与景物进行观察，视野宽阔、深远，包容的空间极为广阔，以背景为主，以人物为辅，人员在画面中有可能只是一个点状。画面的整体感呼之欲出，但在细节上不够鲜明。由于人们在观看短视频时大多使用手机，屏幕面积有限，使得远景的表现力通过手机会受到一定制约，因此，在对远景画面进行处理的过程中，拍摄者应尽量简化，确保画面长度与手机屏幕相符，拍摄时应缓慢移动拍摄设备，以免使本来就看不清的细节变得更加模糊。

（二）全景

全景用来表现人物全身形象或某一具体场景的全貌，往往制约着该场面镜头切换中的光线、影调、人物运动及位置，可以进一步表现人物与环境的关系，也被称为交代镜头。相比于远景，全景的结构主体与内容核心更为明显，注重在特定范围内某一具体对象的视觉中心地位与视觉轮廓形状。在全景画面中，人物的形体动作能够得到完整体现，进一步将人物的心理状态与内心情感反映出来。全景能够在同一画面展示拍摄主体与空间环境，同时，能够通过特定环境与典型环境，将特定人物的表现进行强化。

值得注意的是，全景画面中的人物头顶以上与脚底以下都要有适当的留白，切不可“顶天立地”，以免让人产生堵塞感，但也不要将空间留得过大，否则会造成人物形象不清楚，降低画面的利用率。

（三）中景

中景主要用于表现环境的局部或人物膝盖上部。相比于全景，中景画面中的空间环境与人物整体形象不再是重点表现对象，画面更注重表现具体动作、情节与结构。在中景画面中，被拍摄主体的表面轮廓有一定削弱，物体内部结构的表现因素有所加强。比如，在对一棵树进行拍摄的过程中，画面由远及近，从全景到中景，树的外部轮廓会逐渐消失在画面中，苍劲的树干会越来越突出。

中景画面是叙事性的景别，在有情节的画面中，中景不仅给人物以情绪交流与形体动作的活动空间，还与周边环境、气氛趋同，能够体现人物的身份、情绪、动作目的以及人物之间的相互关系等。

(四) 近景

近景主要表现物体局部或人物胸部以上部分。相比于中景，近景画面涵盖的空间范围有限，画面内容的单一性较强，背景与环境的占比会缩减，被拍摄主体成为吸引观众的核心部分。

近景是近距离观察人物的景别，能够清楚地表现人物的细微动作和面部表情，所以是刻画人物性格的重要景别。由于大多数观众观看短视频时使用的是手机，手机屏幕小，因此，在进行近景画面拍摄的过程中，拍摄者在保证画面质量的基础上，应确保情节的科学性、客观性与人物形象的生动性、真实性。拍摄者不妨多拍摄一些画面，在后期剪辑时进行挑选。对于近景画面，背景的作用被限制，因此，近景画面大多要求色调一致、简洁明了，对于背景中影响观众注意力的事物，拍摄者应尽可能地避免，保证被拍摄者的主体地位。画面景别如图10-3所示。

图10-3 画面景别

(五) 特写

特写用于表现被拍摄主体的细节部分或人物肩膀以上部分。一般情况下，特写画面的单一性较强，因此，具有突出细节、强化内容、放大形象等特点。

在特写画面中，被拍摄主体几乎充满画面，与观众的距离更近。在人物特写画面中，观众可以很清晰地看到人物的面部表情，这有利于刻画人物，描绘人物的内心活动。在有情节的叙事性短视频中，人物的面部表情和眼神变化在反应特殊画面时有各种可能，是画面语言形成的戏剧因素。比如，画面中的人物皱眉，表明正在思考应对意外情况的方法或意外情况已经出现；画面中的人物眨眼，表明某一事件即将发生等。同时，对于被拍摄主体，观众的认知会有一定加深，并将事物的本质揭示出来。比如，在整个画面中只有一只握拳的手,它就不再单纯的是手,而是代表着力量。

由于特写分割了被拍摄主体与周围环境的空间联系,画面的空间表现不确定,空间方位也不明确,所以常被用作转场镜头。在场景转换时,由特写画面打开至新场景时,观众不会觉得突兀和跳跃。

其实,每个短视频都是由不同景别的画面组合而成的。下面将介绍不同景别在画面中停留的时间、所占的比例,以及组合景别的方法。

1. 不同景别在画面中停留的时间

短视频不能由单一景别的画面构成,否则会显得过于单调,无法吸引观众。那么,在一个短视频中,不同景别在画面中分别停留多长时间合适呢?

由于远景画面中的元素比较多,为了让观众看清楚,时间一般停留较长,通常为3~5秒,全景画面一般停留2~3秒,中景画面一般停留2秒,近景画面一般停留1~2秒,特写画面一般停留1秒。如果需要渲染情绪,任何景别都可以适当多停留一些时间,以使观众更好地产生代入感。

2. 景别所占比例

一般来说,在短视频中近景、特写画面加在一起要占整个短视频的3/5,远景和全景画面占1/5,中景画面占1/5。

3. 组合景别的方法

短视频拍摄新手可以按照以下方法拍摄20秒以内的短视频。

(1) 正递进式:远景—全景—中景—近景—特写,层层递进,将所要展现的事物越来越清晰地呈现出来。

(2) 逆递进式:特写—近景—中景—全景—远景,层层拉远,逐渐表达清楚人物在做什么,这样可以勾起观众的好奇心。

(3) 总分总式:远景+全景—中景+近景—远景+全景,开头先用远景和全景画面交代环境,再用中景和近景画面交代故事的发展,最后用远景和全景画面结束视频。

(4) 跳跃式:所谓跳跃式,其实就是“不按常理出牌”,景别之间没有固定的搭配方式,而是完全根据视频内容的逻辑来组合景别,这样做可以让观众时刻保持视觉上的新鲜感。

三、光线位置的设计与运用

光线位置,即光位,就是指光源相对于被拍摄主体的位置,也就是光线的方向与角度。同一被拍摄主体在不同的光位下会产生不同的明暗造型效果。光位主要分为顺光、逆光、侧光、顶光与脚光等。

(一) 顺光

顺光又称正面光,光线的投射方向与拍摄方向一致。采用顺光拍摄时,视频画面中前后物体的亮度是相同的,亮暗反差不太明显,被拍摄主体会受到均匀照明,影调比较柔和。使用顺光拍摄风景时,能够达到平和、清雅的画面效果;使用顺光拍摄人物时,能够得到过渡层次平缓细致、自然柔和的画面效果。不过,使用顺光不利于在画面中表现大气透视效果和空间立体效果,色调对比和反差也不够丰富。

(二) 逆光

逆光又称背面光,指来自被拍摄主体后面的光线照明。使用逆光可以清晰地勾画出被拍摄主体的轮廓形状,被拍摄主体只有边缘部分被照亮,而大部分处于阴影下,这对表现被拍摄主体的轮廓特征,把物体与物体、物体与背景分离出来都极为有效,可以使画面层次更加丰富。

逆光可以形成暗色的背景,烘托被拍摄主体,使画面显得空旷、安静,渲染人物情绪。某些半透明物体(如丝绸、植物的叶子、花瓣等)在逆光照射下会产生很好的质感。

在进行逆光拍摄时,拍摄者要注意背景与陪衬体的选择,以及拍摄时间的选择,选择合理的曝光,视情形确定是否使用辅助光照明。

(三) 侧光

当光线投射方向与拍摄方向呈90°角时,即为侧光。侧光能够在被拍摄主体表面形成明显的受光面、阴影和投影,表现被拍摄主体的轮廓形态和质感细节。在拍摄人物时,使用侧光能够表现人物情绪,通常会在特写画面中将侧光打在人物脸部一侧。侧光的缺点是画面会形成一半明一半暗的过于折中的影调和层次,在拍摄大场面的景色时使用侧光会显得光线不均衡。

(四) 顶光与脚光

顶光来自被拍摄主体顶部。在室外,最常见的顶光是正午的太阳光线;而在室内,较强的顶光投射在被拍摄主体上,未受光面就会产生阴影,强烈的阴暗对比可以反映出人物特殊的精神面貌和特定的环境、时间特征,营造一种压抑、紧张的气氛。

脚光可以填补其他光线在被拍摄主体下部形成的阴影,或者用于表现特定的光源特征和环境特点。如果将其作为主光,会给人一种神秘、古怪的感觉。各光线的位置如图10-4所示。

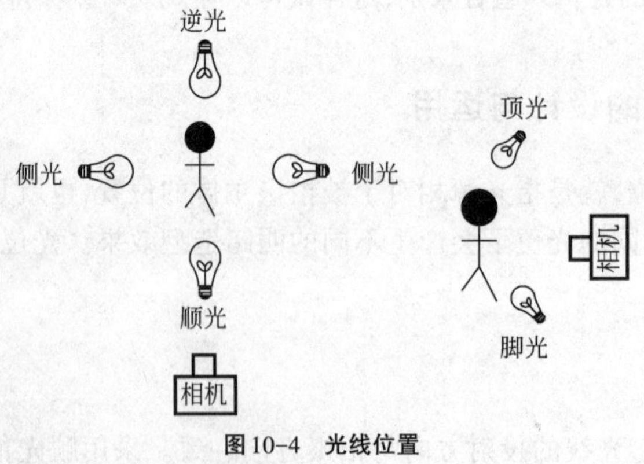

图10-4 光线位置

四、镜头运动方式的设计与运用

镜头是短视频的基本组成单位。镜头语言是通过运动镜头的方式来表现的,其应用技巧直接影响短视频的最终效果。

运动镜头是相对于固定镜头来说的，指的是通过机位、焦距和镜头光轴的运动变化，在连续拍摄中形成视点、表现对象、画面构图、场景空间的变化，不进行后期剪辑，于镜头内部形成多元素、多构图的组织，这是为了提升画面动感，扩展镜头涵盖范围，对短视频的节奏与速度造成影响，使画面产生别具一格的情感色彩。常见的镜头运动方式有很多，比如，推镜头、拉镜头、摇镜头、移镜头、升降镜头等。

(一) 推镜头

推镜头是指镜头由远及近，向被拍摄主体方向移动，逐渐形成近景或特写的镜头。推镜头改变了观众的视线范围，画面由整体慢慢引向局部，突出局部的细节感，还可以制造悬念。

(二) 拉镜头

拉镜头与推镜头相反，指镜头向被拍摄主体反方向运动，画面由特写或近景拉起，在镜头后拉的过程中视距变大，观众的视线由细节变为整体，画面逐渐变成全景或远景，常用于表现人物与环境的宏观场面或空间关系。

(三) 摇镜头

摇镜头是指拍摄设备的位置保持不动，镜头通过上、下、左、右、斜等方式拍摄主体与环境，给人感觉是从被拍摄主体的一个部位向另一个部位逐渐观看，摇摄全景或者跟着被拍摄主体的移动进行摇摄(摇)使观众如同站在原地环顾、打量周围的人或事物。摇镜头主要用来表现事物的逐渐呈现，一个又一个的画面从渐入镜头到渐出镜头，完整展现了整个事物的发展。

例如，要想表现某个人物被眼前的风景所吸引，那么视频画面上一秒是人物的眼睛，下一秒就要接摇镜头，这代表着人物所看到的视角，也表现出了人物的情绪反应，即看到风景后的心情。

甩镜头也属于摇镜头的一种方式，指快速地将镜头摇动，极快地转移到另一个画面，而中间的画面则产生模糊一片的效果，这种拍摄方式可以表现内容的突然过渡，会让观众产生紧张感和紧迫感，常用于逃跑、打斗、紧张地环顾四周等拍摄场景。

(四) 移镜头

移镜头是指镜头沿水平方向向各个方向移动拍摄，可以展现各个角度，把运动着的人物和景物交织在一起，产生强烈的动态感和节奏感，表现出各种运动条件下的视觉艺术效果。

跟镜头也属于移镜头的一种方式，不过移镜头一般指镜头保持直线运动，而跟镜头是指镜头跟踪被拍摄主体，方向不定。跟镜头可以全面、详尽地展现被拍摄主体的动作、表情和运动方向，给人一种身临其境的感觉。

（五）升降镜头

升降镜头分为升镜头和降镜头。升镜头是指拍摄设备在升降机上做上升运动所拍摄的画面，可形成俯视拍摄，以显示广阔的空间；降镜头是指拍摄设备在升降机上做下降运动所拍摄的画面，多用于拍摄大场面，营造气势。

升降镜头有助于画面空间与镜头视角的改变，带来镜头视点的不间断变化与画面视域的扩大，从而形成多方位、多视角的多构图效果，有利于展现纵深空间中的点面关系，从而渲染画面气氛。

五、画面构图方式的设计

构图是表现短视频内容的重要因素，拍摄者通过对画框内景物的取舍与光线的运用，使画面起到突出主体、聚焦视线的作用，因此，要想拍摄出理想的画面，首先要熟悉一些常用的短视频画面构图方式。

（一）中心构图法

中心构图法是指将被拍摄主体放置在画面中心进行构图的方法，其优点是主体突出且明确，能够获得左右平衡的画面效果。在使用中心构图法时，被拍摄主体占拍摄画面的比例要大一些，画面背景不能杂乱无章，最好使用画面简洁或者与被拍摄主体反差较大的背景，从而更好地烘托被拍摄主体，加强对被拍摄主体特征的表达。

（二）对称构图法

对称构图法就是画面按照对称轴或对称中心使画面中的景物形成轴对称或者中心对称的构图方法，具有稳定、平衡、相呼应的特点，常用于表现对称物体、建筑物或具有特殊风格的物体，可以给人带来一种庄重、肃穆的感觉。但对称构图法不适合表现快节奏的内容，有时采用这种构图方式的画面会显得有些呆板、缺少变化。

（三）二分构图法

二分构图法就是利用线条把画面分割成上下或者左右两部分的构图方法，在拍摄天空和地面或水面相交的地平线时比较常用。使用这种构图方式时，可以将地平线或水平线放在画面中间附近，将画面一分为二。

（四）三分构图法

三分构图法又分为垂直三分构图法和水平线三分构图法，可以避免画面的对称，增加画面的趣味性，从而减少画面的呆板。在使用三分构图法时，通常是在横向或纵向上将画面划分成分别占1/3和2/3面积的两个区域，将被拍摄主体安排在三分线上，从而使画面主体突出、灵活、生动。

1. 垂直三分构图法

垂直三分构图法是指被拍摄主体垂直于画面左、右1/3处的一种构图方法，采用这种方法这让画面变得更加动感。

2. 水平线三分构图法

水平线三分构图法是指将整体画面分为上、中、下三等份的构图方法，将被拍摄主体放置在中间的1/3处，或者上2/3处和下2/3处，给人以庄重、宏伟的感觉。

（五）九宫格构图法

九宫格构图法就是利用画面中的上、下、左、右4条分割线对画面进行分割，将画面分成相等的9个方格的构图方法。拍摄时将被拍摄主体放置在线条4个交点上，或者放置在线条上，这样拍摄出的画面看起来更和谐，被拍摄主体自然成为观众的视觉中心，并使画面趋于平衡。

目前大多数手机和数码相机都内置有九宫格辅助构图线功能，在拍摄时可以打开该功能。

（六）引导线构图法

引导线构图法就是利用引导线来引导观众的目光，使其汇聚到画面的主要表达对象上的构图方法。采用这种构图方法可以加强画面的纵深感和立体感，比较适合拍摄大场景、远景画面。

采用这种构图方法时，引导线不一定是具体的线条，只要是有方向性的、连续的事物，如流动的溪水、整排的树木、笔直的道路等均可作为引导线，在拍摄时要注重意境和视觉冲击力的表现。

（七）框架式构图法

框架式构图法就是用前景景物形成某种具有遮挡感的框架的构图方法，采用这种构图方法有利于增强画面的空间深度，将观众的视线引向中景、远景处的被拍摄主体。采用这种构图方法会让观众产生一种窥视的感觉，增强画面的神秘感，从而激发观众的观看兴趣。

在采用框架式构图法拍摄短视频时，如果留心观察周边环境，可以找到很多可以用来搭建框架的元素，如门窗、墙上的洞、树丛、栏杆等，一些比较“缥缈”的元素，如雨、雪、雾气，甚至非实体的光影都可以充当框架。

需要注意的是，构建框架的景物不能喧宾夺主，因为利用框架的目的是衬托被拍摄主体，如果框架过于繁杂，就会过多地吸引观众的注意力，这就背离了使用这种构图方法的初衷。

六、短视频脚本的写作

虽然短视频的时长较短，但优质的短视频中的每一个镜头都是经过精心设计的。短视频的拍摄离不开脚本，短视频脚本是短视频制作的灵魂，是短视频的拍摄大纲和要点规划，用于指导整个短视频的拍摄方向和后期剪辑，具有统领全局的作用，可以提高短视频的拍摄效率与拍摄质量。

与影视剧和长视频不同，短视频在镜头表达上存在很多局限性，如时长、观看设备、观众心理期待等，所以短视频脚本必须精雕细琢每一个细节，包括景别、场景布置、演员服装/化妆/道具准备、演员台词设计、演员表情、音乐和剪辑效果的呈现等，并且要安排好剧情的节奏，保证在5秒之内就能抓住观众的眼球。短视频脚本大致可以分为三类：拍摄提纲、分镜头脚本和文学脚本，脚本类型可以依照拍摄内容而定。

（一）拍摄提纲

拍摄提纲是指短视频拍摄要点，只对拍摄内容起到提示作用，适用于一些不易掌握和预测的内容。由于拍摄提纲的限制较小，拍摄者可以发挥的空间比较大，但对后期剪辑的指导效果不大，所以在制作抖音和快手这类短视频时一般不采用这种短视频脚本。

一般情况下，拍摄提纲的写作步骤如下。

（1）选题、立意、创作方向明确，创作目标及其依据足够充分。

（2）选题的切入点与角度鲜明。

（3）对于体裁不同的短视频，其创作手法与表现技巧阐述清晰。

（4）短视频节奏、光线、构图的阐述。

（5）场景主题、视角、结构、转换的呈现。

（6）短视频细节的完善，比如，补充剪辑、配音、解说、音乐等内容。

（二）分镜头脚本

分镜头脚本既是前期拍摄的依据，也是后期制作的依据，同时可以作为视频长度和经费预算的参考。

分镜头脚本主要包括镜号、分镜头长度、画面、景别、人物、台词等内容，具体内容要根据情节而定。分镜头脚本在一定程度上已经是“可视化”影像了，可以帮助制作团队最大限度地还原创作者的初衷，因此分镜头脚本适用于故事性强的短视频。

（三）文学脚本

文学脚本需要创作者列出所有可能的拍摄思路，但不需要像分镜头脚本那样细致，只需要规定人物需要做的任务、说的台词、所选用的镜头和整个视频的时长即可。文学脚本除了适用于有剧情的短视频外，也适用于非剧情类的短视频，如教学类视频和评测类视频等。

下面是某剧情类短视频的文学脚本。在创作短视频脚本的过程中，应注意以下几点。

1. 做好前期准备

前期准备包括很多方面，大致如下。

（1）搭建框架：拍摄主题、故事线索、人物关系、场景选择等。

（2）主题定位：故事背后有何深意？想反映什么主题？运用哪种内容形式？

（3）人物设置：需要多少人物出镜？这些人物的任务分别是什么？

（4）场景设置：寻找拍摄地点，确定是室内还是室外？

（5）故事线索：剧情如何发展？

(6) 影调运用:根据所要表现的情绪配合相应的影调。

(7) 背景音乐:选择符合主题气氛的背景音乐。

2. 确定具体的写作结构

在编写文学脚本时,一般要先拟定一个整体架构,以“总—分—总”结构居多,这样可以让短视频有头有尾。开始的“总”是指表明主题,在视频开头的3～5秒就要表明主题,如果超过5秒,观众还不知道短视频的主题,很有可能会选择离开,影响短视频的完播率;“分”是指详细叙事,用剧情来传达短视频的主题;最后的“总”是总结收尾,重申主题,以引发观众的思考和回味。

3. 人物设定

人物的台词要简单明了,能够体现人物性格和情节发展即可,若台词过长,观众听着也会吃力。除了人物的台词以外,相应的动作和表情也会帮助观众体会人物的状态和心理。

4. 场景设定

场景设定可以起到渲染故事情节和主题的作用。场景一定要与剧情相吻合,且不能使用过多的场景。

第三节　短视频的后期编辑

短视频的前期拍摄工作固然很重要,但如果短视频不经过后期编辑处理,很难给观众带来强烈的视觉冲击力,吸引观众的眼球。下面将介绍常用的短视频后期编辑工具、短视频画面转场的设计、短视频背景音乐的选择,为短视频进行配音等。

一、常用的短视频后期编辑工具

短视频的后期编辑处理要用到后期编辑工具,利用它们可以对拍摄的短视频进行剪辑,添加转场、字幕、特效等,凸显短视频的专业性和艺术性。下面介绍几种常用的短视频后期编辑工具。

(一) Premiere

Premiere作为一款流行的PC端非线性视频编辑处理工具,在电视节目制作、广告制作、影视后期等领域的应用极为广泛,在短视频的编辑与制作方面,其重要性也不容忽视。Premiere的视频编辑功能较为完善,并且简单易学,能够将用户的创作自由度与创造能力充分发挥出来。

(二) Audition

Audition具有音频混合、控制、编辑、效果处理等功能,在所有PC端音频处理工具中有较高的专业性,支持多种音频格式、多种音频特效、128条音轨,在使用时,用户能够方便地修改、合并音频文件,并对各种音频进行创建、混合、设计。

(三) 爱剪辑

爱剪辑是一款简单实用、功能强大的视频剪辑软件,用户利用它可自由地拼接和剪辑视频,同时,以用户的审美特点、功能需求、使用习惯为基础,设计了人性化的界面。爱剪辑的剪辑功能齐全,主要包括为视频添加字幕、添加相框、调色等,并且有着影院级特效与各种创新功能。

(四) 巧影

巧影作为一款功能全面的短视频处理App,适用于安卓系统、谷歌ChromeOS系统、iOS系统,支持多个视频、图片、音频、文字、效果等视频/音频层,同时拥有精准编辑、一键抠图、多层视频、多层混音、潮流素材、关键帧动画、多倍变速、多种屏幕尺寸、超高分辨率输出等功能,用户使用起来十分简便。

(五) 剪映

剪映是抖音官方推出的一款移动端视频编辑App,它具有强大的视频剪辑功能,支持视频变速与倒放,用户利用它可以在视频中添加音频、识别字幕、添加贴纸、应用滤镜、使用美颜等,而且它提供了非常丰富的曲库和贴纸资源等。即使是视频制作的初学者,也能利用这款工具制作出自己心仪的视频作品。

(六) 快剪辑

快剪辑是360旗下的一款功能齐全、操作简单、可以边看边编辑的视频剪辑工具,既有PC端快剪辑,也有移动端快剪辑。快剪辑是抖音、快手、哔哩哔哩、微信朋友圈等平台用户强烈推荐的一款视频剪辑软件,无论是刚入门的新手还是视频剪辑专家,快剪辑都能帮助用户快速制作出爆款的短视频作品。

(七) VUE

VUE是iOS和Android平台上的一款Vlog社区与编辑工具,允许用户通过简单的操作实现Vlog的拍摄、剪辑、细调和发布记录与分享生活,用户还可以在社区直接浏览他人发布的Vlog,或者与Vloggers互动。

常用短视频后期编辑工具如图10-5所示。

二、短视频画面转场的设计

转场是场景或段落之间的切换,又称场景过渡。合理的转场可以增加短视频的连贯性、条理性、逻辑性和艺术性。转场主要分为技巧转场与无技巧转场两种类型,具体如下。

图10-5　常用短视频后期编辑工具

(一) 技巧转场

技巧转场是指用特技的手段进行转场,常用于情节之间的转换,能够给观众带来明确的段落感。技巧转场又分为淡入淡出转场、叠化转场和划像转场等。

1. 淡入淡出转场

淡入淡出转场指的是前一个镜头画面逐渐从明变暗,直到黑场,后一个镜头画面逐渐从暗变明,直到亮度正常。一般情况下,淡出与淡入画面的时长为2秒。但在实际编辑的过程中,需要以人物情绪和节奏、视频情节等的要求为依据,2秒并非固定。淡出淡入转场一般用在视频中地点或时间的变化、某一个场景的开头或结尾等。

2. 叠化转场

叠化转场指的是前后镜头的画面有一定的叠加,随着前一个镜头画面变暗,后一个镜头画面逐渐清晰的过程。叠化转场时,前后两个镜头会有几秒的重叠,可以呈现出一种柔和、舒缓的视觉效果。

叠化转场的作用有很多。其一,表现回忆、想象、梦境等场景;其二,表现事物的变幻莫测,营造出一个目不暇接的效果;其三,表现空间的变化;其四,表现时间的变化。

3. 划像转场

划像转场是指两个画面之间的渐变过渡,可以突出时间和地点的跳转。划像转场分为两个部分,即划出、划入。划出是指前一画面从某一方向在屏幕渐渐退出,划入是指后一个画面从某一方向逐渐进入屏幕。在画面过渡的过程中,视频中的画面被某种形状的分界线分隔,分界线一侧是画面1,另一侧是画面2,随着分界线的移动,画面2会逐渐取代画面1。由于划像转场的效果十分明显,因此多用于两个内容意义差别较大的场景转换。

(二) 无技巧转场

无技巧转场是用镜头的自然过渡来连接上下两个画面,强调视觉的连续性。无技巧转场主要分为以下几种。

1. 空镜头转场

空镜头是指一些没有人物的镜头。空镜头转场常用来交代环境、背景、时空,抒发人物情绪,表达主题思想,是视频拍摄者表达思想内容、抒发情感意境、调节剧情节奏的重要手段。

空镜头有写景和写物之分,前者称为风景镜头,一般用全景或远景来表现;后者称为细节描写,一般用近景或特写来表现。

2. 声音转场

声音转场是指用音乐、解说词、对白等和画面的配合实现转场。声音转场可以利用声音过渡的和谐性自然转换到下一画面,主要方式为声音的延续、声音的提前进入、前后画面声音相似部分的叠化,可以实现时空的大幅度转换。例如,上一个镜头是在闹市中男主人公向女主人公大喊"嫁给我吧",下一个镜头则是女主人公的回答"我愿意",但画面已经跳转到婚礼仪式上。

3. 主观镜头转场

主观镜头是指借人物视觉方向所拍的镜头,主观镜头转场是指上一个镜头是被拍摄主体在观看的画面,下一个镜头接转以被拍摄主体的视角观看到的画面。主观镜头转场是按照前后两个镜头之间的逻辑关系来处理转场的,既可以使画面转换得自然、合理,还能调动观众的好奇心。

4. 特写转场

特写转场是指前后镜头都可以从特写开始,这样可以对局部进行突出强调和放大,展现一种平时在生活中用肉眼看不到的景别。

5. 两极镜头转场

两极镜头转场是指前后两个镜头在景别和动静变化等方面有着巨大的反差,处于两个极端,例如,前一个镜头是特写,下一个镜头则是全景或远景。这种转场方式能够起到强调、对比的作用。

6. 相似被拍摄主体转场

相似被拍摄主体转场有以下三种类型。

第一种是上下两个镜头中的被拍摄主体的类型是相同的,但不是相同的物体。比如,上下镜头中的被拍摄主体都是水杯,但水杯是由不同的人拿的,通过上下镜头的对接,能够实现空间、时间或时空的转换。

第二种是上下两个镜头中的被拍摄主体是同一物体,通过被拍摄主体的出入画面、运动,或是摄像机随着被拍摄主体的变化而移动,进入新的场合,实现空间转换。

第三种是上下两个镜头中的被拍摄主体在外形上具有相似性。例如,上一个镜头中的被拍摄主体是月亮,下一个镜头中的被拍摄主体是圆镜,也可以完成转场。

7. 遮挡镜头转场

遮挡镜头转场是指被拍摄主体在上一个镜头快结束时挪向镜头,并将其遮挡,同时,下一个被拍摄主体远离镜头,从而实现场景转换。这种转场方式可以给观众带来强烈的视觉冲击力,还可以制造悬念,使短视频节奏更加紧凑。遮挡镜头转场时,前后两个相接镜头中的被拍摄主体可以相同,也可以不同,如果是同一被拍摄主体,转场还可以更加强调和突出被拍摄主体本身。

三、短视频背景音乐的选择

要想让创作的短视频获得足够高的人气和热度,就要为其配上十分恰当的背景音乐。

音乐具有强烈的表达属性,可以迅速地与短视频结合起来,背景音乐可以提升短视频的情绪表达效果,让观众的情感与短视频内容融合在一起。

不同类别的短视频体现的主题内容是不同的,所以短视频创作者要采用不同的背景音乐。在为短视频选择背景音乐时,要遵循以下原则。

(一) 根据短视频的情感基调选择

短视频创作者在拍摄短视频时,要清楚短视频所要表达的主题和想要传达的情绪,确定短视频的情感基调,以此作为依据来选择背景音乐。例如,美食类短视频是为了让观众体会到一种轻松自在、心情舒畅的心理感受,所以要选择欢快、愉悦风格的背景音乐,如纯音乐、爵士音乐和流行音乐等。这些类型的音乐与短视频内容相互融合后,不仅会吸引观众观看,还会让其跟随背景音乐捕捉到更多的生活细节。

时尚、美妆类短视频主要面向喜欢潮流和时尚的年轻人,在选择背景音乐时,可以挑选一些节奏较快的音乐,如流行音乐、电子乐、摇滚音乐等。

对于旅行类短视频,短视频创作人员可以根据景色的特点来选择相应的背景音乐,如果景色气势磅礴,应当选择气势恢宏的音乐,或者节奏鲜明的爵士音乐和流行音乐;而对古朴典雅的景色或建筑可以选择古典音乐;对于文化底蕴较深的短视频,可选择轻柔的音乐来渲染气氛,以增强观众的代入感。

搞笑类短视频以剧情为主。恰当地使用背景音乐不仅可以推动剧情发展,还能增强喜剧效果。对于这类短视频,短视频创作人员一般多选用搞怪类别的音乐或者与剧情差异较大的音乐,以突出剧情反转的"笑"果。

(二) 背景音乐要配合视频的整体节奏

很多短视频的节奏是由背景音乐来带动的,为了使背景音乐与短视频内容更加契合,后期剪辑时最好按照拍摄的时间顺序对视频进行简单的剪辑,然后分析短视频的节奏,再根据整体的节奏来寻找合适的背景音乐。从整体上来讲,短视频的节奏和音乐匹配度越高,短视频就越吸引人。

(三) 背景音乐不能喧宾夺主

背景音乐在短视频中起的是衬托作用,最高境界是让观众感觉不到它的存在,所以背景音乐一定不能喧宾夺主。如果背景音乐过于嘈杂,或者对观众的感染力已经超过短视频本身,就会影响观众对短视频内容的注意力。

(四) 选择热门音乐

在遵循以上原则的基础上,要想让短视频获得更多平台的推荐,最好选择热门音乐作为背景音乐。

以抖音平台为例,在发布短视频时,点击"选配乐""更多",进入"选择音乐"界面,在"歌单分类"界面右下角点击"查看全部",进入"歌单分类"界面,再点击"热歌榜"或"飙升榜"就能看到当下较受欢迎的各类音乐,找到自己想要使用的背景音乐后点击"使用"按钮即可。

四、为短视频进行配音

为短视频配音也是制作短视频的重要工作之一,恰到好处的配音可以为短视频锦上添花。常见的配音方式有以下三种。

(一) 短视频创作者自己配音

短视频创作者自己为短视频配音时,需要注意以下问题。

(1) 尽量使用支架固定话筒,因为手持话筒时难免会出现颤动,这样可能会产生噪声,尤其是在说话时,随着人的情绪变化和表达的需要,手持话筒动作幅度较大时会影响配音效果。

(2) 要将话筒置于与人脸平面成30°角以内的位置,并为话筒套一个防风罩,以防在说某个词音量过重时录入爆破音。

(3) 消除环境噪声。在配音时不要打开可以发出声响的电器,手机要调成静音模式,旁边有人时不要发出与配音内容无关的声响。

(4) 把握好配音内容的基本感情色彩,恰当地停顿和连接,不能让配音内容支离破碎。

(二) 请专业团队配音

对很多人来说,配音是一件比较有挑战性的工作,可能会存在很多问题,如普通话不标准,声音不好听,说话时紧张忘词、卡顿等,这样就无法达到理想的配音效果。如果短期内无法克服这些困难,可以考虑请专业团队来进行配音,其收费一般根据配音的难度和时长而定。

(三) 使用配音软件

使用配音软件可以很好地规避自己配音的局限性,成本较低,既简单又方便。例如,讯飞快读和讯飞配音就是两款出色的短视频配音工具。

讯飞快读是一款方便、高效、成本低廉的配音小程序,进入该小程序后即可看到四种文字输入方式。选择一种方式后,输入文字,选择适合短视频内容的背景音乐即可。完成以后,单击“保存为MP3”按钮,即可将保存好的音频文件导入视频编辑工具进行合成。

讯飞配音也是一款文字转语音的语音合成配音工具,同时提供真人配音服务,适用于企业宣传片配音、商场店铺广告促销配音、课件PPT和微信公众号配音、有声朗读、影视配音、自媒体配音等多种场景,可以支持多种语言。

习　题

一、选择题

1. 常见短视频的时长为(　　)秒。

A.1~10　　B.10~20　　C.30~60　　D.5~15

2. 中心构图法的优点是(　　)。

A. 主体突出且明确　　B. 稳定、平衡

C. 增加画面的趣味性　　D. 使画面趋于平衡

二、简答题

1. 简述短视频画面构图的主要方式。

2. 简述短视频画面转场的主要类型。

参考文献

[1] 张尧学.大数据导论[M].北京:机械工业出版社,2018.

[2] 周岳斌.物联网关键技术及其应用研究[M].北京:中国水利水电出版社,2019.

[3] 柴洪峰,马小峰.区块链导论[M].北京:中国科学技术出版社,2020.

[4] 李伯虎.云计算导论[M].北京:机械工业出版社,2018.

[5] 秦安碧,李成勇.新一代信息技术[M].成都:西南交通大学出版社,2016.

[6] 杨竹青.新一代信息技术导论[M].北京:人民邮电出版社,2020.

[7] 熊辉.党员干部新一代信息技术简明读本[M].北京:人民出版社,2020.

[8] 贾铁军.网络安全技术及应用[M].北京:机械工业出版社,2009.

[9] 王璐欢,高文婷.工业互联网与机器人技术应用初级教程[M].哈尔滨:哈尔滨工业大学出版社,2020.

[10] 隗静秋,廖晓文,肖丽辉.短视频与直播运营 策划 制作 营销 变现[M].北京:人民邮电出版社,2020.

[11] 陈明.大数据技术概论[M].北京:中国铁道出版社,2019.

[12] 唐路.物联网技术的应用[J].通信电源技术,2020,37(5):113-114.

[13] 武卿.区块链真相[M].北京:机械工业出版社,2019.

[14] 汤潮.知识区块链与区块链社会[J].出版参考,2020(2):16-18.

[15] 王明磊,阳子,徐昂.云计算[J].大学(高考金刊),2019(9):42-45.

[16] 葛娇娇.什么是云计算[J].英语世界,2020(8):4-10.

[17] 韩梦霄.5G[J].人民交通,2019(11):20-21.

[18] 陈鹏.5G移动通信网络[M].北京:机械工业出版社,2020.

[19] 代颖.人工智能与机器学习[J].中国宽带,2021(4):107.

[20] 郭朝晖.人工智能与智能制造[J].张江科技评论,2020(4):65-67.

[21] 喻斌,朱柯,吴开腾.虚拟现实技术概述[J].电脑知识与技术,2019,15(8):215-216.

[22] 黄俊.网络安全技术研究分析[J].数字通信世界,2020(3):73.

[23] 史森.计算机网络安全技术应用研究[J].黑龙江科学,2021(8):124-125.

[24] 姚奇富.网络安全技术[M].杭州:浙江大学出版社,2006.

[25] 沈彬,李海花,高腾.工业互联网技术洞察[J].中兴通讯技术,2020,26(6):34-37.

[26] 邬贺铨.工业互联网的网络技术[J].信息通信技术,2020,14(3):4-6.

[27] 项莹.新媒体短视频的精细化制作[J].新闻研究导刊,2020,11(9):149-150.

[28] 邱桐.声音在互联网短视频中的应用[J].数码设计,2020,9(6):222-223.

[29] 吕云玲,井佩光.短视频内容智能分析技术[J].电视技术,2019,43(5):16-18.

后　记

不知不觉间，本书的撰写工作已经接近尾声，作者颇有不舍。因为本书是作者在研究新一代信息技术数年后所编写的一部投入大量精力与数据调研后的作品，倾注了作者的全部心血。但是想到本书的出版能够为新一代信息技术提供一定的帮助，为信息发展贡献力量，作者颇感欣慰。同时，本书在创作过程中得到社会各界的广泛支持，在此表示深深的感激与感谢！

本书在撰写与研究的过程中，一是通过科学的收集方法，确定了该论题的基本概况，并设计出研究的框架，从整体上确定了论题的走向，随之展开层层论述；二是对新一代信息技术的论述有理有据，先提出问题，多角度进行解读，进而给出合理化的建议；三是深度解析新一代信息技术发展问题，通过各章节鞭辟入里地分析。通过理论与案例分析，展现最新的信息技术。

由于新一代信息技术是不断发展的，需要建设工作者不断探索与实践。因此，作者由衷地期待全社会共同努力，推动新一代信息技术不断深化完善。

感谢创作过程中给予帮助的多位老师，因为有了他们的不懈努力与精益求精的专业精神以及对于作者的鼓励，才使得《新一代信息技术》成书，并呈现在读者面前。但书中难免存在不足之处，希望得到各位同行及专家的批评指正。

编　者

2021年9月

后记

[illegible]

编者

2021年9月